STEFAN KADUK
DIRK OSMETZ
MIT
HANS A. WÜTHRICH
DOMINIK HAMMER

MUSTER BRECHER

DIE KUNST, DAS SPIEL ZU DREHEN

MURMANN

INHALT

VORWORT ZUR NEUAUFLAGE

Die Überarbeitung eines Buches bietet immer eine gute Gelegenheit zur Überprüfung von Gedanken, die zumindest die Autoren zum Zeitpunkt des erstmaligen Erscheinens für schlüssig und sinnvoll hielten. Diese Überprüfung führte in der nun vorliegenden siebten, deutlich überarbeiteten Auflage nicht dazu, dass – mit einer Ausnahme – Kapitel gänzlich entfielen oder dass eine fundamentale Änderung der Argumentationslinie vorgenommen wurde. Allerdings sind insgesamt 14 neue Beispiele für Musterbrecher hinzugekommen, und die vorhandenen wurden durchgängig aktualisiert, sofern sie nicht für ein singuläres Experiment zu einer bestimmten Zeit standen. Zudem wurden einige konzeptionelle Überlegungen vertieft und weiter ausgearbeitet, andere noch differenzierter abgewogen, wieder andere angesichts neu gewonnener Erkenntnisse relativiert.

In den letzten sieben Jahren haben sich für uns Einsichten und Überzeugungen geschärft, die nun – in Zeiten der Corona-Krise – für jede und jeden deutlich spürbar werden. So dürfte es sich spätestens jetzt als fataler Irrweg erwiesen haben, in Gesellschaft und Wirtschaft einseitig oder gar ausschließlich auf Effizienz zu setzen, während Robustheit als wesentliches Fundament arbeitsteilig operierender Systeme sträflich vernachlässigt wird. Diese Unterlassung wird in seltenen Fällen auf die Unkenntnis der essenziellen Unterschiede dieser beiden Kategorien zurückzuführen sein. Doch offenbar hat sich angesichts einer über einen langen Zeitraum mehr oder weniger reibungslos funktionierenden und wachsenden Wirtschaft so etwas wie eine souverän aufgeklärte Ignoranz eingeschlichen. Die von uns untersuchten Musterbrecherinnen und Musterbrecher haben ihre Organisationen und Verantwortungsbereiche immer schon so gestaltet, dass Strategien, Strukturen, Prinzipien und Regeln genügend Raum für Robustheit ließen. Demzufolge vertreten wir mit ständig wachsender Überzeugung

die These, dass Musterbrecher unter anderem deshalb erfolgreich sind, weil sie »verschwenderisch« im Umgang mit Menschen sind – und über diesen robusten Umweg zu einer neuen, anderen Qualität von Effizienz gelangen.
Zudem erweist sich in der aktuellen Krisenlage der Modus des klugen Experimentierens ganz offensichtlich als das Mittel der Wahl. In der Theorie war es schon immer klar: Komplexität lässt sich nicht mit konventionellen Planungsmethoden handhaben. Nun ist die Situation da, in der ein mutiges Experimentieren mit Augenmaß und Bedacht weiterhelfen kann – und von Politik, Wirtschaft und Medizin sogar offiziell eingefordert wird. In diesen Tagen heißt die Parole: »Fahren auf Sicht«. Musterbrecherinnen und Musterbrecher tun genau das in unterschiedlicher Weise schon immer, ohne dass dabei Experimentieren im Sinne eines exkulpierenden Euphemismus als ideenloses und undurchdachtes »Herumprobieren« zu verstehen ist. »Fahren auf Sicht« setzt ein klares Zukunftsbild voraus, immer in dem Wissen, dass dessen Konturen sich stetig verändern und auf diese Veränderungen immer wieder neue Antworten gefunden werden müssen.
Die vorliegende Neuauflage soll nun keineswegs – das Manuskript wurde im Februar vor der Zuspitzung der Corona-Pandemie fertiggestellt – zu einem »Krisennavigator« deklariert werden. Das wäre ein unredlicher Versuch des nachträglichen Hineininterpretierens. Freilich lässt sich bei der Lektüre das aktuelle Geschehen nicht ausblenden, und so mögen Sie vielleicht manche Gedanken oder Beispiele finden, die eine musterbrechende Inspiration auch für den Umgang mit solchen Überraschungen bereithalten, die wir derzeit tagtäglich erleben müssen.

München, im April 2020
Stefan Kaduk und Dirk Osmetz

EINLEITUNG

Platzwahl. Rebellen, Querdenker, Fassaden, Bühnen: Wer kennt sich im Spiel noch aus – und kann es drehen?

»Ich bin eigentlich auch ein Musterbrecher – schon immer gewesen!« Diesen Satz hören wir nicht selten nach Vorträgen oder Workshops. Er wird von Menschen geäußert, die uns zuvor wohlwollend zugehört haben. Wir freuen uns darüber, vor vielen Jahren eher zufällig einen Begriff geprägt zu haben, der positive Assoziationen weckt und sich als Leitgedanke in Diskussionen festgesetzt hat. Ob letztlich jeder selbst ernannte Musterbrecher auch eine entsprechende Haltung an den Tag legt oder nur das Etikett attraktiv findet, spielt keine Rolle, zumal wir uns nicht anmaßen, darüber zu urteilen.

Von grundsätzlicher Bedeutung ist jedoch die Erfahrung, dass in der modernen Gesellschaft sehr viel über das Verlassen bekannter Pfade gesprochen wird. Vorbilder sind offensichtlich nicht mehr die Bewahrer, sondern die Andersmacher. Die Fortsetzung dessen, was bekannt ist, hat keinen guten Ruf mehr. Vielmehr ist der Rebell in fast allen gesellschaftlichen Bereichen zum verehrungswürdigen Vorbild geworden. So sind auch im Management die entsprechenden Vokabeln des Andersmachens zum Bestandteil des Grundwortschatzes geworden: keine Konferenz mehr ohne »Out-of-the-box-Vortrag«, und sowieso wird alles »neu gedacht« oder »revolutionär designt«. Konformität ist zu einem Schimpfwort geworden.

Auf der anderen Seite treffen wir unverändert auf Menschen, die über etwas ganz anderes berichten. Da ist von Erstarrung die Rede, überdies von Verhinderung jeglicher – angeblich von allen gewollter – Eigenverantwortung, gar von Entmündigung im großen Stil und vom Rückfall in alte Zeiten. Die Diagnosen sind jedem bekannt, der in einer

oder für eine Organisation arbeitet: von Aufbruch zu neuen Ufern keine Spur!
Wir fragen uns deshalb: Wie passen diese beiden Bilder zusammen? Auf der Hand liegt folgender Erklärungsversuch: »Andersmachen« ist bloße Rhetorik. Eingebettet in fröhliche Metaphern des Um- und Aufbrechens wird einfach so weitergemacht wie bisher. Die Fassade wird mit einem rebellisch anmutenden Graffito besprüht, während das Bestehende in aller Ruhe verschlimmert wird. Das Management trägt bei der Jahreskonferenz T-Shirts mit dem Aufdruck »Querdenker« – und macht einfach weiter wie bisher. Auf der Hinterbühne haben Theaterstück und Besetzung umso festeren Bestand, je mehr auf der Vorderbühne der Aufbruch inszeniert wird.
Dies entspräche dann ganz dem von Erving Goffman in seinem Klassiker *Wir alle spielen Theater* beschriebenen Phänomen der Doppelrealitäten. Auf der Oberfläche wird Einzigartigkeit propagiert, hinter den Kulissen findet Einebnung statt. In der Organisationssoziologie der späten 1970er-Jahre bezeichnete man diesen Prozess als Isomorphie: Organisationen gleichen sich einander immer mehr an, weil sie sich der Gesellschaft gegenüber legitimieren und den allgegenwärtigen Professionalitätserwartungen entsprechen müssen. Unternehmen müssen bestimmte Technologien und Prozesse nutzen, sie müssen zertifiziert sein, sie müssen Beauftragte für alle möglichen und unmöglichen Themen installieren. Andernfalls wird ihnen die Akzeptanz versagt, und sie gelten als unmodern. Im Grunde ist es noch drastischer, denn das Spiel endet abrupt, wenn die allgemein geltenden Regeln und Erwartungen verletzt werden. Ohne ISO-Zertifizierung ist die Teilnahme an vielen Ausschreibungen bereits zu Ende, bevor sie überhaupt begonnen hat. In diesem Sinne haben wir es in der Tat auch mit faktischen Zwängen zu tun, nicht nur mit impliziten und folgenlosen Erwartungen, die von außen herangetragen werden. Wer sich der Gleichförmigkeit entziehen will, muss damit rechnen, vom Feld verwiesen zu werden.
Es wundert uns nicht, wenn Führungskräfte sich mit dem Verweis auf Sachzwänge aus der Verantwortung stehlen. Ein Musterbruch sei angesichts des Korsetts der externen Verpflichtungen gar nicht möglich, so die Einschätzung vieler Entscheider. Zugleich erleben wir Organisationen, die im Sinne einer Übererfüllung zusätzliche interne Zwänge produzieren. Das Korsett wird sozusagen ohne Not noch enger geschnürt, sodass am Ende niemand mehr zwischen selbst verschuldeter und zugemuteter Unmündigkeit zu unterscheiden weiß.

Mit dem vorliegenden Buch wollen wir Führungs- und Organisationsfragen beleuchten, für die es keine einfachen Lösungen geben kann. Wir bewegen uns also in gewisser Weise entlang der Motivation, die den Literaturwissenschaftler Joseph Vogl bei seinen Gesprächen mit dem Juristen und Filmemacher Alexander Kluge leitete: »Wir hegen einen Komplexitätsverdacht, dem man nachgehen muss.«[1]

Wir werden uns die Mühe machen, hinter die Bühne zu schauen und uns den Phänomenen aus verschiedenen Perspektiven zu nähern. Es ist eben nicht damit getan, das offensichtliche Theaterspiel als solches zu entlarven und den Akteuren die Maske vom Gesicht zu reißen. Schließlich liegt der Verdacht nahe, dass es nicht ohne Grund zwei Bühnen gibt. Wenn Erkenntnis und Umsetzung so deutlich auseinanderklaffen, wie wir das regelmäßig erleben, muss irgendwo Komplexität im Spiel sein, Komplexität, die sich mit trivialen Mitteln nicht beseitigen lässt.

Die Themen der folgenden Kapitel haben wir nicht zufällig ausgewählt. Es handelt sich um die Essenz sowohl unserer universitären Forschung als auch unserer beratenden Begleitung aus den letzten 15 Jahren. In diesem Zeitraum führten wir über 1000 narrative Interviews mit Menschen unterschiedlichster Positionen in unterschiedlichsten Organisationsformen und -größen.

Diese Gespräche zeigten einerseits, dass es dringend angesagt ist, Begriffsarbeit zu leisten. Damit meinen wir keine akademische Übung, sondern schlicht die Notwendigkeit, sich der Substanz hinter gebrauchten Schlagwörtern zu nähern. Was ist gemeint, wenn etwa von Angst in Organisationen die Rede ist? Wieso sind Menschen gerade in einem Umfeld ängstlich, das maximale Sicherheit gewährleistet? Oder was bedeutet es, wenn von kollektiver Intelligenz die Rede ist? Können viele Menschen wirklich gemeinsam schlau sein – und welche Rolle spielt dann noch der Einzelne?

Andererseits konnten wir aus den Interviews lernen, dass die weit fortgeschrittene Professionalisierung auf der Ebene der Instrumente und Methoden nicht den gewünschten Erfolg gebracht hat. Ganz im Gegenteil: Man sehnt sich fast schon nach einer »De-Professionalisierung«, durch die unser Denken und unsere Verantwortung wieder gefordert wären. Anders ist es nicht zu erklären, dass Unternehmenslenker, Manager und Mitarbeiter zynisch von der »Perfektionierung des Falschen« sprechen, zu der sie permanent angehalten werden – und die sie letztlich selbst vorantreiben. Unsere Erfahrungen aus weit über

500 Workshops und Vorträgen zeigen, dass Manager 80 bis 90 Prozent ihrer Zeit damit zubringen, im System zu arbeiten, also das Bestehende nach konventioneller Logik zu verbessern. Dies geschieht gleichermaßen in der öffentlichen Verwaltung wie in globalen Handelskonzernen und mittelständischen Industrieunternehmen. Und genau das ist der Grund, weshalb wir die häufig gehörte Einschätzung »Das ist bei uns völlig anders!« nicht ganz teilen. Wenn man den Dingen auf den Grund geht, erweisen sich die Muster nämlich als erstaunlich ähnlich. Anders gesagt: Isomorphie lässt Branchenunterschiede verschwinden.

Oder noch anders betrachtet: Während man von außen gesehen eine kunterbunte Landschaft von Organisationen zu erkennen meint, zeigt sich bei der Betriebsbesichtigung vor Ort, dass es weltweit nur einen einzigen Organisationsdesigner gibt: überall dieselben Systeme, dieselben Instrumente, dieselben Prozesse, dieselben Strukturen. Und überall dieselben Sorgen aus denselben Gründen: Ein Krankenpfleger hat keine Zeit mehr für das Patientengespräch, weil er die Pflegequalität immer genauer dokumentieren muss. Eine Vertriebsleiterin kann keine neuen Absatzwege ausprobieren, weil sie ihre Energie für die Verbesserung des Prozesses zur Außendienststeuerung ver(sch)wenden muss.

Doch ab und zu wird man auf der mitunter ermüdenden Besichtigungstour auch überrascht und trifft auf mutige Menschen, die den Steuerungs- und Kontrollraum renoviert oder gar umgebaut haben. Manche haben den Systemen nur einen neuen Anstrich gegeben, andere trauten sich, vorgeschriebene System-Updates zu ignorieren, wiederum andere ließen vollkommen neue Komponenten bauen und versteckten sie geschickt in den alten grauen Gehäusen.

Um genau diese Renovierer, Umbauer, Update-Ignorierer und Komponentenauswechsler geht es in diesem Buch. Wir nennen sie Musterbrecherinnen und Musterbrecher. Diese Menschen würden sich selbst nie als Rebellinnen oder Querdenker bezeichnen. Sie wissen, dass es letztlich albern ist, sich publikumswirksam als Nonkonformisten zu gerieren. Deshalb ziehen sie erst gar nicht in einen Wettstreit um die sichtbare Abweichung vom Üblichen, zumal dieser meist gegen die – wie Norbert Bolz es ausdrückt – »Konformisten des Andersseins«[2] geführt wird. Zudem agieren Musterbrecher nach wie vor in der klassischen Grundordnung der Märkte und des Wettbewerbs. Sie verlassen also nicht das Spielfeld als Aussteiger, ma-

chen aber auch nicht einfach weiter wie bisher. Wobei der eine oder andere sogar Ideen umgesetzt hat, die sich bewusst von der Wachstumslogik des »Höher, Schneller, Weiter« abgrenzen.
Wir haben uns lange überlegt, ob wir den Begriff des Spielens im Buchtitel wirklich verwenden sollen. Es könnte schließlich der Eindruck entstehen, wir sprächen mit spielerischer Leichtigkeit über Dinge, die für die betreffenden Organisationen und Menschen eine prinzipiell ernste Angelegenheit sind. Wir alle wissen ja aber, dass ein Spiel durchaus sehr ernsthaft betrieben werden kann – der Sport, insbesondere der Fußball, macht es vor. Doch sehen wir in Musterbrechern keineswegs die Helden, die in der Nachspielzeit den entscheidenden Siegtreffer erzielen. Sie machen ihre Arbeit im Gegenteil oft im Verborgenen und unterstützen eher andere dabei, Tore zu schießen. Wir sehen den Spielbegriff in enger Verbindung zum Experiment. Vor Augen haben wir einen klugen »Homo ludens«, der vorurteilsfrei und mutig, aber sehr reflektiert Neues ausprobiert. Er überwindet die Ängste nicht dadurch, dass er sie ausblendet, sondern indem er sie zum Thema macht.
Beim Lesen des Buches wird man früher oder später feststellen, dass sich manche Kapitel inhaltlich überschneiden, wechselseitig ergänzen, bisweilen aber Argumentationen oder Schlussfolgerungen vielleicht auch nur schwer miteinander in Einklang zu bringen sind. Diese Unschärfen liegen in der Komplexität der Sache. Das Herausschneiden einzelner Themen aus einer komplex gestalteten Themenlandschaft bleibt eine subjektive Setzung, die aber die Stringenz der zugrunde gelegten Struktur nicht tangiert.
Abschließend noch ein Hinweis: Wir haben uns nach langer Diskussion aus pragmatischen Gründen dazu entschlossen, mit den weiblichen und männlichen Formen von Substantiven uneinheitlich umzugehen. So wird, ohne dass irgendeine Absicht dahintersteht, in bunter Mischung von »Mitarbeitenden«, »Mitarbeiterinnen und Mitarbeitern« und auch nur von »Mitarbeitern« die Rede sein. In allen Fällen sind Frauen und Männer gemeint.

München, im April 2020

UNSICHERHEIT WILLKOMMEN

Warum sich ohne Experimente nichts verändert

Im Frühsommer 2006 werden wir vom Leiter des sogenannten »Thinktanks« eines großen deutschen Versicherungskonzerns mit einem Forschungsprojekt beauftragt. Zu dieser Zeit lautet das Wort der Stunde: Exzellenz. Der Begriff schlägt damals ähnlich hohe Wellen wie zehn Jahre später der der Agilität. Unsere Aufgabe ist es, eine Studie zu erstellen: Einerseits sollen wir den Begriff »Exzellenz« und seine gesellschaftliche und wirtschaftliche Relevanz aus der Vogelperspektive betrachten, andererseits aber auch ganz konkrete Beispiele – Benchmarks – recherchieren. Es geht nicht nur um Begriffsarbeit. Man erwartet von uns auch konkrete Handlungsempfehlungen.

Das Thema ist interessant. Seit vielen Jahren schon wird viel von Exzellenz gesprochen, und dabei ist keineswegs sicher, was wirklich

damit gemeint ist. Geht es um »intelligente« Zusammenschlüsse von Universitäten und Unternehmen? Sind Exzellenzcluster eine Verbindung von Forschungseinrichtungen – oder nur eine neue Bezeichnung für konsequente Interdisziplinarität mit Bezug zur Ökonomie? Heißt jetzt alles exzellent, was irgendwie über dem Durchschnitt liegt – vergleichbar mit der weichspülenden Formulierung von Arbeitszeugnissen? Nach einem halben Jahr der Recherche in einem insgesamt fünfköpfigen Forschungsteam und nach einer Reihe von Interviews mit Wissenschaftlern und Wirtschaftspraktikern, Medizinern, Sportlern und Geistlichen bleibt unser Bild von Exzellenz diffus. Organisationen können sowohl trotz als auch aufgrund hervorragender Strukturen und Prozesse exzellent (oder das Gegenteil) sein. Manche sind exzellente Nachahmer, andere exzellente Vorreiter. Einige zeichnen sich durch die Exzellenz der Teams aus, andere durch die von einzelnen Mitarbeitenden. Für uns wird klar, dass es kein einheitliches Exzellenzverständnis gibt. Und es ist keine Karte in Sicht, die den Weg zur Exzellenz beschreiben könnte. Das Problem ist nur: Wir können am Ende des Forschungsprojektes kein Rezept präsentieren, was – wie man sich vorstellen kann – beim Auftraggeber keine Begeisterungsstürme auslöst.
Unser schlechtes Gewissen beruhigt sich etwas, als uns Franz-Josef Radermacher, Professor für Informatik, Vorstand des Kuratoriums der Global-Marshall-Plan-Initiative und Mitglied des Club of Rome, in einem Interview seine Sicht auf die Dinge schildert: »Meine Wahrnehmung des in der Wirtschaft dominierenden Exzellenzverständnisses? Es ist oft lediglich dummes Gerede, Marketing. Für mich beginnt es beim Menschen als sozialem Wesen. Ein richtiger Exzellenzbegriff hat nur als soziales Konstrukt Sinn.«

Es ist nicht verwunderlich, dass es uns nicht gelang, einen Masterplan zur Exzellenz vorzulegen. Schließlich muss jedes System seine eigene Exzellenz (er)finden. Und dieses Finden und Erfinden geschieht naturgemäß nicht in einem bereits abgesteckten Gelände. Vielmehr muss man sich in einen unsicheren Suchprozess begeben, den wir als »Experiment« oder »Versuch« bezeichnen wollen. Wir meinen damit einen mehr oder weniger wagemutigen Schritt in die Ungewissheit, von dem man noch nicht weiß, ob er gut oder schlecht ausgehen wird. Später werden wir sehen, dass er in keinem Fall scheitern kann.

In der Technik und in der wissenschaftlichen Forschung ist das Experiment ein Standardverfahren zum Erkenntnisgewinn.

Experimente sind dazu da, deduktiv gewonnene Erkenntnisse zu verwerfen oder zu bestätigen, andererseits stellen sie eine Basis für die Abstraktion von Beobachtungen dar. In beiden Varianten ist der Kern das Infragestellen der Wirklichkeit. Es ist in unserem Sinne unerheblich, ob man eine Hypothese zugrunde legt, die dann überprüft wird, ober ob man eine bis dahin nicht beobachtete Situation erzeugt. Es geht in beiden Fällen darum, sich vom Ergebnis »überraschen zu lassen«.[3] Ziel ist das Entdecken von etwas brauchbarem Neuen oder von etwas nicht mehr brauchbarem Alten.
Beau Lotto ist Künstler, Neurowissenschaftler, Spezialist auf dem Gebiet der Wahrnehmung und Gründer des Lab of Misfits, eines Instituts, dessen Website auf der Startseite mit zwei richtungsweisenden Aussagen aufwartet: »All the world is a lab« und »Every moment, an experiment.« Lotto konkretisiert in einem TED-Vortrag seine Überzeugung wie folgt: »Wahrnehmung (Denken, Fühlen, Erleben, Handeln, Träumen ...) ist in unserer Erfahrung begründet und verankert. Diese Perzeptionen sind primär unbewusste Prozesse individueller Informations- und Wahrnehmungsverarbeitung. Wir sehen nicht, was da ist, sondern wir sehen zuallererst einmal das, was in der Vergangenheit sinnvoll war. Unser Sehen entspricht Erfahrungen, die wir im Vorfeld machten.«[4] Folglich werden unsere Wahrnehmungen von Mustern geprägt, die uns einmal halfen, ein Problem zu bewältigen, oder die uns für ähnliche Situationen nützlich erscheinen. Ständig suchen wir, bewusst und unbewusst, nach Mustern, die uns Sicherheit versprechen. Denn stets wurde in unserer Entwicklungsgeschichte unsere Existenz bedroht: Ist das eine Schmusekatze oder ein Säbelzahntiger? Wer hier unsicher war, wurde gefressen.

Das Gehirn hasst Ungewissheit wie die Pest![5]

Ungewissheit erzeugt Unbehagen, oft auch Angst, denn sie ist bei Weitem unangenehmer als eine Risikosituation. In der Entscheidungstheorie zeichnet sich Risiko dadurch aus, dass die sogenannten »Eintrittswahrscheinlichkeiten« bekannt sind. Oder anders ausgedrückt: Wir wissen oder glauben zu wissen, wie wahrscheinlich es ist, dass ein Problem auf- oder ein Zustand eintritt. Kennen wir diese Wahrscheinlichkeiten nicht, wissen aber – vielleicht aus ähnlichen Situationen –, dass Wahrscheinlichkeiten vorliegen müssten, bezeichnen wir das als Unsicherheit. Richtig schwierig wird es jedoch, wenn wir es mit Ungewissheit zu tun haben. Von dieser sprechen wir dann, wenn die Art möglicher Ergebnisse und folglich auch deren Eintrittswahrscheinlichkeiten unbekannt sind.

Zu jeder Zeit war menschliches Zusammenleben von dem Bestreben geprägt, Unsicherheit und vor allem auch Ungewissheit durch Schaffung einer bestimmten Ordnung zu vermeiden. Zu diesem Zweck gab und gibt es Regeln, früher aufgestellt von Pharaonen, Königen oder Ständen, heute manchmal das Ergebnis demokratischer Willensbildung, bisweilen sogar das Produkt despotischer Machtausübung. Nach wie vor gibt es gesellschaftliche Hierarchien, die für Ordnung sorgen. In früheren Jahrhunderten wurde diese Ordnung mitunter radikal und menschenverachtend herbeigeführt. In der Antike etwa wurden Sklaven nur bedingt als Menschen angesehen. Durch diese Ausgrenzung erhielten jene, die als Freie den Status vollwertiger Menschen hatten, Sicherheit im Umgang mit den Sklaven. Im Mittelalter zeigte sich die gesellschaftliche Stellung durch die Art der Kleidung. Das Handwerk organisierte sich in Zünften und legte fest, was »unzünftiges« Verhalten war. Es galt als frevelhaft, nach Fortschritt zu streben.[6] Heute suchen wir Sicherheit in der oft gescholtenen und dann doch immer wieder in Anspruch genommenen bürokratischen Ordnung. Im Grunde lieben wir den Zustand höchster Sicherheit, Beständigkeit und Kontinuität.

Trotz ihres Dauerbekenntnisses zum permanenten Wandel produziert die moderne Gesellschaft westlicher Prägung unablässig Institutionen, die der Sicherheit dienen sollen – im Gesundheitswesen, in der Justiz, in der Bildung und in Unternehmen.

Wir beklagen die selbst in großen Organisationen abnehmende Arbeitsplatzsicherheit und nähern uns eher halbherzig den neuen Chancen fluider und virtueller Beschäftigungsformen. Nach Dirk Baecker bestimmen Entscheidungsabläufe den Bauplan von Organisationen. Zu jeder Entscheidung bedarf es vorhandener Kompetenzen, Ressourcen und Fähigkeiten. Getroffene Entscheidungen vermitteln Klarheit und beseitigen Ungewissheit und Unsicherheit in der Kommunikation. Andere Stellen der Organisation bis hin zum Kunden werden damit nicht mehr belastet. Sie können mit der getroffenen Entscheidung weiterarbeiten.[7]

Es stellt sich sofort die Frage, wie wir trotz allen Sicherheitsstrebens jemals etwas Neues erkennen konnten. Wie kommt es dennoch zu Veränderung und Innovation? Warum »riskieren« es manche Unternehmer, Mitarbeitende am Band oder im Callcenter tatsächlich in die Selbstverantwortung zu entlassen? Wie kommt es, dass Firmen die Sicherheit eines geordneten Gehaltssystems bewusst zerstören, indem die Mitarbeitenden die Höhe ihres Gehalts selbst bestimmen dürfen?

Weil wir – oder zumindest einige von uns – damit begonnen haben, Fragen zu stellen. Es geht um bislang unbeantwortete, ja sogar um prinzipiell unbeantwortbare Fragen. Letztere sind nach Heinz von Foerster Fragen, für die noch kein Bezugssystem existiert, in dem sie eindeutig zu beantworten wären. Es sind genau diese Fragen, die uns auf die Stufe der Ungewissheit führen. Wer dennoch auf etwas Unbeantwortbares antwortet, exponiert sich, kann auf kein Sicherheit gebendes Faktum aus der Vergangenheit verweisen. Daraus entsteht wiederum eine sehr große Freiheit, so Heinz von Foerster. Denn wir können nahezu beliebig antworten, sofern wir den Preis der Verantwortung zu zahlen bereit sind.

Wenn wir also etwas Neues wollen, müssen wir uns ganz bewusst in die Ungewissheit begeben.

Darum sind im Sinne der Veränderung jene Fragen die besten, die Ungewissheit erzeugen. Es handelt sich um Fragen, bei deren Lösung weder irgendein Algorithmus noch die Erfahrung eines bereits erfolgreich beschrittenen Weges helfen können. Jedes Mal, wenn man sich mit diesen unangenehmen Fragen beschäftigt, erforscht und offenbart man seine individuellen Wertvorstellungen und Haltungen: »Liebe ich meinen Partner wirklich?«, »Kann ich meinem Nachbarn vertrauen?«,

»Braucht Schule Noten?« oder »Müssen unsere Krankenhäuser nach Managementstandards geführt werden?«
Nach Beau Lotto haben Menschen ein »Verfahren« entwickelt, das es ihnen erlaubt, gefahrlos diese Fragen zu stellen: das Spielen.

Das Spiel ist eines der wenigen Dinge, in dem wir Ungewissheit zelebrieren. Es eröffnet Möglichkeiten.

Es ermöglicht, dass sich Menschen ausprobieren. Es basiert auf intrinsischer Motivation und Kooperation. Letztlich spricht Lotto damit die Vorstellung vom Homo ludens an. Damit ist jene Figur gemeint, die der Niederländer Johan Huizinga Ende der 1930er-Jahre beschrieb. Der spielende Mensch wächst in seinen individuellen Eigenschaften und Fähigkeiten – vorausgesetzt, er bewegt sich in einem Feld, das ihm Handlungsfreiheit zugesteht.
Wenn wir uns diese Charakteristika des Spielens näher anschauen, wird deutlich, dass sie gleichzeitig die Voraussetzungen sind, die ein guter Wissenschaftler braucht, um zu neuer Erkenntnis zu gelangen. Was uns jedoch beim Spielen (englisch: play) noch fehlt, sind Regeln. Wenn wir dem Spielen Regeln geben, wird daraus das Spiel (englisch: game). Es entsteht so etwas wie Monopoly, Fußball oder Angry Birds. Das Spiel bietet den Rahmen, das Ergebnis bleibt offen. Experimentieren ist demnach ein Spiel mit offenem Ausgang.
Der Nobelpreisträger für Chemie von 1993, Kary Mullis, sagte in einem Vortrag, in dem er dem Experiment als der zentralen Basis moderner Wissenschaft huldigte,[8] es entspreche seinem Selbstverständnis, dass man, wenn man etwas herausfinden wolle, ein Experiment mache. Diese Denkweise prägte die letzten 350 Jahre von dem Moment an, in dem die Mathematik und die Naturwissenschaften sich von der Philosophie trennten. Als man Ende des 16. Jahrhunderts zu experimentieren begann, bedrohte man die Autorität der Heiligen Schrift.[9]

Ohne den Mut, Fragen zu stellen, die bisher keiner zu stellen gewagt hatte, wären die innovatorischen Bewegungen bis heute vermutlich nicht möglich gewesen.

Erst ein neues wissenschaftliches Verständnis machte dies möglich. Nicht mehr der aus heutiger Sicht fast naive Umgang mit scheinbar gesichertem Wissen, das von Klerus und Adel »verwaltet« wurde, sondern die Evidenz durch das Experiment waren von diesem Zeitpunkt an ausschlaggebend.[10]

Doch wo finden wir diesen Mut zum Experimentieren im Management? An erschreckend wenigen Orten. Und der Grund dafür ist schnell gefunden: Das Experimentieren ist weder Bestandteil der universitären Management-Curricula noch der Führungsausbildung. Man kennt den Begriff eventuell noch in der Marktforschung oder lernt in der Organisationspsychologie das eine oder andere Experiment kennen. Die Ausbildung und das Selbstverständnis von Management schließen das Experimentieren per definitionem aus. Management wird als die Planungsinstanz in der Organisation interpretiert. Es geht um die Leitung von Unternehmen nach allgemein anerkannten Prinzipien, die Effizienz sicherstellen sollen. Der Versuch ist hingegen geradezu verpönt. Ein Manager experimentiert nicht. Schließlich weiß er, was zu tun ist. Und man möchte sich schließlich nicht der Gefahr aussetzen, unangenehm überrascht zu werden.

Seit 1997 verfolgen wir die Entwicklung von Curitiba. Die in Deutschland eher unbekannte Hauptstadt des Bundesstaates Paraná im Süden Brasiliens könnte sich nach 2014 etwas mehr ins Blickfeld geschoben haben. In der Arena da Baixada von Curitiba gewann Spanien bei der Fußball-WM sein letztes Vorrundenspiel gegen Australien mit drei zu null (musste aber aufgrund der beiden anderen verlorenen Spiele dennoch die Heimreise antreten).

Doch hier soll es nicht um Fußball gehen, sondern um die Stadt Curitiba als Keimzelle für gesellschaftliche Neuerungen. Unter Experten gilt sie als eine der innovativsten Städte, wurde dafür bereits 1996 geehrt, von der Zeitschrift Forbes *2009 als smarteste Stadt des Planeten betitelt und 2016 für das bereits 1986 gestartete »Urban Agriculture Programme« als eine der nachhaltigsten Städte der Welt ausgezeichnet.*[11] *Diese auf Umweltschutz, Nachhaltigkeit und Lebensqualität ausgerichtete Metropole passt so gar nicht in unser Klischee einer brasilianischen Stadt.*

In uns reifte der Wunsch, einmal selbst nach Curitiba zu reisen. Da kam uns ein Zufall zu Hilfe. Einer unserer Studenten lebte mit seinem Vater, einem Manager bei VW, für einige Jahre dort. Da er Portugie-

sisch spricht und die Stadt zum Gegenstand seiner Masterarbeit machen wollte, organisierte er unsere »Forschungsreise« und begleitete uns.
Schon beim Anflug auf Curitiba ist klar, dass diese Stadt eine besondere ist. Während São Paulo wie eine nicht enden wollende Betonwüste aus Häusern und Straßen wirkt, erscheint Curitiba als eher »grüne Stadt«. 1971 gab es pro Einwohner nur eine 0,5 Quadratmeter große »nutzbare« Grünfläche. Mittlerweile sind daraus 54 Quadratmeter geworden – und das bei inzwischen verdreifachter Einwohnerzahl. Das bedeutet eine dreihundertfache Vergrößerung der Grünflächen im Vergleich zu 1971. Die unzähligen Parks, Wiesen und Stadtwälder werden gleichzeitig als Ausgleichsflächen für Überschwemmungen genutzt. Von diesen war die Stadt oft betroffen, und gerade die arme Bevölkerung in hochwassergefährdeten Gebieten litt besonders darunter. Selbst für europäische Verhältnisse sind die Parks entlang der fünf Flüsse, die Curitiba durchschneiden, beeindruckend. Ihre Funktion als Ausgleichsflächen erfüllen sie hervorragend, obwohl bis in die Mitte der 1980er-Jahre Baufirmen und nicht ganz uneigennützige Städteplaner die Stadtverwaltung gedrängt hatten, alle Flüsse in unterirdische Kanäle umzuleiten – ein riesiges Projekt, an dem man gut hätte verdienen können.
Beim Verlassen des Flughafens sehen wir an jeder Ecke sechs verschiedenfarbige Mülleimer für die diversen Müllsorten stehen. Wir steigen in den Flughafenbus. Die Stadt ist unvorstellbar sauber. Keine Zigarettenkippen auf den Gehwegen, kein Müll in den Grünanlagen. Und sie wirkt sehr europäisch. Nur ab und zu sieht man Viertel, in die man sich nicht hineintrauen würde, die sogenannten »Favelas«. Je weiter wir in die Stadt hineinkommen, desto häufiger sehen wir röhrenförmige – fast futuristisch anmutende – Bushaltestellen. Auf einer gesonderten Spur kommt uns ein circa 25 Meter langer Doppelgelenkbus entgegen. Ähnlich einer U-Bahn halten diese Hochflurbusse, die bis zu 270 Passagiere transportieren können, an den Haltestellenröhren und klappen ihre Rampen aus, über die dann die Fahrgäste barrierefrei zusteigen können.
In den kommenden Tagen besichtigen wir alle bekannten Orte der Stadt: die Oper aus Stahl und Glas, die innerhalb von drei Monaten gebaut wurde, die aus alten hölzernen Laternenmasten erstellte Umweltuniversität, die erste Fußgängerzone Lateinamerikas, die dutzendfach über die Stadt verteilten Bibliotheken, die »Leuchttürme des

Wissens« heißen und auch genau so aussehen. Wir besuchen das IPPUC, das Institut für Forschung und Stadtplanung. Es ist ein Lern- und Experimentiercenter für Ingenieure, Architekten und Stadtentwickler. Unabhängig vom städtischen Planungsamt, aber gebunden an die Direktiven des Bürgermeisters, entwickelt man die Stadt weiter. Die Bürger bringen sich in den Planungsprozess ebenso ein wie in die Umsetzung.
Das Highlight unserer Curitiba-Reise ist der Vorabend der Abreise. Wir treffen den damals 73-jährigen Architekten Jaime Lerner. Der ehemalige Bürgermeister und Gouverneur gilt als Visionär. In seinen drei Amtszeiten (1971, 1979 und 1989) haben er und sein Team die Entwicklung von Curitiba maßgeblich beeinflusst. Wir sitzen in einem offenen einstöckigen Gebäude, das irgendwie nicht zwischen die Hochhäuser passt, von denen es »eingeklemmt« wird. Früher war es das Wohnhaus von Lerner. Heute befindet sich darin sein Architekturbüro. Wir sprechen mit einer seiner Mitarbeiterinnen über die Stadtentwicklung. Man merkt sofort, dass sie ihre Stadt liebt. Diesen besonderen Stolz auf Curitiba hatten wir immer wieder gespürt, ob beim Taxifahrer oder beim Verkäufer. Dann betritt Jaime Lerner den Raum. Er ist schwarz gekleidet, atmet schwer, geht langsam. Er wirkt kränklich. Das ändert sich schlagartig, als er zu erzählen beginnt. Immer wieder funkeln seine Augen, und er wirkt fast spitzbübisch. Lerner wurde unzählige Male ausgezeichnet, unter anderem von UNICEF und der OECD. Wir fragen ihn, wie er 1971 seine Veränderung startete: »Zuerst einmal hatte ich ein gutes Team mit tollen Leuten. Wir alle folgten einer Vision. Wir liebten unsere Stadt und wollten sie lebenswerter machen. Dann machten wir uns auf den Weg. Wir probierten Schritt für Schritt immer neue Dinge aus. Dabei war das Anfangen das Wichtigste. Entscheidend war, dass wir Raum für Korrekturen ließen.« So sei zum Beispiel das Bus Rapid Transit System entstanden, erzählt Lerner. »Damals sagte jeder Städte- und Verkehrsplaner, dass eine Stadt, die auf eine Million Einwohner wächst, eine U-Bahn brauche. Eine solche konnten wir uns aber nicht leisten. Also planten und bauten wir eine ›überirdische U-Bahn‹ mit den U-Bahn-spezifischen Charakteristika: Die Verbindung sollte schnell sein, es sollte nur wenige Haltestellen geben, und die Taktung musste eng sein – in Stoßzeiten jede Minute ein Bus. Es begann mit wenigen Linien, auf denen 25 000 Menschen am Tag befördert wurden. Heute transportieren wir 2,4 Millionen Bürger im Großraum Curitiba und in

angrenzenden Städten. London, um ein Vielfaches größer, mit der ältesten U-Bahn der Welt, schafft gerade drei Millionen Passagiere am Tag. Wichtig ist, dass das gesamte öffentliche Verkehrssystem von Curitiba ohne Subventionen funktioniert. Dafür hatten wir nie Geld, das brauchten wir für Bildung und medizinische Versorgung.«
Wir erfahren außerdem, dass der Bau eines Kilometers dieses Bussystems circa eine Million US-Dollar kostet, der Bau der gleichen Stecke für eine U-Bahn dagegen hundert Millionen.
Was mit einem Experiment vor etwa 40 Jahren begann, ist heute ein Exportschlager, geliefert in fast hundert Städte weltweit. Darunter Metropolen wie Seoul, Los Angeles oder Montreal.
Der Vater eines weiteren Experiments in Curitiba ist Nicolau Klüppel. Er hatte im Team um Lerner eine Idee, wie man die Favelas – Slums, die durch das schnelle Wachstum der Stadt entstanden sind – von ihrem Müll befreien konnte. Da diese Gebiete häufig schwer zugänglich sind, hatte er die geniale Idee, dass die Menschen ihren Müll doch einfach zu Sammelstellen bringen könnten. Als Anreiz bekamen sie Busfahrscheine, später dann Lebensmittel. Innerhalb von Monaten wurden die Gebiete sauber. Klüppel erkannte, dass es besser ist, den Müll gleich zu trennen, da er so effizienter recycelt werden kann. Daraus entstand eine Kampagne, die gemeinsam mit Schülern begann und die Stadt zum Ort mit der höchsten Recyclingquote der Welt (um die 70 Prozent) machte. Für diesen Erfolg hatte man im Vorfeld viel Häme einstecken müssen, da Mülltrennung in Brasilien für unmöglich gehalten wurde.
Wir fragen Jaime Lerner zum Abschluss nach den größten Herausforderungen Curitibas. Er denkt kurz nach. »Erstens galt es immer wieder, die eigene Unsicherheit zu überwinden, eine gute Idee einfach auszuprobieren, nicht nach dem Haken zu suchen. Zweitens mussten wir schneller sein als die eigene Bürokratie. Und drittens war es extrem wichtig, wenn der Entscheid gefallen war, auch wirklich schnell zu beginnen.« Was er damit meint, macht er an folgendem Beispiel deutlich: »Anfang der 1970er-Jahre hatten wir uns überlegt, dass es nicht richtig sein kann, die Stadt nur für den Autoverkehr zu optimieren. Wir wollten die erste Fußgängerzone in Südamerika bauen, die ein paar Straßenblöcke umfassen sollte. Wir rechneten damit, dass es gerichtliche Einsprüche geben würde, die den Bau um Monate oder gar Jahre verzögert hätten. Deshalb beschlossen wir, die Fußgängerzone in 48 Stunden zu bauen. Das war

für den zuständigen städtischen Baubeauftragten unvorstellbar. Er sagte, dass der Bau mindestens sechs Monate dauern würde. Ich bestand auf 48 Stunden. Wir diskutierten und diskutierten. Irgendwann sagte er: ›Gut, wenn ich alles Material im Vorfeld bereitstellen kann, dann schaffen wir es in ein paar Wochen.‹ Ich blieb hart. Am Ende begannen wir freitagabends und eröffneten die Fußgängerzone am Montagabend – nach 72 Stunden Bauzeit. Danach kam der Sprecher der Geschäftsleute auf mich zu und übergab mir eine vorbereitete Petition, die den Bau stoppen sollte. Ich könne sie als Souvenir haben. Jetzt wollten er und die anderen Ladeninhaber, dass die gesamte Straße in eine Fußgängerzone umgewandelt werde.«
Lerner verabschiedet uns mit den Worten, dass es einerseits wichtig sei, Menschen, wann immer möglich, einzubeziehen, andererseits aber nicht immer nach dem »Was wollt Ihr?« zu fragen. Man solle einfach Dinge ausprobieren, einfach den Mut haben, zu starten. Nicht nach Perfektion streben. Die gebe es nicht, so der Altbürgermeister. »Andere werden es dann irgendwann besser machen.«
Nach diesem Gespräch war uns klar, warum Jaime Lerner 2010 vom Time Magazine *als einer der 25 einflussreichsten Denker der Welt ausgezeichnet wurde.*

Mit Sicherheit ist Curitiba kein Paradies, das betont auch Jaime Lerner immer wieder. Auch wenn die Zufriedenheit der Bürger mit ihrer Stadt bei über 80 Prozent liegt, gibt es Probleme mit weiter ansteigendem Verkehr und dem Zuzug von immer mehr Menschen aus ländlichen Gebieten. Und natürlich war vieles, was Lerner und sein Team gestartet hatten, auch unbequem und wurde von den Bürgern oft nicht nur positiv bewertet. Das drückt sich auch darin aus, dass seine drei Amtszeiten nicht zusammenhängend waren, sondern dazwischen immer andere Bürgermeister gewählt wurden. Doch zum Glück waren Lerner und sein Team nicht bereit, sich nur als Erfüllungsgehilfen des vorhandenen städtischen Systems oder nur als Berufspolitiker zu begreifen, sondern als eine Gruppe, die das Bestehende immer wieder infrage stellte und ohne Anspruch auf Perfektion Experimente machte, die vor ihnen so noch keiner gewagt hatte.

Warum fehlt diese Experimentierfreude im Management, obwohl wir im Alltag dauernd experimentieren?

Ständig starten wir Versuche mit völlig unklarem Ende. Die Frage etwa, mit wem wir den Rest unseres Lebens verbringen möchten, bleibt ewig ein Versuch mit offenem Ausgang. Wir können nicht wissen, ob die Beziehung hält, auch wenn wir es uns noch so wünschen. Und der Versuch, die Partnerwahl durch Tools zur Risikovermeidung zu professionalisieren, erscheint uns mit Recht absurd. Oder kennen Sie jemanden, der seinen Partner oder seine Partnerin mithilfe einer Nutzwertanalyse ausgewählt hat?[12] Wir müssen uns hier auf ein Langzeitexperiment einlassen. Gleiches gilt für die Erziehung der Kinder, die Wahl einer weiterführenden Schule nach der vierten Klasse oder die Entscheidung für einen Ausbildungs- oder Studienplatz. Es hört nicht auf.

Letztlich ist unser Leben durch nie endende Episoden des Versuchens und Ausprobierens geprägt.

Wenn wir Unsicherheit oder Ungewissheit über den Ausgang einer in komplexem Umfeld zu treffenden Entscheidung als den Kern des Experimentierens ansehen, dann befinden wir uns eigentlich in einem permanenten Versuchsstadium. Auch in der Managementliteratur und in Sonntagsreden wird längst das Ende der stabilen und eindeutigen Welt betont.

Das Wissen, Komplexität im wirtschaftlichen, sozialen und politischen Umfeld[13] niemals eindeutig und absolut sicher handhaben zu können, ist vorhanden. Doch mit den in den Fokus des Managements rückenden neuen Formen der Zusammenarbeit – häufig im Kontext der agilen Bewegung oder im Rahmen von New Work – bekommt dieses Bewusstsein zeitgleich einen wirkmächtigen »Antagonisten«: die künstliche Intelligenz (KI).

Ihr Versprechen ist, mit der Komplexität der Welt – neuerdings auch mit dem Akronym VUCA für die englischen Begriffe volatility, uncertainty, complexity und ambiguity gekennzeichnet – umgehen, sie sogar reduzieren zu können. Gerade im ökonomischen Umfeld trifft dieses Versprechen auf einen äußerst fruchtbaren Boden. Denn Lager- und Prozessoptimierung, Energieeinsparung oder auch die Vorhersagbarkeit von Konsumentenverhalten erzielen Effizienzgewinne von bisher nicht vorstellbarem Ausmaß. So hat Google die Kühlung des eigenen Rechenzentrums so optimieren können, dass eine Energieeinsparung von bis zu 40 Prozent möglich wurde.[14] Und die US-amerikanische

Bank J.P. Morgan Chase konnte sogar die Zeit, die Sachbearbeiter mit der Prüfung von Kreditverträgen verbrachten, von 360 000 Stunden auf wenige Sekunden reduzieren.[15] All das gelingt mithilfe künstlicher Intelligenz oder kurz: KI.

Dieser etwas unklare, teilweise umstrittene, andererseits »hochgejazzte« Begriff »KI« ist bereits 1955 von dem Mathematikprofessor John McCarthy geprägt worden. Doch als die Visionen und Versprechen der damit aufkommenden Wissenschaft sich nicht erfüllten, fiel diese in einen Dornröschenschlaf, aus dem die KI aufgrund neuer computertechnischer Möglichkeiten erst Mitte der 1990er-Jahre wiedererweckt wurde. Es kam zu rasanten Entwicklungen, von denen wir alle mittlerweile betroffen sind, und nicht selten haben wir diese fest in unserem Alltag verankert: vom Navigationssystem mit Stauwarnung über die individuell optimierte Reiseplanung bis hin zu Sprachassistenzsystemen wie Siri, Alexa und Co. Überall stecken Algorithmen dahinter, die Problemlösungen liefern, die vor wenigen Jahrzehnten in ähnlicher Form nur von Menschen hätten geliefert werden können.

Es ist beeindruckend, wie die bisher realisierten KI-Systeme in großen Datenmengen (Big Data) Muster erkennen und Zusammenhänge herstellen. In manchen Ländern ist die Mustererkennung so weit im Einsatz, dass der biometrische Scan des Gesichts ausreicht, um eine Zahlung zu tätigen.

Ob diese Systeme wirklich mit Komplexität umgehen können, bleibt allerdings fraglich. Mit Sicherheit kann gesagt werden, dass Machine Learning und Deep Learning sowie tiefe neuronale Netze Korrelationen in Daten erkennen und statistische Aussagen treffen können, zu denen Menschen nicht fähig sind. Zweifellos ist es beeindruckend, dass als AlphaGo den Weltmeister im chinesischen Strategiespiel Go schlug. Ein Sieg, den eine ganze Reihe von IT-Wissenschaftlern kurz davor noch für unmöglich gehalten hatte. Erreicht wurde dies, weil eine KI mit 30 Millionen Spielzügen trainiert worden war. Dieser Erfolg wurde im Jahr darauf noch gesteigert, als AlphaGo Zero sich selbst trainiert hatte, also nicht mehr von menschlichen Daten lernte, und gegen AlphaGo mit hundert zu null gewann.[16]

Doch diesem Hype sollte man durchaus mit einer gewissen Distanz begegnen – ohne damit die Möglichkeiten etwa in der medizinischen Diagnostik, der Spracherkennung oder in der Prozessoptimierung zu verteufeln. Denn solange wir noch keine starke KI entwickelt haben,[17] also eine künstliche Intelligenz sozusagen auf Augenhöhe mit dem

Menschen, solange ist sie dem Menschen in vielerlei Hinsicht unterlegen. Es kann im Umgang mit Komplexität hilfreich sein, auf der Basis von Statistik bisher unbeachtete Zusammenhänge zu erkennen.[18] Doch Komplexität wird dadurch noch lange nicht reduziert. Vielmehr entstehen neue komplexe Fragestellungen: Wie entscheidet eine KI im Zweifelsfall? Wer haftet, wenn sie sich irrt? Welche Lösungen bietet die KI, wenn über viele Krankheiten wenig bis kaum Daten vorhanden sind? Ist es noch nachvollziehbar, wie die KI entschieden hat, oder war möglicherweise »maschinelle Willkür« im Spiel? Durch solche und ähnliche Fragen, die durch den Versuch der Komplexitätsreduzierung entstehen, wird das Gegenteil bewirkt: Komplexität wird (sogar noch) erhöht.
Noch muss in der Regel die vorhandene schwache künstliche Intelligenz auf wechselnde Situationen vorbereitet werden.[19] Menschen können Inhalte in neue Kontexte übertragen. Sie können bisher ungestellte Fragen stellen, und sie können über den Status quo hinausblicken.[20] Aus diesem Grund lassen wir uns nach heutigem Stand zu der Aussage hinreißen:

KI experimentiert nicht mit Ungewissheit.

Vielleicht wäre es besser zu sagen: *noch* nicht. Aber bisher ist nicht zu erkennen, wo und wie KI wirkliche Antworten auf Ungewissheit geben sollte. Denn es sind Entscheidungssituationen, in denen Momente von Überraschungen enthalten sind.
Gerhard Wohland bezeichnet Überraschungen als Ereignisse ohne erkennbaren Grund – als enttäuschte Erwartungen. Bezogen auf Organisationen lösen diese meist durch eigene oder fremde Ideen bewirkten Ereignisse Dynamik aus. Je enger Märkte sind, desto häufiger müssen wir davon ausgehen, dass fremde Ideen entstehen. Ein Kennzeichen einer globalisierten Welt ist Dynamik beziehungsweise sind Überraschungen – und das bedeutet, dass Probleme erzeugt werden.
Was folgt daraus? Man kann nicht nach Prozessen und Strukturen rufen, wie man es bisher immer dann tat, wenn ein Problem festgestellt wurde. Ließen sich nämlich geeignete Prozesse und Strukturen finden, dann läge keine Überraschung vor. Menschen müssen zusammenkommen und etwas tun, was nur sie können, und nach einer Antwort oder einer »Gegenüberraschung« suchen. Management und Führung – die wir im Weiteren nicht gedanklich trennen wollen – müssen somit eine

andere Rolle als bisher einnehmen. Sie müssen bewusst zu einem Anwalt der Ungewissheit werden. Bewusst deshalb, weil sie schon längst unbewusste »Ambivalenzprofis« sind.

Führung und Management bringen in gleichem Maße Ungewissheit in die Organisation, wie sie Sicherheit versprechen.

Sie stören eingefahrene Abläufe, verkünden neue operative und strategische Ziele, verändern die Ressourcenzuteilung – in Zukunft immer mehr mithilfe künstlicher Intelligenz – oder setzen beispielsweise Projektteams neu zusammen. Dies alles sind Eingriffe, die die Sicherheit zerstören und Verwirrung stiften. Und dabei ist es egal, ob diese Handlungen auf einer gut begründeten Entscheidung fußen oder nicht. Interessanterweise werden diese Interventionen als logisch und objektiv geplant deklariert. Durch die Hintertür schleicht sich so das Argument der Sicherheit wieder ein. Obwohl von Sicherheit keine Rede sein kann.
Hier kann die Vorstellung von einem Experiment weiterhelfen. Das Experiment hat die Ungewissheit sozusagen automatisch im Gepäck und lässt Management und Führung die eigene Rolle wahren. Es kann aber im Grunde nicht scheitern, denn es ist darauf ausgelegt, aus Unerwartetem zu lernen. Und man lernt immer etwas. Bitte nicht falsch verstehen! Experimente in diesem Sinne animieren das Management nicht zu fahrlässigem Herumprobieren. Managementexperimente sind kein russisches Roulette. Sie gefährden nicht die Organisation als Ganzes.

Das Experiment ist die sichere Einführung der Ungewissheit in die Organisation.

Es kennzeichnet eine Haltung und keine Methode. Experimentieren gelingt nicht nur dann, wenn man in der Position des Bürgermeisters von Curitiba ist. Auch muss man dazu nicht den Mut haben, den das Team um Jaime Lerner hatte. Dinge auszuprobieren und daraus zu lernen, das kann jeder bewusst in seinen Alltag einbauen. Und auch wenn die Digitalisierung mehr und mehr in Unternehmen Einzug hält,

so gilt es, den Mut zu haben, am Übergang zwischen Mensch und KI zu experimentieren. Wir brauchen gerade auch im Umgang mit lernenden Maschinen den Mut, »mit hohem Tempo zu experimentieren und zu lernen«, wie es die Digitalisierungsexperten Erik Brynjolfsson und Andrew McAfee propagieren.
Vermutlich muss gerade dort experimentiert werden, wo Digitalisierung, Machine Learning und Big Data an ihre Grenzen stoßen: an der Schnittstelle zu Menschen und im Umgang mit Überraschungen.
Im Falle echter Auseinandersetzung mit dem einzelnen realen Menschen ist Führung mehr denn je gefragt.

Noch nie haben wir auf einem Firmenrundgang so vielen Menschen die Hände geschüttelt. Christoph Kraller, Chef der Südostbayernbahn – kurz SOB – hat uns über das Firmengelände geführt. Er zeigt uns vom Fahrkartenschalter über die Prozesse von Reinigung, Wartung und Instandhaltung der Lokomotiven bis hin zur Leitstelle alles, was man in Mühldorf über die Bahn erfahren kann. Jungenträume werden wahr, wir dürfen sogar den Führerstand einer Diesellok der Baureihe 218 betreten und sind dann doch im nächsten Moment ernüchtert: Was für ein enger, nicht klimatisierter, lauter und sehr abgewohnter Arbeitsplatz – nicht vergleichbar mit dem Cockpit, das man aus dem ICE der neuesten Generation kennt, und weit weg von den digitalen Möglichkeiten autonomer Fortbewegung!
Die Mitarbeitenden, denen wir auf unserem Rundgang begegnen, begrüßt der Chef mit Handschlag. Es wirkt alles angenehm unaufgeregt. Wer dem Chef etwas Dienstliches mitzuteilen hat, der sagt es ohne Umschweife. Wir gewinnen den Eindruck, dass Christoph Kraller ein sehr »nahbarer« Vorgesetzter ist.
Dieser Eindruck verstärkt sich, als wir an einem runden Tisch in seinem Büro sitzen. »Ich mag Menschen, und darum habe ich gerne Kontakt mit ihnen. Deshalb ist mir auch ein höflicher Umgang wichtig. Dadurch können viele Probleme gelöst werden, bevor sie entstehen.« Er wirkt absolut echt, seine verschmitzt humorvolle Art und sein sympathisch freches Lachen machen es dem rotblonden Bayern sicherlich leichter als anderen, auf Menschen zuzugehen. Im Gespräch merken wir dann gleich, dass er der geborene Experimentator ist. So hat er vor einigen Jahren ein Frühstück beim Chef eingeführt. Mitarbeitende aus unterschiedlichen Bereichen wurden auf eine Tasse Kaffee eingeladen, um offen mit ihm über Probleme und Anliegen

zu reden. Leider folgte zunächst niemand seiner Einladung. Konsequenz? Er geht jetzt zu den Mitarbeitenden und nennt diese Treffen »SOB vor Ort«. Raus aus dem Verwaltungsgebäude, rein in die Bereiche! Und das wird an den unterschiedlichen Standorten von den jeweiligen Abteilungen sehr gut angenommen.
Kraller arbeitet – seit er Sprecher der Geschäftsleitung wurde – immer wieder in einzelnen Bereichen mit. Er erklärt uns: »Da ist immer eine Pause drin, und in der höre ich natürlich am meisten. Und auch hier musste ich einiges lernen. Zu Beginn habe ich einmal spontan im Kartenverkauf mitgearbeitet. Ich setzte mich einen Tag hinter die Kollegin am Schalter. Am nächsten Tag rief sie mich an und sagte, dass es der absolute Horror für sie war. Sie kam sich beaufsichtigt und kontrolliert vor. Daraus habe ich mitgenommen, dass es wichtig ist, den Mitarbeiterinnen und Mitarbeitern zu sagen, warum man etwas macht. Und es ist ebenso wichtig, dass der Chef wieder geht.« Was auch hier als Experiment begann, wurde zur Routine. So zum Beispiel während des Münchner Oktoberfests. Die Züge sind hier besonders voll, und gerade am Abend macht der Alkoholpegel der Reisenden die Arbeit als Zugbegleiter nicht gerade einfacher. Und genau in dieser Zeit, am mittleren sogenannten »Italiener-Wochenende«, ist Kraller am Samstagabend im Zug an der Seite der Zugbegleiter. Er weiß natürlich nach so einer Schicht aus eigener Erfahrung, wie hart die Aufgaben seiner Kolleginnen und Kollegen sind.
Besonders beeindruckend war für uns, dass er mit seinem Führungsteam – noch bevor eine automatische Wagenreinigungshalle für über zwei Millionen Euro gebaut wurde – einmal jährlich Züge von Hand gereinigt hat. »Die Reiniger genießen leider kein hohes Ansehen. Sie machen aber einen extrem wichtigen Job. Wenn ein Zug nicht sauber ist, dann wirkt sich das schnell negativ auf die Zufriedenheit unserer Kunden aus. Sauberkeit ist neben Pünktlichkeit, Information und Freundlichkeit ganz entscheidend. Ich wollte zeigen, dass auch wir Führungskräfte uns nicht zu fein sind, eine Toilette zu reinigen. Wir merkten, was das für ein Knochenjob ist. Aber was noch viel wichtiger war: Durch dieses Experiment haben wir am eigenen Leib erfahren, unter welchen fast menschenunwürdigen Bedingungen sich die Reiniger umziehen mussten. Die hatten nur einen Gitterverschlag in der Ecke einer zugigen Werkhalle. Ich musste mich richtig schämen. Das haben wir sofort abgestellt und geeignete Umkleiden gebaut.«
Wie Kraller uns weiter erzählt, spöttelten manche Kollegen, dass es

wohl die teuerste Zugreinigung aller Zeiten gewesen sei. Er entgegnete nur, dass er sich das weiterhin leisten wolle und auch könne, da das Betriebsergebnis sowie die Kunden- und Mitarbeiterzufriedenheit überdurchschnittlich gut seien. »Denn nur wenn man etwas selbst mitgemacht und ausprobiert hat, kann man authentisch mitreden.«
Der SOB-Chef hält aber nicht nur den Kontakt zu seinen Mitarbeitenden. Gemeinsam mit dem technischen Geschäftsleiter hat er mit der Initiative »SOB im Dialog« einen Versuch gestartet, der mit großem Erfolg alle Führungskräfte in Kontakt mit den Kunden brachte. So wird von jeder Führungskraft erwartet, dass sie einmal pro Jahr im Zug mitfährt und mit den Kunden spricht. Das ist eine Anforderung, die jede Führungskraft einhalten muss. Kraller selbst schließt sich hier nicht aus: »Ich gebe mich dann immer als Chef der SOB zu erkennen und frage den Kunden: ›Gibt es etwas, was Sie mir schon immer mal sagen wollten?‹ Und Sie glauben gar nicht, was man dann so alles erfährt und was der Fahrgast alles weiß – das sind Experten. Die meisten unserer Kunden sind Berufspendler. Die verbringen in zehn Arbeitsjahren fast ein Arbeitsjahr in unseren Zügen. Ein großes Problem, mit dem ich immer konfrontiert werde, ist die Klimatisierung der Wagen. Dem einen ist es zu kalt, dem anderen zu warm. Neulich hatte ich dann ein Gespräch mit einem Fahrgast, einem Klimatechniker. Als es in die Fachdiskussion mit ihm ging, musste ich leider sagen: ›Ich kann mit Ihnen darüber jetzt nicht weiter sprechen, ich kenne mich schlicht und einfach nicht so gut aus wie Sie.‹ Dann habe ich seine E-Mail-Adresse mitgenommen, und jetzt sind unsere Experten mit ihm im Austausch. Ich bin gespannt, ob wir Anregungen erhalten.«
Am Ende des Vormittags, den wir mit dem Geschäftsleiter der Südostbayernbahn verbracht haben, verstehen wir, dass er es ernst meint mit dem Plakat, das in seinem Büro über dem Besprechungstisch hängt: »Der Kunde ist unser Gast.« Kraller nahm und nimmt viele Anregungen aus seinen persönlichen Kundenkontakten mit, zum Beispiel die Empfehlung, auch im Regionalverkehr probeweise flexible Ruhezonen einzuführen. Oder es begleiten ihn Fachleute, die den Kunden erklären, welche technischen Probleme die Klimatisierung der Abteile mit sich bringt. Er erfährt aber auch, dass Pendler ihren Urlaub nach den Bauvorhaben der Bahn richten, weil sie keine Lust haben, bei unterbrochenem Schienenverkehr auf den Bus umzusteigen.
Ohne die Experimentierfreude von Christoph Kraller wäre die SOB mit Sicherheit nicht vom bundesweit tätigen Fahrgastverband PRO

BAHN mit dem Fahrgastpreis 2011 für hohe Qualität und Fahrgastorientierung sowie den kontinuierlichen Ausbau und die Optimierung der Eisenbahninfrastruktur ausgezeichnet worden.
Diese ersten zaghaften Experimente führten dazu, dass Kraller mutiger wurde. Seit fast acht Jahren beobachten wir die SOB. Auch an dieser Organisation gehen die Veränderungen durch Digitalisierung nicht spurlos vorbei, und man hat mit neuen Herausforderungen zu kämpfen. Unter anderem hat sich der Deutsche-Bahn-Konzern dazu entschieden, eine Workforce-Management-Software in der Instandhaltungsplanung einzuführen, die die Arbeit der Mechaniker und Techniker in der Leit- und Sicherungstechnik (LST) steuern soll. Als 100-prozentige Tochter der Deutschen Bahn muss die SOB diese Neuerung natürlich umsetzen. Die Betroffenen haben das System mit allen Daten gefüttert, von den Wartungsfristen bis hin zu den Aufgaben, die zu erledigen sind. Somit ist der gesamte Arbeitsvorrat der Instandhaltung für ein Jahr in diesem System erfasst. »An den meisten Experimenten, die wir sonst so starteten, waren Menschen beteiligt, die in Büros vor Computern sitzen. Also im Schalterdienst, im Personal und im Marketing. In der LST haben wir mit den Mitarbeitern einen Versuch gestartet, die bei Wind und Wetter draußen sind und die Strecke warten. Mitarbeitende aus dem sogenannten ›Blue Collar‹-Bereich. Das macht riesigen Spaß, und wir haben wahnsinnig viel gelernt. Aber das war bedeutend herausfordernder«, erzählt uns Kraller bei einem Telefonat. »Es dauert sieben Jahre, bis ein Signal- oder Weichenmechaniker alle Ausbildungen und Prüfungen hat. Dann ist er erst voll einsatzfähig. Also volle sieben Jahre! Und nun sagt man denen, eine Software gibt dir vor, was wann zu tun ist. Das führte zu erheblicher Unzufriedenheit bei diesen Spezialisten, und wir hatten einfach die Befürchtung, dass einige das Unternehmen verlassen könnten. Also haben wir gesagt, das kann nicht sein. Somit starteten wir ein Experiment, das auf den ersten Blick der Idee des Konzerns völlig widersprach: eigenverantwortliches Arbeiten in der LST.
In einem Pilotteam wurde in überschaubaren Schritten und unter Wahrung der Wartungszeiten den Mitarbeitenden überlassen, wann sie welche Arbeiten erledigen. Die Software nutzen wir weiterhin zur Unterstützung. Gerade um den Überblick zu haben, was alles zu tun ist, und bei der Dokumentation hilft sie den Experten sehr«, so Kraller. Er hat auf diese Weise die digitale und die analoge Welt mit großem Erfolg verknüpft.

Trotz vieler Aufs und Abs in dem seit einigen Jahren laufenden Experiment, in dem es zu Kommunikationsproblemen und Irritationen zwischen den selbst organisierten und den klassisch arbeitenden Teams kam, kann doch ein erheblicher Erfolg verzeichnet werden. Es wurde eine Mehrleistung von 15 Prozent im Vergleich zum Referenzteam erbracht – bei über 10 Prozent reduzierten Kilometern, die das Wartungsteam gefahren ist. Das Experiment wurde mittlerweile auf andere Teams übertragen und hat zu mehr Zufriedenheit bei den Mitarbeitenden geführt.

Christoph Krallers Beispiel zeigt, wie man durch alltägliche Experimente die Organisationen lebenswerter und erfolgreicher machen kann. Und noch schließen sich – zumindest bei der SOB – selbst organisierende, agile Ansätze auf der einen und digitale Systeme auf der anderen Seite nicht aus.
Seit Jahren suchen wir nach solchen oder ähnlichen Beispielen des Experimentierens. In unserem Buch »Musterbrecher – Führung neu leben«[21] haben wir Experimente mit großer Tragweite analysiert.
Wir lernten beispielsweise mit Best Buy einen Elektronikkonzern kennen, der von 2003 bis 2013 auf so gut wie alle Regelungen verzichtete und nur noch das erzielte Ergebnis jedes einzelnen Mitarbeitenden zur Referenzgröße machte. Ein Experiment, das aus der Mitte des Konzerns heraus entstanden war. Und gezeigt hat, dass Mitarbeitende sehr wohl fähig sind, sich selbstverantwortlich zu organisieren, wenn die Rahmenbedingungen stimmen. Sie alle sind Beispiele dafür, dass Experimente an den Fundamenten der bisherigen Überzeugungen von Organisationen rütteln können – und das mit Erfolg.
Vor vielen Jahren wurden wir durch einen Radiobericht auf Lars Vollmer aufmerksam, der zum damaligen Zeitpunkt einer der beiden Geschäftsführer der Vollmer & Scheffczyk GmbH war. Gemeinsam mit seinem Geschäftsführungspartner und den circa 20 Mitarbeitenden hatte er den Mut, die Gehaltsfestlegung zum Inhalt eines Experiments zu machen. Jede Mitarbeiterin und jeder Mitarbeiter durfte ab diesem Zeitpunkt die Höhe ihres beziehungsweise seines Lohns selbst bestimmen. Sie oder er musste aber zwingend zwei Kolleginnen oder Kollegen konsultieren. Und daran hat man konsequent festgehalten: Zum Schluss blieb es nämlich die Sache des einzelnen Mitarbeitenden, die Höhe des eigenen Gehalts festzulegen.

Wir selbst unterstützen seit einigen Jahren Vorstandsbereiche, Abteilungen und Teams beim Experimentieren.

Wir haben beispielsweise ein Einarbeitungsprogramm in der Automobilindustrie begleitet. Es dauerte ein Jahr und war nicht mehr nur auf den einzelnen Arbeitsplatz fokussiert. Die Neuen durchliefen Stationen in allen Bereichen der Abteilung, über mehrere Standorte verteilt, mit jeweils eigenen Projekten. Die einzuarbeitenden Ingenieure wurden zwar erst viel später als üblich am eigentlichen Arbeitsplatz produktiv, vernetzten sich aber durch das Programm in bemerkenswerter Weise und arbeiteten in der Folge mit besonders ausgeprägter Selbstverantwortung.

Oder wir haben zum Beispiel in einem öffentlichen Unternehmen versuchsweise Projektrollen ausgeschrieben. Entgegen gegenteiliger Befürchtung meldeten sich viele Mitarbeitende, vor allem auch solche, mit deren Meldung niemand gerechnet hätte. In einem anderen Begleitungsprozess entstand die Experimentieridee, dass Kollegen die Schulung anderer Kollegen übernehmen sollten. Die Anregung stieß auf unerwartet großes Interesse. Die Nachfrage nach wichtigen Ausbildungsthemen war ebenso groß wie die Anzahl der schulungswilligen Kollegen. Oder eine Führungskraft wollte ein Signal des Vertrauens an ihre Mitarbeitenden senden und entschied sich dazu, sich »verwundbar« zu zeigen. Statt sich wie bisher pro Jahr zwei Tage Weiterbildung aus dem firmeneigenen Weiterbildungskatalog auszusuchen, reichte sie den Katalog den Mitarbeitenden weiter, die dann entschieden, welche Weiterbildung sie besuchen sollte. Das ist zwar kein aufwendig auszuarbeitendes und schwer umzusetzendes Experiment, aber die potenzielle Verwundbarkeit ist durchaus gegeben: Was wäre, wenn die Mitarbeitenden ihre Führungskraft zu einem Seminar »Empathie in der Führungskommunikation« schicken würden …?

Bei all diesen Experimenten hatten Führungskräfte und Mitarbeiter ernsthaft begonnen, alles auf den Prüfstand zu stellen, was vermeintlich so sein muss, wie es immer war. Zum Beispiel: Städteplanung muss top-down erfolgen. Mein Job ist generell wichtiger als der des Reinigungspersonals. Der sogenannte »einfache Arbeiter« ist grundsätzlich nicht in der Lage, sich selbst zu organisieren. Prototypen werden in den dafür vorgesehenen F&E-Abteilungen entwickelt, Gehaltsfragen top-down entschieden. Tägliche Teamtreffen ohne Agenda sind Zeitverlust. Mitarbeiter müssen möglichst schnell an ihrem Arbeitsplatz eingearbeitet werden. Kollegen sind nicht daran interessiert, von Kollegen zu lernen.

Es kommt darauf an, die eigene Intuition auf den Prüfstand zu stellen: Denn unsere Intuition spricht über alles Mögliche mit uns.

Wir haben, bezogen auf unsere eigenen Fähigkeiten, eine sehr starke Intuition, wie Wirtschaft funktioniert wie Politiker entscheiden oder wie Lehrkräfte bezahlt werden sollten. Aber solange wir nicht anfangen, diese Eingebung auf die Probe zu stellen, werden wir nie etwas besser machen. Wir benötigen das systematische Experiment.[22]

- **Musterbrecher spielen mit ihren alten Mustern und probieren neue aus.**
- **Musterbrecher verzichten auf Perfektion. Sie experimentieren im Bewusstsein, dass es während des Prozesses Kolleginnen und Mitarbeiter geben wird, die die Qualitätsarbeit leisten.**
- **Durch Experimente erzeugen Musterbrecher produktive Unsicherheit, die Organisationen zu vermeiden suchen.**
- **Musterbrecher schütteln Hände. Sie haben keine Berührungsängste und sind offen für Erfahrungen jedweder Qualität.**

Experimente werden in den nächsten Kapiteln immer wieder thematisiert werden und Anregungen und Inspirationen liefern. Denn das wesentliche Merkmal von Musterbrechern ist es, dass sie Experimente wagen – und nicht nur darüber reden wie die sogenannten »Querdenker«.

SCHWÄRMENDE GENIES

Warum das Analoge eine Bühne braucht

»Man kann die meisten Leute dazu bringen, öffentlich zu erklären, dass eins plus eins drei ergibt. Kein Problem. Es müssen ihnen nur genügend andere Leute dabei Gesellschaft leisten.«[23] Harald Martenstein, Kolumnist des *Zeit Magazins*, bringt es auf den Punkt: Menschen tendieren dazu, anderen wie die Lemminge zu folgen.

Vielleicht war es Glück, vielleicht hatten wir auch nur für das richtige Thema die richtigen Referenten gefunden. Die Karten für unsere Konferenz »Lebendige Führung: Muster überwinden – Potenziale entfalten« waren bereits sechs Wochen vor der Veranstaltung ausverkauft. Als die Teilnehmer am Morgen des 25. November 2011 im Veranstaltungsraum des Technoparks Zürich eintrafen, sahen sie, dass auf der Großleinwand ein Computerspiel im Gange war. Es handelte sich um den Telespielklassiker aus den 1980er-Jahren: Pong, *eine Art Tischtennisspiel. Einige Personen aus dem Veranstaltungsteam hatten*

sich schon im Raum verteilt und hielten kleine Kellen in die Luft, die aussahen wie Raclette-Pfännchen, die auf der einen Seite silbern reflektierten, auf der anderen schwarz waren. In gewissen Abständen, nach einer zunächst nicht nachvollziehbaren Logik, drehten die Spieler die Kellen um 180 Grad. Wer neu hinzukam und die Szene beobachtete, merkte schnell, dass die Kellen wie Joysticks funktionierten, mit denen die Schläger auf dem Bildschirm – originalgetreu als simple Balken dargestellt – auf- und abbewegt werden konnten. Wir beobachteten, dass die eintreffenden Gäste – zuerst nur zögerlich, dann immer rascher – ebenfalls Spielkellen in die Hand nahmen, die auf jedem Platz bereitlagen. Nach einigen Minuten hatte sich ein kleiner Schwarm gebildet, dessen Mitglieder sich die Spielregeln offensichtlich nur aus dem Beobachten anderer erschlossen hatten. Die Regeln waren einfach: 1. Die eine Mannschaft wurde von Teilnehmenden in der linken, die andere von denen in der rechten Raumhälfte gebildet. 2. Je nachdem, welche Seite der Kelle nach vorne in Richtung Infrarotempfänger gehalten wurde, bewegte sich der Schläger nach oben oder unten.
Heiner Koppermann ist einer der beiden Geschäftsführer von SwarmWorks, einer Firma, die Großgruppen mithilfe moderner Technologie für Livekommunikation vernetzt. Für ihn ist das Gelingen dieses Experiments keine Überraschung: »Wir erleben seit Jahren, dass diese Form der spontanen Herausbildung eines koordinierten Schwarmverhaltens funktioniert. Menschen beobachten andere Menschen, erschließen die Steuerungsregeln und agieren ohne äußere Einwirkung so, dass die Gruppe eine gemeinsame Handlung vollzieht.«
Nach dem spielerischen Einstieg wechselten im weiteren Verlauf der Konferenz Vortragsimpulse und Arbeitsphasen. Letztere bestanden zunächst aus Votings, die von jedem Einzelnen über vernetzte iPods abgegeben werden mussten. Die Ergebnisse der individuellen Abfragen wurden zu Durchschnittswerten verdichtet und im Plenum sofort zur Diskussion gestellt.
Darüber hinaus wurde in Gruppen gearbeitet. Die 200 Teilnehmer waren auf 24 Tische verteilt, auf denen jeweils ein SwarmWorks-Desktop stand. Die Gruppen wurden nun aufgefordert, in einer Diskussion »Bremsklötze« zu benennen, die eine Kultur der Potenzialentfaltung in ihren Organisationen verhindern. Jede Gruppe gab ihre Ergebnisse in das System ein. Anschließend wurden die Antworten aller Gruppen, für alle sichtbar, auf einem elektronischen Marktplatz

abgebildet. Die Gruppen sollten nun alle Bremsklötze nach Relevanz bewerten. Am Ende lag eine Liste vor, die folgende Hürden priorisierte: »Kurzfristdenken«, »Angst vor Kontroll- oder Machtverlust«, »fehlendes Vertrauen in die Mitarbeiterinnen und Mitarbeiter«.
Im letzten Drittel der Veranstaltung luden wir die Teilnehmer dazu ein, mutige Experimente zu erarbeiten, die zur Überwindung der Hürden beitragen könnten. Es kam eine Reihe von Vorschlägen zusammen, die durchaus interessante Aspekte enthielten, wie zum Beispiel Zielvereinbarungsmodelle und Bonussysteme zu testen, Menschenbilder in der Organisation zu diskutieren, die Hierarchie für einen Tag aufzuheben oder eine Dialogplattform für den Ideenaustausch zu schaffen. Nur sehr wenige Ideen aber waren wirklich mutig.

Die Nutzung der in Organisationen vorhandenen kollektiven Intelligenz schien uns ein lange Zeit viel zu wenig beachteter strategischer Wettbewerbsvorteil zu sein. In unterschiedlichen methodischen Settings versuchten wir in den letzten Jahren, die besondere Wirkung der »Klugheit der vielen« zu nutzen. Schließlich sprechen Untersuchungen über Schwarmintelligenz dafür, sich mit dieser besonderen Form der Herstellung von Wissen auseinanderzusetzen. Zudem waren und sind wir davon überzeugt, dass vom Kollektiv getroffene und mitgetragene Entscheidungen ein Schmiermittel für das Funktionieren moderner Organisation sind.
Mit der digitalen Technik der vernetzten Livekommunikation gelang es immer – sowohl bei der Konferenz in Zürich als auch in anderen Settings –, hilfreiche Stimmungsbilder und Priorisierungen von Themen zu erzeugen. In diesem Sinne entstanden effiziente Varianten demokratischer Abstimmungsprozesse. Auch war das Kollektiv in der Lage, heikle Themen und Schwachstellen auf den Punkt zu bringen. Somit überzeugte der Schwarmansatz durch die erreichte Analysequalität. Schwarmtechnologie ist folglich eine ernst zu nehmende Alternative zu den herkömmlichen Befragungsprozeduren, weil sie schneller – in Echtzeit – zu Ergebnissen führt, die dann wiederum kommentiert und diskutiert werden können.

Als schwieriger erwies sich die Ideenentwicklung in den Gruppen, auch wenn die Aktivierung zum Dialog gelang.

Denn wir stellten häufig fest, dass die Ideen selten besonders stark waren. Vielmehr reihten sie sich in das bestehende Muster, in die vorhandenen Theorien, Überzeugungen und Interpretationen der Organisation ein. Die Ergebnisse waren hundertfach vorgedachte Gedanken. Die Erwartungen an Originalität und Fantasie wurden nicht erfüllt, wenngleich durchaus einige interessante Ansätze entwickelt wurden.

Also stellten wir uns Fragen: Warum sind wir häufig gemeinsam so unproduktiv, wo doch seit Jahrzehnten die Lehraktivitäten in Unternehmen, Schulen und Universitäten immer stärker am Teamgedanken ausgerichtet werden? Weshalb kann der Schwarm nur begrenzt als Vorbild dienen, wenn doch seit vielen Jahren unablässig seine Intelligenz beschworen wird? Sind wir vielleicht eher gemeinsam »schwarmdumm«, so wie es der Titel eines Buches von Gunter Dueck nahelegt?[24]

Die amerikanische Juristin Susan Cain, Autorin des bemerkenswerten Buchs zur Rehabilitation der Stillen[25], liefert eine lakonische Antwort: »Manche Menschen wollen, dass wir eine Schwarmintelligenz entwickeln wie Ameisen. Wir sind allerdings keine Ameisen.« Mit dieser unzweifelhaft nachvollziehbaren Aussage wollen wir uns nicht zufriedengeben, sondern den Dingen weiter auf den Grund gehen. Allein schon deshalb, weil es einen Unterschied gibt zwischen den relativ neu entdeckten Schwärmen und den länger bekannten Gruppenphänomenen.[26]

Beginnen wir mit der Vorstellung vom Schwarm als einem größeren Kollektiv. Der Medienwissenschaftler Stefan Münker liefert eine Erklärung für unsere Beobachtung, dass ein Kollektiv dieser Größe nur eingeschränkt »starke« Ideen produziert. Seiner Einschätzung nach sind der Austausch von Argumenten und erster Lösungsansätze im gemeinsamen großen Rahmen wertvoll.[27]

Damit wirklich neue, andersartige Lösungen entstehen können, wird im Kollektiv auch zwingend individuelle Intelligenz benötigt.

In gleicher Weise äußert sich der schon erwähnte Praktiker Jaime Lerner. Der mehrfach wiedergewählte Bürgermeister von Curitiba in Brasilien sagte uns im Interview: »Menschen im Kollektiv zu befragen, hat durchaus einen Sinn. Aber es bedarf einer Idee oder einer Vision, an der man dann gemeinsam arbeiten, über die man nachdenken kann. Einfach ein Kollektiv zusammenzurufen und zu sagen: ›Jetzt findet mal Ideen!‹, das gibt nichts Neues, meist entsteht sogar Chaos.«

Doch wieso wird in Kollektiven die Fantasie gehemmt? Hören wir nicht ständig von der Kreativität der Massen und der schwindenden Wertschätzung des im Stillen sinnierenden Genies? Wie kommt es, dass durch elektronische Vernetzung, wie es im Arabischen Frühling oder bei den Protesten in Hongkong in beeindruckender Weise der Fall war, Revolutionen in Gang gesetzt und bestehende Systeme gestürzt beziehungsweise zumindest erschüttert werden – auf die Mobilisierung jedoch keine Neugestaltung erfolgt? Und was bedeutet es für eine digital vernetzte Welt, wenn wir in diesem Kollektiv zwar gemeinsam wortmächtig »meckern und motzen«, aber andererseits keine wirkliche gemeinsame Kreativität entwickeln können?

Der beobachtete Effekt könnte damit zu tun haben, dass soziale Einflüsse die Intelligenz eines Kollektivs negativ beeinflussen. Genau diese Störgrößen hat ein Forscherteam an der ETH Zürich experimentell unter die Lupe genommen.[28] In einem Versuch wurden Studenten gebeten, vier Fragen zu beantworten. Es ging um Fakten, die in gewisser Weise bekannt waren, aber nur selten exakt benannt werden konnten. So wurde etwa nach der Länge der Grenzlinie zwischen der Schweiz und Italien gefragt. Es gab insgesamt fünf Durchläufe, in denen die Fragen jeweils unverändert gestellt wurden. In einer ersten Gruppe erhielten die Studenten fortwährend die Mittelwerte der Ergebnisse mitgeteilt, in der zweiten zusätzlich die Einzelwerte ihrer Kollegen. Interessanterweise lag die erste Gruppe deutlich näher an den richtigen Ergebnissen als die zweite. Daraus zogen die Forscher den Schluss, dass die zweite Gruppe gerade wegen der Kenntnis der Einzelwerte unterlag. »Es zeigte sich, dass die Antworten von 145 Befragten im Durchschnitt die besten waren, wenn keiner die Antworten der anderen kannte. Erfuhren die Probanden von den Schätzungen der anderen Studienteilnehmer, verschwanden die Extremwerte nach und nach. Die Schätzwerte kamen zwar einander näher, nicht jedoch dem tatsächlichen Wert.«[29]

Die fast schon paradoxe Einsicht lautet: Man muss den sozialen Austausch in einem Kollektiv begrenzen, damit der Schwarm im positiven Sinne wirksam werden kann.

Andernfalls wird die »Konsensmaschinerie« in Gang gesetzt. Wertvolle nonkonforme Einzeleinschätzungen unterliegen dem sozialen Druck. Die Kraft sozialer Einflüsse ebnet dabei nicht nur deutlich abweichende Meinungen ein, sondern führt sogar dazu, dass man nicht mehr zu »gewussten« Eigenschaften steht, wie das folgende Experiment zeigt: »Kinder bekamen Bilderbücher und sollten sagen, was sie auf den Bildern sehen. Die Kinder dachten, dass sie alle das gleiche Buch in der Hand halten, sie konnten aber in die Bücher der anderen nicht hineinschauen. Eines der Kinder, nur eines, hatte ein anderes Buch bekommen. Auf einer Seite des Buches war ein Bild seiner Mama oder seines Papas zu sehen. Bei den anderen Kindern zeigte diese Seite ein Tier, vielleicht einen Goldhamster. In 18 von 24 Versuchen passten sich die Kinder, die es besser hätten wissen müssen, der Mehrheit an. Sie sahen ein Bild ihrer Mutter und sagten wie alle anderen: ›Ich sehe einen Goldhamster‹.«[30] Wie die Autoren der Studie feststellen, gelte das Ergebnis der hier mit Kindern durchgeführten Untersuchung im Wesentlichen auch für Erwachsene.[31]
Wenn man mit einem gewissen Abstand zur anfänglichen Euphorie von vor etwa 15 Jahren die Publikationen zur Schwarmintelligenz und deren Übertragbarkeit auf Organisationen betrachtet, zeigt sich die Begrenztheit dieses Konzepts heute deutlich. Die Pheromonstraße der Ameisen oder den Schwänzeltanz der Bienen gibt es deshalb, weil die Insekten dadurch Futter oder die optimale Lage für einen neuen Stock finden. Sie verfügen alle über denselben instinktgesteuerten Algorithmus, der ihr Überleben sichert – das einzelne Insekt jedoch ist dumm. Man könnte auch sagen, es ist wesentlich von angeborenen Mustern gesteuert im Gegensatz zum Menschen, dessen Hirnverschaltungen erst durch die Art ihrer Nutzung »geknüpft, gefestigt und gebahnt werden«[32]. Das Gehirn von Insekten dagegen ist genetisch programmiert und weitestgehend determiniert. Allein deshalb ist es unzulässig, das auf gemeinschaftliches Überleben programmierte Verhalten von Schwärmen auf menschliches Individualverhalten zu übertragen, das permanent situativ angepasst wird.

Gehen wir also von der naheliegenden Annahme aus, dass menschliche Individuen klüger oder zumindest anders sind als Ameisen oder Bienen. Und nehmen wir ferner an, dass ein beträchtlicher Teil dieser klugen Menschen ganz vielfältige und unterschiedliche Vorstellungen und Ideen hat. Berücksichtigen wir außerdem, dass nach seriösen Schätzungen etwa 30 Prozent der Bevölkerung nicht zum Verkäufertypus zählen, den Susan Cain kritisch als extrovertiertes Ideal der westlichen Welt beschrieben hat, dann müssten wir also Wege finden, wie auch die Intelligenz der Stillen zum Tragen gebracht werden kann. Dabei muss jedoch bedacht werden: Man erachtet Einstufungen in Typen – wie etwa extrovertiert vs. introvertiert, agil vs. flexibel oder dynamisch vs. veränderungsresistent – oftmals als hilfreich, ohne sich darüber im Klaren zu sein, dass es realiter kein Schwarz-Weiß gibt. Menschen sind – da Individuen – unterschiedlich und können dennoch gleichartige Verhaltensmuster zeigen. So sind es beispielsweise die eher ruhigen Menschen, die sich weder bei Teamarbeit noch in Gruppendiskussionen wohlfühlen und eine offene Arbeitsumgebung in Großraumbüros als Belastung empfinden. Sie wollen Sachverhalte für sich alleine durchdringen und nicht genötigt werden, ihre Ideen gemeinsam mit anderen am Flipchart zu entwickeln und der Geschäftsleitung zu präsentieren.

Ebensowenig wie jeder »Stille« ein großartiger Denker ist, muss jeder »Laute« Bedeutsames zu bieten haben.

Da wir wissen, dass es stille Menschen gibt und – wie oben erläutert – ein großes Kollektiv für die Entwicklung mutiger Ideen ohnehin kaum geeignet ist, sind Methoden wie Brainstorming oder andere gruppenbasierte Ansätze durchaus kritisch zu betrachten. Zumindest ist das Dogma: »Alles muss in der Gemeinschaft entwickelt werden« in Zweifel zu ziehen. Interessanterweise ist das Brainstorming, eine von einem Werbefachmann im Jahr 1939 entwickelte Methode zur Ideenentwicklung, bereits in den späten 1950er-Jahren wissenschaftlich untersucht und bezüglich des Neuigkeitsgehalts der auf diese Weise hervorgebrachten Ideen auch negativ bewertet worden. Wolfgang Stroebe, Professor für Sozialpsychologie an den Universitäten Utrecht und Groningen, weist darauf hin, dass das Teilen von Ideen mit anderen regelrecht zu einer »kognitiven Verengung« führen könne, ganz einfach weil man sich auf diejenigen Kategorien konzentriere, die man mit den anderen Gruppenmitgliedern gemeinsam habe.[33] Doch dürfen wir hier nicht den Fehler machen, Menschen und deren Verhalten im Team generell mit dem in der Großgruppe gleichzusetzen.

Beginnen wir mit der von Fritz B. Simon als das »Schweizer Offiziersmesser der Managementtheorie« beschriebenen Teamarbeit,[34] genauer gesagt mit der falsch verstandenen Teamarbeit. Es wird gemeinhin erwartet, dass die Beschäftigten im Team gute Ergebnisse erzielen, da viele komplizierte, ja komplexe Probleme in einer Gruppe von acht bis zwölf Mitgliedern – mit der darin üblichen Face-to-face-Kommunikation – schneller einer besseren Lösung zugeführt werden können als in der Arbeit Einzelner, deren Lösungen am Ende zusammengeführt werden müssten. Häufig werden jedoch ganze Belegschaften von Konzernlenkern mit dem Ausruf »Wir sind ein Team!« auf Zusammenhalt eingeschworen, nicht selten unter dem Verweis auf den Mannschaftsgedanken aus dem Sport. Hiermit schießt man eindeutig übers Ziel hinaus.

Der Teamgedanke wird zum Dogma und auf das Kollektiv übertragen. Wenn man weiß, dass durch erzwungene Teamarbeit die Beteiligung introvertierter Menschen erschwert wird, muss einem auch bewusst sein, dass die Genies unter den Stillen ihre außergewöhnlichen Fähigkeiten und Ideen nicht im möglichen Umfang zur Verfügung stellen werden. Vielleicht wäre ohne Steve Wozniak, den weniger bekannten Apple-Gründer, die Apple Story ganz anders verlaufen. Von ihm sagt man, er habe – ganz im Gegensatz zu seinem Partner Steve Jobs – ein sehr zurückhaltendes Naturell gehabt.[35]

Eine Ursache für das oft zu beobachtende Scheitern des Teamansatzes kann also eine gegebene Persönlichkeitsstruktur sein; aber auch organisationale Gegebenheiten, wie zum Beispiel ein Individualbonus, die Art des Aufgabenzuschnitts oder das Fehlen von Entscheidungskompetenzen, können Gründe dafür sein, dass keine effektive Teamarbeit entstehen kann.

Sara Ilić ist eine ehemalige Studentin von uns, mit der wir immer wieder gerne zusammenarbeiten, denn sie bringt in unser Team die Sichtweise der »Generation Y« ein und stellt damit unsere eigenen Muster auf die Probe. Sie hat uns zu einem Treffen mit einem echten »Digital-Nomaden« eingeladen. Wir haben nur eine vage Vorstellung von deren Art zu leben. Die vorbereitende Recherche macht deutlich, dass Digital-Nomaden mit leichtem Gepäck um die ganze Welt reisen und dabei an digitalen Projekten mitarbeiten. Besonders beliebt sind bei ihnen die Länder, in denen es eine schnelle, stabile und günstige Internetverbindung gibt und die einen hohen Freizeitwert haben. An formalen Arbeitszeitregelungen, einem festen Gehalt, einem eigenen Büro oder gar an Statussymbolen wie einem repräsentativen Firmenwagen sind die digitalen Nomaden nicht interessiert.

Genau das ist das Leben, das der Mittdreißiger Stefan Klumpp liebt. »Ich war schon immer fasziniert von fremden Kulturen und Menschen aus anderen Ländern«, sagt er uns bei einer Tasse Kaffee. »Ich komme aus einem kleinen Dorf im Schwarzwald, meine Eltern hatten ein Autohaus. Weil ich technisch interessiert war, habe ich eine Ausbildung zum Kfz-Mechaniker gemacht, bevor ich dann Elektrotechnik studiert habe. Eigentlich gute Voraussetzungen, um im Schwarzwald zu bleiben und dort ein abgesichertes Leben zu führen. Doch dann hätte ich die Welt nicht kennengelernt.« Wir erfahren, dass Klumpp 2007 – er arbeitete gerade im Softwareengineering in der Fahrzeugentwicklung – im Fernsehen einen Bericht über die Entwicklung selbstfahrender Autos gesehen hatte. Er schrieb das in der Reportage gezeigte Team an und wurde nach Stanford eingeladen, wo gerade an einem Fahrzeug für die DARPA Urban Challenge 2007, ein Rennen für autonome Fahrzeuge, gebaut wurde. Die Leitung hatte Sebastian Thrun, der bekannte Robotik-Spezialist, ehemaliger Vizepräsident von Google und Mitgründer von Udacity, der erfolgreichen Online-Akademie. Die Länder, in denen Klumpp seitdem irgendwo mitgearbeitet hat, lassen sich kaum mehr alle aufzählen: Schottland, Deutschland, Bali, Südafrika, Spanien ..., ohne Frage, er kennt den Globus.

2012 hat er dann mit einem Partner die Firma Mobile Jazz gegründet, die mittlerweile 20 feste und einige freie Mitarbeiterinnen und Mitarbeiter hat. Den Angestellten steht es frei, von wo aus in der Welt sie mitarbeiten wollen. Das Unternehmen entwickelt digitale Lösungen für so namhafte Kunden wie Google oder Airbus und Branchen wie die der Militär- und der Medizintechnik, wo es um Zuverlässigkeit und Qualität geht.

Wie gelingt es, dass trotz dieser immensen Freiheit, zu arbeiten, wo und wann man will, so sensible und erfolgreiche Produkte entstehen können? Stefan Klumpp erklärt es uns: »Zuerst muss man viel Diszi-

plin haben, denn es gibt auf Bali am Strand jede Menge Ablenkungen. Wir müssen also wirklich alle selbstverantwortlich arbeiten. Es geht nicht, darauf zu warten, dass der Chef sagt, was als Nächstes zu tun ist. Darum brauchen die Neuen oft ein paar Monate, bis sie diese besondere Arbeitsweise verstehen. Das klappt nicht bei allen. Wenn Menschen nicht zu unserer Art des Arbeitens passen, dann müssen wir uns wieder von ihnen trennen. Leider gibt es immer wieder sehr naive Vorstellungen von einem Leben als Digital-Nomade.« Auf unser Nachfragen, wie hoch denn die Trefferquote im Einstellungsprozess neuer Mitarbeiterinnen und Mitarbeiter sei, denkt Stefan Klumpp kurz nach und sagt: »Ich würde schätzen, so circa 90 Prozent.«

Wichtig sei auch eine überschaubare Unternehmensgröße. Die liege bei etwa 20 Mitarbeitern. In größeren Gruppen entstünden schnell Misstrauen und Ignoranz. Es werde wöchentlich zu einer festen Uhrzeit geskypt, egal wo die Leute sich auf dem Globus gerade aufhielten – Mobile Jazz Weekly heiße dieser Termin. Der diene dem Austausch, um alle in allen Projekten auf dem neuesten Stand zu halten. »Es geht mir nicht um klassisches Größenwachstum. Und ich sehe mich auch nicht als Unternehmer. Bei uns geht es vielmehr darum, dass jede und jeder persönlich in den Feldern wachsen kann, die sie oder ihn interessieren. Ich liebe Kitesurfen, Wandern und Skifahren, also suche ich mir meine Arbeitsorte entsprechend aus.« Und dann kommt Stefan Klumpp doch noch auf einen Punkt zu sprechen, der so gar nicht einem typischen Digital-Nomaden zu entsprechen scheint. »Da wir weiterhin ein Unternehmen sind, in dem Leute etwas zusammen machen, müssen wir auch wirklich und analog zusammen etwas machen, wodurch eine starke Bindung erzeugt wird. Mehrmals im Jahr arbeiten und leben wir alle für eine oder mehrere Wochen an einem Ort zusammen. Letztes Mal hatten wir ein Haus in Thailand gemietet. Oder wir treffen uns im Winter auch mal eine Woche zum Skifahren in den Bergen. Es wird dann viel zusammen gearbeitet, wer will, kann gemeinsam Sport machen, und manchmal wird auch miteinander gefeiert. So entstehen Freundschaften, und die Identifikation mit der Firma wird gefestigt. Ein Event pro Jahr ist für alle verpflichtend. Bei diesem Anlass ist es dann meine Aufgabe, die Firmenkultur zu erklären und nach Möglichkeiten zu suchen, das Team zu entwickeln.«

Das Leben der Digital-Nomaden scheint uns von starken Ambivalenzen geprägt zu sein. Auf der einen Seite wollen sie die analoge Welt

bereisen, können das aber nur, weil die digitale Welt ihnen die Möglichkeit eröffnet. Einerseits leben sie an Orten, an denen klassische Arbeitnehmerinnen und Arbeitnehmer Urlaub machen, andererseits müssen sie sich dem Reiz dieser Orte immer wieder entziehen; denn es gilt, Projekte durchzuziehen und Kunden mit hohem Qualitätsanspruch zufriedenzustellen. Und obwohl man die meiste Zeit im Jahr nur »remote« zusammenarbeitet, ist es zwingend notwendig, in einen ganz engen persönlichen Kontakt zu kommen, der den an standortgebundenen Arbeitsplätzen bei Weitem übersteigt.
Durch das Gespräch müssen wir unser stereotypes Bild von einem IT-Unternehmen revidieren, doch Stefan Klumpp »beruhigt« uns beim Abschied: »Tief drinnen sind wir Mega-Nerds!«

Auch wenn wir das Arbeitsmodell eines Digital-Nomaden sehr interessant finden und viele positive Ansätze darin sehen, bleiben viele Fragen offen: Funktioniert das auch, wenn man schulpflichtige Kinder hat? Wie und wo ist man sozial abgesichert? Können wirklich Freundschaften entstehen, wenn man zwei Wochen pro Jahr im selben Haus zusammenarbeitet? – Was wir aber von Stefan Klumpp und der Zusammenarbeit bei Mobile Jazz gelernt haben, ist Folgendes: Damit Teams funktionieren können, muss es ihnen möglich sein, sich weitgehend selbst zu organisieren und ihre eigenen Spielregeln zu entwickeln. Man benötigt eine Basis, auf der man aufbauen kann. Nur dann haben unterschiedlichste Charaktere – vom stillen Computerfreak bis zum extrovertierten Verkäufer – eine Chance, in Abstimmung mit den anderen ihre Rolle im Team zu finden. Dazu gehört dann allerdings auch die Möglichkeit, sich zeitweise aus dem Team auszuklinken.
Bereits in den 1990er-Jahren hat der Psychologe Kevin Dunbar einen interessanten Versuch gestartet, in dem er in vier führenden Instituten für Molekularbiologie Kameras aufstellte, um die Wissenschaftler bei ihren Arbeitsprozessen zu beobachten. Dabei stellte er fest, dass es höchst selten zu »Heureka-Momenten« kam, in denen sie eine wichtige Entdeckung machten. Die Ideen der Wissenschaftler entsprangen eben nicht der individuellen Beobachtung und Untersuchung am Mikroskop, sondern ergaben sich in der vertrauten Umgebung der Teambesprechung, in der man sich gegenseitig half, ein Problem aus unterschiedlichen Perspektiven zu sehen.[36] Hier zeigt sich der Vorteil sinnvoll geplanter Teamarbeit.

Es ist also nicht zwingend das Individuum, das eine Antwort auf die fehlende Kreativität der Großgruppe liefert, sondern die vertraute und selbst organisierte Gruppe.

Der Psychiater, Familientherapeut und Organisationsforscher Fritz B. Simon zeigt auf, dass Großgruppen psychoseähnliche Effekte bewirken. »Grenzen des Individuums scheinen sich aufzulösen, seine Orientierung geht verloren, die Komplexität steigt«, die Folge ist die Zuflucht in die Kleingruppe.[37] Ein Phänomen, das man erleben kann, wenn man allein an einer Großveranstaltung teilnimmt. Zu Beginn oder in den Pausen fühlt man sich unwohl, bis man auf Bekannte trifft oder den Blick auf das Bühnengeschehen richtet und dadurch die Großgruppe sich in »einer Art Zweipersonenkommunikation zwischen einem und wenigen Protagonisten« auflöst.[38]
Bei Formaten wie Open-Space-Veranstaltungen oder Bar Camps sorgt ein hoher formaler Organisationsgrad für eine gewisse Rahmung. Durch die Festlegung von Zeit, Raum, Teilnehmerzahl und Moderatoren wird die Voraussetzung dafür geschaffen, dass sich Teilnehmerinnen und Teilnehmer nicht verloren fühlen. Kreativität ist dann keine Folge der »großen Gruppe«, sondern entsteht in überschaubaren und geschützten Bereichen innerhalb der Großveranstaltung (etwa in Form von Einzelworkshops und Sessions).

Ungeachtet der Erkenntnis, dass Kollektive nicht als Ganzes zur Entwicklung bahnbrechender Ideen fähig sind, erfreuen sich die Methoden, die uns das Gegenteil suggerieren, bis heute großer Beliebtheit.

Egal ob wir von Schwärmen oder Großgruppen sprechen, es geht immer auch um die Teilhabe an der Schaffung und Bewertung von (neuen) Realitäten im Sinne einer Enthierarchisierung und Demokratisierung ursprünglich elitär geführter Diskurse. Damit wird automatisch die Machtfrage neu gestellt. Im Kern geht es bei der altbekannten Gruppenarbeit in der Automobilindustrie oder in modernen Scrum-

Teams der agilen Arbeitswelt wie auch bei internetbasierten »Liquid-Democracy«-Experimenten stets um das Bemühen, viele Menschen an der Ausgestaltung von Strukturen und Prozessen teilhaben zu lassen – ein Ansatz, der in der Politikwissenschaft als Deliberation bezeichnet wird. Demokratie ist, politisch betrachtet, ohne die Weisheit der vielen nicht zu denken.

Allerdings kann der »Strudel der Masse« auch dazu führen, dass demokratische Grundprinzipien wie der der Schutz von Minderheiten oder die Toleranz gegenüber abweichenden Meinungen angetastet werden. Wenn paradoxerweise durch die Einbeziehung von Vielfalt genau diese zerstört wird und der Mainstream die Herrschaft übernimmt, kann von kollektiver Intelligenz nicht mehr die Rede sein. Die stets geforderte Innovationskraft ist dann gefährdet oder wird sogar verhindert – ein Phänomen, das wir gerade in den sozialen Medien beobachten. Diese bieten zunächst ein urdemokratisches Forum, auf dem jeder zu Wort kommen, jeder gehört werden kann. Menschen aus der ganzen Welt begegnen sich und nehmen an einer besonderen Form der Kommunikation teil. Doch dieser kollektive Raum ermöglicht unter dem Schutz der Anonymität auch Hetze und Verschwörung mit tätlicher Gewalt als möglicher Folge und Formen eines Gegeneinanders, das im direkten Austausch so eher nicht erreicht würde. Es kann eine das soziale Gefüge gefährdende Direktheit durchbrechen, die ungeahnte Probleme für die Gesellschaft, also das Kollektiv, erzeugt. Und die Selbstvermarktung – mit der sich die eingangs erwähnte Susan Cain kritisch auseinandersetzt – erhält hier eine noch bedeutendere Rolle als in der realen Welt.

Wenn wir die im Kollektiv vorhandene positive Kraft nicht verlieren wollen, müssen wir Räume schaffen auch für die Darlegung von still entwickelten Ideen Einzelner – selbst wenn sie nicht der Logik der gewieften Selbstvermarktung entsprechen.

Trotz anderslautender Versprechen ist die digitale Welt nur bedingt dafür geeignet, im Kollektiv starke Ideen entstehen zu lassen, wie das folgende Beispiel zeigt.

Als wir uns das erste Mal 2013 in der Schwabinger »Bar Giornale« trafen, erzählte uns Frank Roebers, Vorstandsvorsitzender der Synaxon AG, von einem Werkzeug namens Liquid Feedback (LQFB), das im Jahr zuvor in seiner Firma eingeführt wurde. Genau genommen ging es nicht um ein Werkzeug, sondern um Kulturarbeit, die mit einem durchdachten Instrument in Gang gesetzt werden sollte. Roebers und seine Kollegen in der Führung wollten einen entscheidenden Schritt in Richtung strategische Beteiligung der Mitarbeitenden und Demokratisierung von Entscheidungen gehen, da Initiativen bei entsprechender Mehrheit auch dann umgesetzt werden sollten, wenn der Vorstand gegen sie war. Im Ergebnis wurde das Unternehmen durch das Software-Tool LQFB, das als Experiment gestartet wurde, entscheidend vorangebracht. Die Arbeit mit LQFB lieferte viele Erkenntnisse und beeinflusste die Kultur maßgeblich – bevor die Plattform schließlich nach sieben Jahren nicht mehr benötigt und 2019 abgeschaltet wurde.
Was war der Auslöser für die Einführung dieses Instruments? »Vor ein paar Jahren haben meine Kollegen aus der Geschäftsleitung und ich mit viel Mühe ein neues Leitbild geschrieben«, so Roebers bei unserem Treffen. »Während des Prozesses, über den wir die Mitarbeiter stets informierten, erhielten wir eine Rückmeldung, die erfreulich und ernüchternd zugleich war. 85 bis 90 Prozent der Kolleginnen und Kollegen fanden sich in dem Leitbild wieder, waren also der Meinung, dass geschriebener Text und reales Erleben irgendwie zusammengingen.« Es passte zu dem Westfalen Roebers, dass er den Rest der Rückmeldungen ungeschönt darstellte: »Dummerweise mussten wir akzeptieren, dass zehn bis 15 Prozent der Mitarbeiter offenbar in einem ganz anderen Unternehmen arbeiten als der Rest. Die Kultur, die wir gerade so nett im Leitbild beschrieben hatten, existierte für diesen Teil der Belegschaft überhaupt nicht. In der Geschäftsleitung diskutierten wir daraufhin intensiv, wie wir mit dieser Erkenntnis umgehen sollten.«
An dieser Stelle des Gesprächs von 2013 gingen wir insgeheim im Kopf unsere Kunden und Forschungspartner durch. Andere Unternehmen, so unsere Überzeugung, kämen vermutlich gar nicht auf die Idee, über eine derartige Diagnose weiter nachzudenken. Wo sollte auch das Problem liegen, wenn man nur etwas mehr als ein Zehntel der Menschen verloren hat? Doch das Führungsteam der Synaxon AG, der inzwischen größten IT-Verbundgruppe Europas mit mittlerweile

210 Angestellten, 3800 Verbundpartnern und über drei Milliarden Euro Außenumsatz, wollte sich auch mit vergleichsweise geringen »Verlusten« nicht abfinden und stellte sich zwei entscheidende Fragen: Wie schaffen wir es, dass sich auch diejenigen Kollegen äußern und einbringen, die mit unserer Kultur unzufrieden sind? Und wie gelingt es, dass wir dieses »Outing« unter den Schutz der Anonymität stellen? Während Roebers dies erzählte, wurden wir hellhörig. Wir dachten uns im Stillen: »Wie ernsthaft kann man an einer Kultur arbeiten, wenn der Mut fehlt, Ross und Reiter zu benennen? Lohnt es sich, nach einem Werkzeug zu suchen, wenn die Menschen noch nicht einmal zu einem offenen und persönlichen Austausch in der Lage sind?« Wir verpackten unsere Vorbehalte gegenüber dem in der Online-Welt gängigen Modus der Anonymität in eine moderate Frage, die uns nicht als ewiggestrig-analog erscheinen ließ. Frank Roebers antwortete knapp – und nachvollziehbar: »Es ist ein schöner Gedanke, dass man – wäre die Kultur ideal – gar kein Tool bräuchte. Aber es ist wohl ein bisschen viel verlangt, alle Konflikte offen auszutragen. Vor allem dann, wenn eine Mitarbeiterin oder ein Mitarbeiter davon ausgehen kann, dass die Führungskraft einen Sachverhalt anders einschätzt als sie oder er.«

Das LQFB wurde wie folgt umgesetzt: Wann immer ein Synaxon-Mitarbeiter ein Anliegen positionieren wollte, konnte es im Liquid-Feedback-System beschrieben werden – ohne Nennung des Namens. Wichtig war nun, für diese Initiative Unterstützung von anderen im Unternehmen zu erhalten. Denn damit eine Initiative überhaupt zur Abstimmung gelangen konnte, musste sie von zehn Prozent derjenigen Kolleginnen und Kollegen, die sich für ein Themenfeld angemeldet hatten, befürwortet werden. Diese Hürde sei ganz bewusst eingebaut worden, damit das Unternehmen von einer Unzahl von Initiativen verschont bleibe, so Frank Roebers damals. »Sie können sich vorstellen, dass es bei den Initiativen dicke und dünne Bretter gibt. Je nachdem, wie dick ein Brett, wie anspruchsvoll also ein Thema ist, geben wir kürzere oder längere Bedenk- und Diskussionszeit. Das hat sich bewährt.«

Für die Abstimmung galt dann: Alle Initiativen mit einfacher Mehrheit sollten umgesetzt werden. »Wir haben uns als Unternehmensleitung dazu verpflichtet, erfolgreiche Initiativen konsequent umzusetzen. Einige fand ich persönlich absolut sinnlos«, so Roebers. »Aber ich bin Bestandteil dieses Systems und würde beim LQFB

nur dann von meinem Vetorecht Gebrauch machen, wenn Synaxon als Ganzes gefährdet wäre. Insofern schreite ich nur in Ausnahmefällen ein. Ich muss und will mit der Demokratie leben.« Der Mut, den Frank Roebers und die anderen Vorstände hatten, beeindruckte uns.
Nach sieben Jahren stellte sich heraus, dass eine Software, die Anonymität garantierte, nicht mehr benötigt wurde. Der CEO sagt heute: »In den ersten vier Monaten waren wir mit LQFB schwach gestartet, dann konnten wir vier Jahre ganz herausragende Ergebnisse erzielen und seit drei Jahren benötigen wir das Tool nicht mehr.« In der Anfangszeit war die Beteiligung nicht sonderlich groß. Man vermutete, dass es damals an einer unzureichenden Nutzerführung der Software lag. Auch die Qualität der ersten Vorschläge enttäuschte: So wurde etwa die Anschaffung eines Firmenfahrrads und eines Getränkeautomaten vorgeschlagen. Mit der Zeit besserte man die Software nach, und die Vorschläge wurden mutiger. »Die Mitarbeitenden hatten wirklich bahnbrechende Ideen. Es wurden uns gewünschte Karriereoptionen aufgezeigt, neue Modelle bezüglich Arbeitszeit und Arbeitsort wurden entwickelt. Die Geschäftsleitung wurde bei Personalentscheidungen kritisiert und Gegenvorschläge wurden gemacht. Außerdem konnten wir immer gleich nachvollziehen, wie groß die Zustimmung für diese Initiativen in der Belegschaft war, denn das bildete ja das System ab«, sagt Roebers. »Mittlerweile brauchen wir den Umweg über LQFB nicht mehr. Die Kolleginnen und Kollegen schreiben ihre Vorschläge direkt ins Wiki oder melden sich mit ihren Anliegen bei der Vertrauensperson. Und wenn ich will, dass sich meine Mitarbeitenden zu strategischen Themen einbringen, dann mache ich einen Workshop, in dem sich Menschen in die Augen schauen können. Darum haben wir die Software mittlerweile abgestellt. Und zwar mit mehrheitlicher Zustimmung der Mitarbeiter. Wir hatten vorstandsseitig diesbezüglich eine LQFB-Initiative gestartet, die eine Mehrheit fand. Und zwar schlicht deswegen, weil die Aktivitäten komplett erlahmt waren. Es gab einfach keinen Bedarf mehr an Anonymität im Entscheidungsprozess.« Wir werfen in das Gespräch ein, dass das ja ein sehr gutes Zeichen sei. Roebers antwortet mit einem knappen »Ja« und fährt fort: »Was ich auch gemerkt habe: Je schlechter es uns wirtschaftlich ging, desto mehr wurde die Möglichkeit genutzt, anonym Initiativen zu starten. Je besser es uns ging, desto weniger Initiativen wurden gestartet. Ich weiß noch nicht, wie

ich das einordnen muss. Sollte irgendwann wieder der Wunsch nach Anonymität bestehen, dann können die Mitarbeitenden, die diesen Bedarf sehen, sich einfach an die Vertrauensperson wenden, dann wird das System wieder eingeführt. Es wird dafür auch keine Mehrheit mehr benötigt.« Roebers macht eine kurze Pause und fährt dann fort: »Im Gegensatz zum LQFB nutzen wir unser Wiki immer noch sehr intensiv.«

Vor der Einführung von Liquid Feedback gab es bereits – und gibt es seit nun 13 Jahren – ein Synaxon-Wiki, das alle Prozesse und Zuständigkeiten des Unternehmens enthält, also das gesamte Firmenwissen. Jeder Mitarbeiter hat das Recht, Änderungen vorzunehmen, also beispielsweise den Einkaufsprozess neu zu strukturieren. »Seit der Einführung 2007 gab es über 500 000 Änderungen. Es war kein einziger Missbrauch dabei«, betonte Roebers bereits bei unserem ersten Treffen in Schwabing durchaus mit etwas Stolz. Nach nun weiteren sieben Jahren sind nochmals 200 000 Änderungen dazugekommen. Der Missbrauch blieb konstant bei Null. Dann erzählt er uns: »Was euch vielleicht interessieren könnte, in ein paar Monaten löschen wir das gesamte Wiki wieder.« Wir müssen kurz schlucken und fragen uns, warum das? Es müssten doch alle Prozesse optimal sein. »Wir fangen komplett neu auf einem weißen Blatt Papier an. Alle müssen mitentscheiden, was von dem alten Wissen rübertransportiert wird. Wir haben mittlerweile über 80 000 Artikel im Wiki und wollen nicht den gleichen Fehler machen wie die EU und uns überreglementieren, weil wir nicht in der Lage sind, alte Regeln zu löschen – entweder weil wir sie vergessen haben, oder weil sich keiner traut, sich davon zu trennen. Aktivitäten, mit denen wir experimentiert haben, wie zum Beispiel ›Löschtage‹ oder Ähnliches haben sich nicht als sinnvoll erwiesen. Also haben wir gesagt, wir schmeißen eine Bombe rein und fangen von vorne an. Und wer etwas retten will, der muss sich die Mühe machen, die Inhalte rüberzuschaffen. Vor 13 Jahren, als wir mit dem Wiki begonnen haben, sind wir von 120 000 Artikeln auf 4000 runtergekommen. Darum erwarte ich, dass wir dieses Mal von 80 000 auf 3000 kommen.«

Wir finden den Mut spannend, mit dem Roebers immer wieder Neues ausprobiert, sind aber erleichtert, als wir hören, dass für die wirklich wichtigen Themen die klassischen Gespräche von Angesicht zu Angesicht dringend benötigt werden. Die analoge Welt hat sich einen Teil der digitalen wieder zurückerobert.

Der Frage, ob er nach vielen Jahren agilen Arbeitens in der digitalen Welt auch glaube, dass echte Führung gerade in diesen Zeiten viel analoger denken müsste, stimmt Roebers sofort zu. »Digitale Systeme haben unser Arbeiten als Führungskräfte massiv erleichtert. Aufgrund von sehr guten Videokonferenz- und Instant-Messaging-Diensten haben wir zum Beispiel bedeutend mehr Zeit, einfach weil wir nicht mehr so viel reisen müssen.« Im agilen Projektmanagement habe man sogar einen Quantensprung gemacht. Es sei aber nie die Technik selbst, sondern es hänge auch hier davon ab, wie man im analogen Leben unterwegs sei. Wer gut organisiert sei, der profitiere massiv; wer nicht, verliere sich in der digitalen Welt.
Roebers bringt es abschließend auf den Punkt: »Durch die Effizienzsteigerung aufgrund der digitalen Möglichkeiten habe ich für die essenziellen Themen mehr Zeit. Darum ist tatsächlich die Hauptlast in meinem Führungsalltag ›analoger‹ geworden.«

Was bedeuten die gewonnenen Erkenntnisse für die zeitgemäße Ausgestaltung der Führungsaufgabe? Sie wird zweifellos schwieriger und intensiver – und sie sollte ganz in Roebers' Sinne »analoger« werden. Die Beziehung der Führungskraft zum Mitarbeitenden, zu seinen Ideen, aber auch zu seinen Problemen, rückt in den Vordergrund und kann maximal digital unterstützt, niemals aber durch Digitalität ersetzt werden.

In allen Fällen geht es darum, das unterschiedliche Naturell von Menschen zunächst einmal anzunehmen.

Zudem sollte Führung sich der Nebenwirkungen moderner Großgruppenveranstaltungen – sowohl in analogen als auch digitalen Varianten – bewusst werden und den Mut besitzen, bei der Wahl des passenden Settings gesundes Augenmaß walten zu lassen.

- Musterbrecher nutzen die Analyse- und Bewertungskraft von Kollektiven. Sie haben eine genaue Vorstellung von den Möglichkeiten und Grenzen des Schwarms.
- Musterbrecher zerren stille Genies nicht ins Rampenlicht. Sie drängen die Lauten aber auch nicht in den Schatten.
- Musterbrecher involvieren nicht pro forma. Wenn sie sich dazu entschließen, das Kollektiv mitbestimmen zu lassen, dann ohne Netz und doppelten Boden.
- Musterbrecher verstehen es, die digitale Welt zu nutzen, um dem analogen Denken und Handeln mehr Raum zu geben.

UNGEHINDERT NEU

Warum Organisationen nicht innovativ sind

Während eines Elternstammtisches – wir überengagierten Eltern treffen uns alle zwei Monate, mal im Sportlerheim, mal im Chinarestaurant – echauffieren wir uns wahlweise über die Unfähigkeit der Schule oder das gesamte bayerische Schulsystem. Nebenbei werden wir vom Elternsprecher auf den neuesten Stand gebracht. Dieses Mal benötigt der Förderverein Geld. Ein engagierter Jugendsozialarbeiter will den Schulhof neu gestalten – und das kostet. Klasse Sache, denken wir uns, doch dann erfahren wir den Hintergrund. In der (viel zu kurzen) großen Pause werden Kinder von anderen manchmal angerempelt, dabei fällt das Pausenbrot schon mal herunter. Jetzt wurde festgestellt, dass einige Kinder in der Pause spielen, die anderen wild herumrennen und die übrigen einfach in Ruhe essen wollen.
Wir fragen in die Runde, ob das nicht immer schon so war. Ja natürlich, bestätigen alle. Und die Kinder haben sich organisiert. Es gab Konflikte und Diskussionen, die Größeren haben auf die Kleineren Druck

ausgeübt, und ab und zu musste auch die Pausenaufsicht einschreiten. Dennoch entstand eine Ordnung nach irgendwelchen – meist unbewussten – Entscheidungen und Abläufen. Aber genau darauf will der Jugendsozialarbeiter nicht mehr setzen. Er will ein formales System aufbauen und den Schulhof in drei Zonen einteilen: einen Spiel-, einen Bewegungs- und einen Ruhebereich. Vermutlich wäre dann alles organisiert. Und die Pausenaufsicht hätte ein klares und eindeutiges Instrumentarium an der Hand, um im Fall der »nicht zonengerechten Nutzung« angemessen zu verfahren. Das Beste daran: Diese Organisation hat man sich ohne den aufwendigen Prozess der Schülerbeteiligung ausgedacht – so ganz nach rationaler Erwachsenenlogik.

Zwei Organisationsphänomene werden sichtbar. Das eine ist die sich selbst organisierende Interaktion zwischen Menschen, die auf dem »unorganisierten« Schulhof entsteht, spontan und irgendwie. Diese Art der Organisation – in der Literatur als Gestaltungsprozess beschrieben – gab es schon immer. Menschen tun sich irgendwie zusammen, um etwas zu erreichen. Das zweite Phänomen kennen wir erst seit relativ kurzer Zeit in der heute dominanten Form. Organisation wird als Gestaltungsergebnis begriffen, das zu einem Unternehmen beziehungsweise einer Institution wird.[39] Der Begriff »Organisation« leitet sich vom griechischen »organon« her, was so viel bedeutet wie »Werkzeug«, »Instrument« oder »Organ«.[40] Primär bezog man es auf biologische Prozesse, die dann auch auf den Staat als Körper übertragen wurden. Erst mit der Französischen Revolution im Übergang vom 18. ins 19. Jahrhundert, einhergehend mit der Industrialisierung, wurde Organisation im heutigen Sinne verstanden. Und genau dieser strukturgebende Rahmen beschäftigt uns im Folgenden.
»Die Allgegenwart von Organisationen ist nicht der ... Hauptgrund für ihre Bedeutung. ... Vom Standpunkt des Sozialpsychologen aus interessieren wir uns für die Einflüsse, die aus seiner Umwelt auf das Individuum einwirken, und wie es auf diese Einflüsse reagiert. Für die meisten Menschen repräsentieren formale Organisationen einen Großteil ihrer Umwelt.«[41] Was die beiden »Urgesteine« der Organisationsforschung, James G. March und der Nobelpreisträger Herbert A. Simon, hier beschreiben, könnte mit anderen Worten so lauten: Der moderne Mensch – zumindest der industriell geprägte – wird bewusst oder unbewusst ständig mit Organisationen konfrontiert. Wir arbeiten, lernen

und bilden uns in Organisationen. Ohne Organisationen, die unsere tägliche Versorgung sicherstellen, würden wir vermutlich nur sehr kurze Zeit überleben. Und selbst wenn wir in die Natur gehen oder unsere Freizeit gestalten – in Fitnessstudios, Vereinen, Vergnügungsparks oder Kulturzentren – ist alles organisiert! Nach und nach mischen sich Organisationen in Spiel, Freundschaft und sogar in Liebe ein. In virtuellen Formen der Kommunikation bestimmen Organisationen wie Ubisoft, Facebook oder LoveScout24, wie Menschen nach welchen Regeln zusammenfinden.

Noch nie war das Leben so »organisiert« wie heute.

Organisationen sind die prägendsten Systeme der Neuzeit, zumindest seit dem Beginn der Industrialisierung.[42] Sie müssen einer Reihe von Aufgaben gerecht werden, bieten beispielsweise einen Arbeitsplatz, sind ein Stück Lebenswelt, oft aber auch Orte der Angst.[43] Sie sollen Handlungen koordinieren, um Stabilität und Routine zu erzeugen.[44] Organisationen sind ein nicht homogener, vielfältiger und von unterschiedlicher Viskosität geprägter Fluss von Materialien, Leuten, Geld, Zeit, Lösungen, Problemen und Entscheidungen.[45] Menschen treten ihre Ressourcen an die Organisation ab und erwarten von dieser deren Koordination.[46] Organisation ist somit mehr als nur Institution und Prozess. Sie ist »die Maschine, die umsetzt«.[47] Organisationen vernetzen sich weltweit und zeigen eine Eigendynamik, mit der sie die Funktionssysteme der Gesellschaft durchsetzen.[48]

Eines muss uns klar sein: Ohne Organisation wäre heute vieles nicht möglich, was zu einer Selbstverständlichkeit geworden ist.

Sie bringt uns zweifelsohne viel Fortschritt und erleichtert das Leben. Ihre Bedeutung erkennen wir oft erst dann, wenn sie nicht funktioniert. Allerdings muss uns in unserer durchorganisierten Welt auch bewusst sein, dass Organisation einiges, vieles, manchmal auch Entscheidendes verhindern kann.

Wir machen anlässlich der Vorbereitung eines Strategie-Workshops einen Firmenrundgang. In dem Werk werden Strukturen und Komponenten für den zivilen und militärischen Flugzeugbau gefertigt. Stolz zeigt man uns eine Halle, in der mit Verbundwerkstoffen Druckkalotten und Frachttore gefertigt werden. Nur wenige Hersteller sind in der Lage, mit dieser Technik wichtige Bauteile zu produzieren. Dass man hier diese Herstellungsmethode beherrscht, ist keine Selbstverständlichkeit. Durch die Verarbeitung von Verbundwerkstoffen können erhebliche Gewichtseinsparungen erzielt werden. Doch eigentlich hätte diese Kompetenz im Werk nicht vorhanden sein dürfen. Aufgrund der strategischen Ausrichtung von vor einigen Jahren – das Werk gehörte noch zu einem anderen Konzern – gab es die Weisung von ganz oben, sich nicht mit der CFK-Leichtbauweise (Kohlenstofffaserverbundstoffe) zu befassen. Wenn Innovation, dann sollte sie nicht an einem Produktionsstandort entstehen, sondern in den dafür vorgesehenen Abteilungen.
Einige mutige Ingenieure vor Ort widersetzten sich und taten das Verbotene. Sie und die Werksleitung sahen es als überlebenswichtig für die Firma und den Standort an, in Zukunft mehr als nur Aluminium und Titan im Flugzeugbau zu verarbeiten. Das Heikle daran: Von diesem Versuch durften die Manager des Mutterkonzerns lange Zeit nichts wissen. Es wurde deshalb viel Energie in die Geheimhaltung gesteckt. Keine leichte Aufgabe, da der Platz am Standort sehr begrenzt war. Und so mussten Besuchergruppen geschickt um die »verbotene« Halle herumgeführt, Ausreden gefunden werden. Erst viel später, als man das innovative Produktionsverfahren beherrschte und sich zutraute, an diversen Ausschreibungen teilzunehmen, wurde das neue Können im Konzern publik gemacht.
Heute ist man sehr stolz darauf, dass unterschiedlichste Flugzeugstrukturen aus CFK im Werk gefertigt werden können. Gerade diese Technologie präsentiert die Konzernleitung gerne bei Politikerbesuchen. Ohne Zweifel ist für das Unternehmen daraus ein echter Wettbewerbsvorteil entstanden.

Vor etwa 100 Jahren übertrug Joseph Schumpeter, der bekannte österreichische Ökonom, den lateinischen Begriff »innovare« in den wirtschaftlichen Kontext. Er meinte mit Erneuerung anfänglich »schöpferisches Gestalten«, später »kreative Zerstörung«.[49] Zum damaligen Zeitpunkt wurde darunter das Hervorbringen neuer Kombinationen

von Produktionsfaktoren verstanden.[50] Im Fokus standen zunächst die Prozess- und nicht die Produktinnovationen.
Organisation ist aber alles andere als ein System, das die schöpferische Gestaltung von Neuartigem oder die kreative Zerstörung mit nachfolgender umfassender Erneuerung ermöglicht. Im Gegenteil: Verlässlichkeit und Wiederholbarkeit sind das Entscheidende der Organisation.[51] In ihr dominieren Rationalität, vernunftgeleitetes und zielgerichtetes Denken und Handeln. Sie will maximale Sicherheit vermitteln und kann deshalb die mit Innovation zwingend verbundene Ungewissheit nicht zulassen. Und egal, ob man eine Organisation als soziales oder eher als instrumentelles Gebilde versteht, im Kern geht es um ein Setting von Regeln, denen sich die Organisationsmitglieder unterordnen sollen.

Organisation muss sich immer wieder dafür rechtfertigen, dass etwas getan wird oder eben nicht.

Wir treffen Ulf Pillkahn zu einem Interview an der Universität in Neubiberg. Er ist zu diesem Zeitpunkt Key Expert für Strategy, Innovation und Foresight der Siemens AG, heute lehrt er als Professor an der FOM Hochschule für Oekonomie & Management Innovations- und Wissensmanagement.

Musterbrecher: *In einem Artikel haben Sie Innovationsmanagement als Widerspruch in sich bezeichnet. Warum finden wir diese Funktion dennoch in so vielen Organisationen?*

Pillkahn: *Bei Innovation reden wir oftmals von dem »fuzzy front end«. Das heißt: Innovationen sind vielschichtig, komplex, kompliziert, diffus. Es treten Fragestellungen auf, die nicht so einfach zu entscheiden sind, wie man sich das in Organisationen wünschen würde. In diesem Zusammenhang spreche ich im Austausch mit Managern gerne von »Fischstäbchen-Innovationen«: Wir haben eine unendliche Vielfalt an essbarem Fisch. Meist mögen Kinder aber nur Fischstäbchen. Die sind immer gleich groß und schmecken immer gleich. Wenn da so ein Berg Fisch liegt, dann ist das eklig. Der Vergleich geht in die Richtung meiner Beobachtungen der letzten Jahre. Auch Manage-*

ment liebt im übertragenen Sinne Fischstäbchen. Anstatt zu versuchen, Innovation zu verstehen, ist man bemüht, die Instrumente des Innovationsmanagements zu schärfen, Innovation in »panierte Kästchenform« zu bringen.

Musterbrecher: *Können Sie das an einem Beispiel verdeutlichen?*

Pillkahn: *Nehmen wir den meines Erachtens innovativsten Bereich bei Siemens, den Healthcare-Sektor. Wenn wir dort nach dem Innovationsprozess fragen, teilt man uns mit, dass man natürlich einen solchen habe. Schauen wir uns allerdings die tatsächlichen Innovationen genauer an, stellen wir fest: Null Prozent der Innovationen kommen aus diesem Prozess. Alles Neue ist komplett am Innovationsprozess vorbei entstanden.*

Musterbrecher: *Das hieße ja, dass man nicht wegen, sondern trotz dieses Prozesses innovativ ist?*

Pillkahn: *Ja, man könnte auch sagen, er stört nicht. Die Schlussfolgerung der Manager ist aber nicht, den Innovationsprozess infrage zu stellen. Vielmehr durchleuchtet man ihn auf Fehler hin und möchte ihn optimieren. Das Management ist einerseits über die Innovationskraft erfreut, jedoch auch gleichzeitig nervös; denn dass da irgendwelche Physiker oder Mediziner irgendwas ausprobieren, das geht nicht. Es fehlt die Steuergröße. Solange es trotzdem wie bei Healthcare funktioniert, ist das ja auch nicht weiter schlimm. Problematisch wird es bei nicht so innovativen Bereichen. Die haben ein richtiges Problem.*

Musterbrecher: *Man könnte zu dem Schluss kommen, dass der Prozess noch nicht richtig läuft. Kann er sogar Innovation verhindern?*

Pillkahn: *Ja, das habe ich in meiner Forschung auch herausgearbeitet. Die wirklich großen, radikalen Innovationen werden ausgesiebt. Der Prozess ist die Verhinderung radikaler Neuerungen. Für eine Innovation benötigt man erst einmal eine Vision und eine gewisse Besessenheit. Auch wenn ich das Beispiel Apple gar nicht mag, so ist es doch sehr interessant. Ich bin mir sicher, dass es keinen Innovationsprozess bei Apple gibt, in dem man sich in großen Meetings zusammensetzt und einen Prozess abarbeitet. Das ist für mich undenkbar. Geht nicht! Steve Jobs war besessen von einer Idee und trieb sie durch die Organisation. Er hatte inhaltlich verstanden, worum es geht, und er hatte*

Vision und Power. Seit es die Biografie von Steve Jobs gibt, haben ihn ja viele Manager als Vorbild. Prinzipiell ja sehr lobenswert, aber ich beobachte auch, dass die fehlende Genialität einfach nur durch cholerisches Verhalten ausgeglichen wird. Das ist zu wenig!
Jetzt stellen Sie sich eine andere Organisation vor, in der an der gleichen Stelle ein Verwaltungsbürokrat mit riesigen Budgets sitzt. Und er sagt, damit wolle er etwas Neues machen, etwas Tolles. Das Problem: Er hat – anders als Steve Jobs – keine eigene Idee und häufig nicht einmal einen Bezug zum Thema. Und dennoch muss er sich entscheiden, ob es sich lohnt, Geld für irgendeine innovative Idee zur Verfügung zu stellen. Dieser Prozess muss effizient sein, denn als guter Manager möchte man ja keine Flops produzieren. Damit klammert man aber auch alles aus, was Innovation auszeichnet: Ungewissheit, Ergebnisoffenheit und auch die ganz großen Ideen.
Siemens hatte zum Beispiel knapp zehn Jahre vor dem iPad von Apple das SIMpad entwickelt. Für damalige Verhältnisse war es sehr innovativ und ausgereift: ein Touchscreen, noch mit Stift zu bedienen. Der 200-MHz-Prozessor war so ausgelegt, dass Office-Anwendungen liefen. Infrarot- und serielle Schnittstellen waren vorhanden. Und doch wurde die Produktion nach zwei bis drei Jahren eingestellt. Heute verdient Apple mit dem iPad pro Quartal so viel wie Siemens mit der ganzen Sparte Healthcare im Jahr. Damals fehlte ein Manager, der von diesem SIMpad begeistert war. Dem Produkt wurde das notwendige Budget verweigert, um es wirklich groß rauszubringen.

Musterbrecher: *Was wäre die Alternative für den Manager gewesen?*

Pillkahn: *Er hätte sein Budget an seine Mitarbeiter geben und sagen können: »Ich vertraue euch, dass ihr etwas Neues damit macht!« Aber das passiert leider nicht.*

Musterbrecher: *Eigentlich beschreiben Sie das, was Google mit seinen 20 Prozent Kreativzeit macht. Wo Entwickler ein Zeitbudget bekommen und einfach etwas daraus machen können. Dabei ist sehr viel Neues entstanden. Warum gewähren so wenige Unternehmen Kreativzeiten?*

Pillkahn: *Es scheitert am Anspruch der Manager, alles im Griff zu haben. Macht haben bedeutet Verantwortung haben. Und man muss Macht abgeben, wenn man Budgets zur freien Verfügung stellt.*

Musterbrecher: *Warum fehlt der Mut, diese Macht abzugeben?*

Pillkahn: *Das wiederum hängt mit dem Effizienzdenken in Unternehmen zusammen. Organisationen sind in Bezug auf Wissensschöpfung völlig blank. Der gesamte Unternehmenserfolg baut auf der Wertschöpfung auf. Wissen – so glaubt man – entsteht nebenbei. Bei einer bahnbrechenden Idee bekommt man als Anerkennung vielleicht ein iPad geschenkt – absolut lächerlich. Wenn man andererseits die finanziellen Zielvorgaben erfüllt, dann sind die Incentivierungen in einer ganz anderen Dimension. Wissensschöpfung wird nicht wirklich belohnt. Es gibt bei uns im Haus aber auch Beispiele von Leuten, die Ideen mutig durchgesetzt haben. Dieser Prozess kann allerdings sehr anstrengend sein.*

Musterbrecher: *Was tun Sie als Key Expert, der das alles weiß, für Innovation? Suchen Sie sich Bereiche, die Sie gezielt unterstützen können?*

Pillkahn: *Eigentlich im Gegenteil. Zuerst einmal muss man sich von der Idee verabschieden, andere beglücken zu können. Das geht nicht. Wir arbeiten nur mit jenen zusammen, die unsere Unterstützung wollen.*

Musterbrecher: *Angenommen, man sucht Ihre Hilfe. Müssen Sie sich dann an den Prozess halten?*

Pillkahn: *Wir machen da nicht mit. Im Moment versuchen wir, Ideen schnell in die Organisation zu tragen und ohne lange Planung umzusetzen. Prototypen bauen. Ausprobieren. Das kennen wir ja mittlerweile unter dem Begriff »Design Thinking«.*

Organisationen erzeugen keine Innovationen, sondern sorgen durch »Fischstäbchendenken« für Effizienz.

Darum wird alles ignoriert, was diese Logik bedroht: das wirklich Neue, die faktische Unklarheit, das mutige Ausprobieren, das unkontrollierte Zulassen. Doch genau diese scheinbaren Bedrohungen sind es, die Innovation überhaupt ausmachen. »Damit ist jeder, der ernsthafte Innovation betreibt, ein Außenseiter, jemand, den man nicht besonders gerne sieht, weil er stört«, so der renommierte Journalist Wolf Lotter.

Organisation klassischer Prägung verhindert also fatalerweise genau das, was sie für ihre Zukunftsfähigkeit benötigt – nämlich Innovation. Dennoch ist nicht zu leugnen, dass im Kontext von Organisationen tagtäglich Innovation entsteht – inzwischen auch mithilfe von Design Thinking, dem von Ulf Pillkahn am Ende des Interviews genannten Ansatz. Dies ist mit Sicherheit eine kluge Methode. Design Thinker würden sogar sagen, dass es hier um weit mehr geht als um eine Methode. Aus ihrer Sicht ist es eine Denkhaltung,[52] die aus dem Wechsel zwischen Öffnung und Fokussierung, Verlangsamung und Beschleunigung, Vielfalt und Einheit ihre Kraft zieht. Das schnelle Prototyping und konkrete Testen ist ein weitaus besseres Vorgehen, als es klassische Stage-Gate-Modelle und Wasserfallplanung im Rahmen des Innovationsmanagements je sein können. Leider bleibt Design Thinking in vielen Organisationen ein nettes Spiel auf der Vorderbühne, dem meist nur applaudiert wird, um mit der Zustimmung modernes Denken zu signalisieren. Doch die Machtverhältnisse sind klar: Organisationen und ihre Erfüllungsgehilfen im Management versuchen, das Neue zu verhindern.
Aus diesem Grund darf es auch nicht verwundern, dass ein nicht unerheblicher Teil der wirklichen Neuerungen aus fremden Branchen, unorganisierten Garagenfirmen oder von Individuen stammt – und oft einfach durch Zufall entsteht.
Eddie Obeng, Gründer einer der ersten virtuellen Business Schools weltweit, bemängelt, dass geregelte Abläufe mit klaren Hierarchie- und Entscheidungsstrukturen keine Zufälle mehr zuließen. Statt sich das Überraschende zu »gönnen«, investiere man jahrelang sehr viel Energie in Voraussagen, die im Moment der Veröffentlichung bereits veraltet seien.[53] Ulf Pillkahn geht noch ein Stück weiter. Er will das Zufällige wieder aktivieren und schlägt vor, Innovationen per Losverfahren voranzutreiben. Man (er)spare sich damit das sinnlose Prozedere der Chancenabschätzung nach der klassischen, ein klares Ergebnis suggerierenden Projektlogik.[54] Kein Entscheider, kein Umsetzer und keine Ideengeberin müssen sich diesbezüglich für die Arbeit an einem neuen Thema, für die eingesetzte Zeit oder für das Scheitern rechtfertigen. Denn alleine der Zufall entscheidet darüber, was weiterverfolgt wird.
Einen rechtfertigungsfreien Raum schaffen sich Menschen auch, wenn sie sich außerhalb des Unternehmens – oft in der Freizeit – vernetzen und mithilfe virtueller Formen der Zusammenarbeit an der kreativen Lösung schwieriger Probleme tüfteln. InnoCentive[55] ist eine solche Platt-

form, auf der Organisationen Probleme platzieren können, die andere dann für sie lösen.[56]

Innovationsmanager können mit ihren Systemen und Methoden nicht das leisten, was sie leisten wollen: nämlich das Neue hervorbringen.

Das muss noch nicht einmal von Nachteil sein, kann dadurch doch verhindert werden, dass absurde und sinnlose Ideen umgesetzt werden. Die Menschheit hat nicht auf jede Produktinnovation, jedes neue Werbekonzept oder jeden zusätzlichen Service gewartet. Das Neue ist nicht automatisch gut, nur weil es neu ist – oder wie James March es in einem Interview formuliert: »Die meisten neuen Ideen sind schlecht!«[57] Unter diesem Aspekt erhält Innovationsmanagement eine Rolle, die ihm im Drehbuch nie zugedacht war – die Rolle des Ideennichtverwerters.
Vor diesem Hintergrund machen Menschen in Organisationen zwangsläufig widersprüchliche Erfahrungen. Einerseits werden sie mit immer ausgefeilteren Methoden in Richtung Ideenverhinderung, Sicherheit und Stabilität getrimmt, andererseits müssen sie permanent Appelle wie »Seid innovativ!«, »Verändert euch!« oder »Denkt out of the box!« ertragen. Eine paradoxe Situation. Man könnte resignieren. Man könnte aber auch die Rolle der Führung überdenken.

Organisationen entstehen, weil Menschen mit praktischen Paradoxien umgehen müssen.

Genauer: Eine praktische Paradoxie entsteht dadurch, dass ein Einzelner vor der Wahl steht, entweder etwas zu produzieren oder etwas zu liefern. Beides zusammen zur selben Zeit ist nahezu unmöglich. Der Einzelne löst dieses Problem durch die Trennung von Raum und Zeit. Indem er zuerst produziert und dann liefert. Wenn die Raum-Zeit-Trennung durch Wachstum unmöglich wird, entsteht eine Organisation aus Teilsystemen mit unterschiedlichen Aufgaben. Dies geschieht in der Hoffnung, dass diese Teilsysteme in sich widerspruchsfrei agieren können – zum Beispiel die Produktion und der Vertrieb. Da das gesamte

Gebilde in der Realität jedoch ganz und gar nicht widerspruchsfrei ist, bilden sich zur Koordination der einzelnen Einheiten und Untereinheiten Hierarchien, die im Konfliktfall entscheiden. Diese Hierarchien findet man dann einerseits in Organigrammen, andererseits in den vor- und nachgelagerten Abläufen. Von außen sehen wir ein großes Ganzes, das wir als Unternehmen oder Verwaltung wahrnehmen. Neuerungen auf der Struktur- oder Prozessebene führen zu einem Konfliktfall für dieses Ganze. Soll ein neues Produkt hergestellt werden, sind davon die Beschaffungs-, Produktions- und Vertriebsprozesse betroffen. Geht es um eine neue Organisationsform, entfallen möglicherweise Hierarchieebenen. Und wenn neue Märkte bearbeitet werden sollen, müssen neue Teileinheiten aufgebaut oder integriert werden.
Zur Handhabung dieser Konflikte schlägt Fritz B. Simon vor, die Rolle der Führung mit dem Fühlen in psychischen Systemen in Verbindung zu bringen.[58] Gefühle entscheiden letztlich, wie wir entscheiden. Die Neurobiologie zeigt, dass jede rationale Überlegung in Einklang mit unserem emotionalen Erfahrungsgedächtnis stehen muss, damit sie sich durchsetzen kann. Vereinfacht könnten wir sagen, dass das Gefühl bei jeder Entscheidung das erste und das letzte Wort hat und dass das Bewusstsein sich zu Unrecht für den Alleinentscheider hält. In Wirklichkeit findet im Gehirn ein Wechselspiel zwischen den unterschiedlichsten Instanzen statt.[59] Fühlen, so Simon, ermögliche es dem Individuum, schnell zu handeln, grobe Bewertungen vorzunehmen, Leitplanken zu definieren. Und das besonders dann, wenn logisch prinzipiell nicht entscheidbare Situationen vorliegen, wenn es sich also um eine Paradoxie handelt.

Führung sollte sich als das »Fühlen« in der Organisation verstehen.

Dann könnte Führung sich als fühlendes Gegengewicht zur rationalen Logik der Organisation positionieren. Sie könnte aus einem Gefühl heraus Innovation zulassen, weil Organisation das naturgemäß nicht kann. Es könnten Uneindeutigkeiten und Konflikte in der Organisation bewusst provoziert werden. Im Grunde geht es darum, die »Unfähigkeit, Vieldeutigkeit, Ambivalenz, Widersprüchlichkeit, Grautöne und Paradoxien zu ertragen«.[60]

Viele kennen das folgende Beispiel: Google verlangte von seinen Entwicklern, 20 Prozent der Arbeitszeit als »Kreativzeit« nicht für die Organisation, sondern für die Innovation zu nutzen. Keiner muss sich rechtfertigen, wofür er diesen einen Tag pro Woche einsetzt. Jeder entscheidet selbst, woran und mit wem er in dieser Zeit arbeiten will. Ähnliches findet auch in anderen Unternehmen statt. Mitarbeiter gehen in Sabbaticals, sie hospitieren in anderen Bereichen oder nehmen an »Seitenwechsel-Programmen« teil.
Wir griffen diese Ideen auf und entwickelten sie weiter. So ermutigten wir Mitarbeitende, als Forscher im eigenen Unternehmen tätig zu werden. Wer würde sich dafür besser eignen als sogenannte »Potenzialkräfte«, von deren überdurchschnittlicher Motivation wir ausgingen. Das Herauslösen aus der alltäglichen Arbeit, so unsere Annahme, würde nicht nur der Entwicklung des Teilnehmenden, sondern auch direkt dem Unternehmen nützen.
Wir konnten die Personalverantwortlichen eines klassisch strukturierten Konzerns der Energiewirtschaft von unserer Idee überzeugen: In einem zweitägigen Workshop diskutierten wir mit den Potenzialkandidaten darüber, was es heißt, im Führungs- und Organisationskontext mutig und ergebnisoffen zu experimentieren. Wir zeigten Beispiele aus vielen Jahren Experimentierbegleitung und diskutierten die Voraussetzungen für das Gelingen dieses Vorgehens. Am Ende bildeten sich drei Gruppen, von denen eine die folgende Forschungshypothese aufstellte: »Wenn wir unseren Mitarbeitenden pro Woche einen halben Tag Kreativzeit zur Verfügung stellen, dann werden neue Ideen entstehen, die sich sehr positiv auf die Innovationskultur unseres Unternehmens auswirken.«
Der Gesamtvorstand hatte zwar das Programm für Potenzialkandidaten abgesegnet, wir hielten es dennoch für sinnvoll, zusätzlich einen Förderer aus dem Topmanagement zu gewinnen. Herr S., ein sehr smarter junger Vorstand, war begeistert von der Idee und dem Engagement der Potenzialkandidaten. Er sagte seine Unterstützung zu.
Bereits im Design des Experiments stellten sich Fragen wie: Welche Kosten sind damit verbunden, wenn die Mitarbeitenden einen halben Tag nur kreativ, aber nicht produktiv sind? Welche Anfeindungen aus anderen Abteilungen sind zu befürchten? Während wir mit diesen Fragen rechneten, wurden wir nicht wenig überrascht mit der folgenden: »Wie gelingt es, dass Mitarbeitende ihre Kreativzeit wirklich

auch als solche nutzen? Heißt: Wie löst man den Konflikt zwischen der zu erledigenden Tagesaufgabe und der Kreativzeit?« Die einen schlugen vor, die Kreativzeit zu strukturieren. Die anderen widersprachen, weil man nicht auf Befehl kreativ sein könne. Die einen verlangten Dokumentation, die anderen wollten genau das nicht. Es zeigte sich, dass es sich hier um unlösbare Probleme handelte. Unserer Ansicht nach sollte einfach ohne jedwede Vorgaben ausprobiert werden, und man sollte sich vom Ergebnis überraschen lassen. Schließlich wurde ein Gesamtkonzept für das Experiment entwickelt und eine Testgruppe ausgewählt. Es wurden Kick-off-Workshops geplant, in denen das Vorhaben erklärt werden sollte. Fehlte nur noch der Startschuss.

Doch dann schlug die Organisationslogik zu. Weil Herr S. die Ergebnisse seinen Kollegen in der nächsten Vorstandssitzung präsentieren wollte, wurde das Experiment Kreativzeit in die Schablonen eines Investitionsantrags gepresst. Es wurden Nutzen und Ziele antizipiert, der Mittelbedarf wurde berechnet und damit das offene Experiment mithilfe von Meilensteinen letztlich zum Projekt degradiert. Und da in diesem Gremium nur Vorstände präsentieren durften, hielt sich unsere Forschergruppe für Rückfragen zur Verfügung. Herr S. präsentierte hinter verschlossener Tür.

Im Vorfeld wurde mehrfach betont, dass es sich nur um einen formalen Akt handele. Das Experiment stehe nicht auf dem Spiel, da Herr S. seine Kollegen kenne und er es ja auch nur im eigenen Verantwortungsbereich durchführen werde. Doch es kam ganz anders: Ohne nähere Begründung stoppte der Vorstand alle Initiativen. Einziger Kommentar: In Zeiten von Einsparung und Effizienzsteigerung passe diese Art von Experiment nicht zum Kurs der Organisation.

Auf unser Drängen hin war Herr S. bereit, diese Entscheidung den Potenzialkräften persönlich mitzuteilen. Zwei Monate später kam es zum Showdown. Am Ende seines Monologes sagte Herr S.: »Ich habe mittlerweile gelernt, dass es auch für mich kaum eine andere Chance gibt, als mich nach 18.00 Uhr zu Hause bei der Familie zu verwirklichen. Damit schafft man ein Gegengewicht, weil die echte Entfaltung in der Firma nicht gelingt.«

Dieses Experiment verdeutlicht, wie wichtig Führung als Gegenpol zum innovationsfeindlichen Organisationsumfeld wäre. Führung müsste – im Sinne des Fühlens in psychischen Systemen – andere Optionen

wählen als die von der Organisation bereits standardmäßig vorgesehenen. Andernfalls kann das Neue nur noch subversiv oder organisationsfern entstehen – oder überhaupt nicht.
Robert I. Sutton, Professor an der Stanford Graduate School of Business, buchstabiert es radikal aus: »Managen von Kreativität bedeutet letztlich, alles, was wir über gutes Management wissen, auf den Kopf zu stellen. Es bedeutet, auf Ideen zu setzen, ohne auf den Return zu achten. Es bedeutet, zu ignorieren, was bisher funktionierte. Es bedeutet, glückliche Menschen zusammenzubringen und sie in Streit zu verwickeln. Es bedeutet, Bewerber einzustellen, die einem im Bauch ein ungutes Gefühl bereiten. Und Mitarbeiter, die nicht zuhören wollen, wenn Kunden ihnen Vorschläge machen, gilt es zu loben und zu befördern.«[61] Die von Sutton geforderte Radikalität mag irritierend oder gar abschreckend wirken. Und wie er in seinem Buch *Weird Ideas That Work*[62] gleich zu Beginn schreibt, will er damit Aufmerksamkeit erregen. »Schließlich sind ungewöhnliche, ja verquere Führungsgrundsätze aufregender und einprägsamer als fade herkömmliche Rezepte.« Es gibt aber noch einen zweiten wichtigen Punkt für ihn. Die Ideen, die er vorträgt, bezeichnet er als kontraintuitiv. Das leuchtet ein:

Wenn Unternehmen wirklich das Neue wollen, müssen sie Dinge tun, die im Widerspruch zum Bekannten stehen.

Man könnte jetzt fragen: Schließt die Kontraintuition nicht das Gefühl aus? Wir haben in unserer Forschung und Praxis genau das Gegenteil erlebt. Kontraintuitiv wird meist als »dem gesunden Menschenverstand widersprechend« verstanden – treffender erscheint uns: »dem antrainierten Menschenverstand widersprechend«. Wir meinen mit kontraintuitiv eben nicht rational, sondern das, was dem ersten Reflex, der Standardreaktion, der gängigen Einschätzung, dem schnellen Schluss widersteht.

Zufällig haben wir von Ulrike Reinhard erfahren – und von einer ihrer wirklich kontraintuitiven Ideen, die sie zum Leben erweckt hat. Sie lebt seit einigen Jahren in Indien und gilt als eine der ersten deutschen digitalen Nomaden, die bereits 1987 einen E-Mail-Account hatte, zwei

Jahre bevor die technischen Grundlagen für das World Wide Web am CERN in Genf entwickelt und erste Webseiten möglich wurden. Doch darum geht es uns nicht, als wir sie in München-Schwabing in unmittelbarer Nähe der hier ansässigen großen Versicherungskonzerne treffen. Diese Kulisse ist das komplette Kontrastbild zu Madhya Pradesh, der Region in Indien, in der sie heute wohnt und mithilfe von Spendengeldern den ersten und größten Skatepark im ländlichen Indien gebaut hat.

Doch warum in Janwaar? In einem von 640 000 Dörfern und nicht in einer der boomenden Metropolen? Und was uns noch mehr beschäftigt: Wie kommt eine ehemalige Basketball-Nationalspielerin, die nie selbst Skateboard gefahren ist, auf die Idee, in einem Dorf aus Lehmhütten, in dem die etwas mehr als 1000 Einwohner weder fließendes Wasser und Elektrizität noch ein funktionierendes Abwassersystem haben, einen Skatepark anzulegen? »Mein Leben und mein Hauptinteresse sind geprägt von Vernetzung. Ich bin schon in 120 Ländern gewesen, habe für diverse Firmen und Regierungen in der ganzen Welt gearbeitet. Bei einer Reise 2009 habe ich das von einer NGO ins Leben gerufene ›Skateistan‹ nahe Kabul kennengelernt. Es hat mich schon sehr beeindruckt, dass dort verschleierte Mädchen auf Skateboards gefahren sind. Skateboarding ist auf der ganzen Welt eigentlich mit einer sehr starken eigenen Kultur verbunden. Die Abgrenzung vom ›Normalen‹, der Drang nach Freiheit und Selbstverwirklichung sind Charakteristika, die die Skateboarding-Kultur beschreiben und sie zu einer Art ›Gegenkultur‹ zum Establishment stilisieren. Das ist auch die Idee in Kabul: Skateboarding kombiniert mit Schulausbildung hat Kinder ›empowert‹. Doch aus meiner Sicht besteht das Problem gerade in Skateistan Kabul darin, dass die Kinder aus ihren Dörfern kommen, einige Zeit in Skateistan verbringen, danach zurück in ihre Dörfer gehen und dann meist alleine einer traditionellen Kultur gegenüberstehen. Im Dorf selbst hat sich nämlich nichts getan.«

Ulrike Reinhards Markenzeichen ist ihr Motorrad, mit dem sie seit 2013 kreuz und quer durch Indien reist. 2014 wurde sie einem indischen Geschäftsmann vorgestellt, der ihr Land für den ersten Skatepark überließ. Über ihr weltweites Netzwerk gelang es ihr, Künstler zu finden, die für sie Skateboard-Decks gestalteten und die sie über den bekannten deutschen Skateshop-Betreiber Titus Dittmann versteigerte. So war das Startkapital da, und mitten in Janwaar wurden auf 500 Quadratmetern Ramps, Banks und Slides aus Beton gebaut. »Es war ein soziales Experiment, von dem wir nicht wussten, was dabei herauskommen kann. Wir wussten aber genau, dass sich etwas verändern würde«. sagt Reinhard. »Und das in einer Region, in der Mädchen teilweise noch verschwinden, weil die Eltern kein Geld haben, die Mitgift zu zahlen. In der die Menschen im Durchschnitt von einem Dollar am Tag leben müssen. Wo das Kastensystem dir vorgibt, wie du dich deinem Schicksal zu ergeben hast. Hier hat sich durch Skaten wahnsinnig viel verändert.« Doch bevor sie uns die Erfolge schildert, interessiert uns, wie Janwaar-Castle – so heißt der Skatepark heute – funktioniert. Es gibt erstaunlich wenig Organisation, nicht einmal einen Zaun, der das Gelände vor unerwünschtem Zutritt bewahrt. Eine Abgrenzung wollte Ulrike Reinhard nämlich nicht. Dafür hat sie zwei glasklare und knallharte Regeln formuliert. Die erste Regel: »No school, no skateboarding!« Wer nicht in der Schule war, bekommt keines der gesponserten Skateboards. Die zweite Regel: »Girls first!« Wann immer ein Mädchen skaten will und gerade kein Brett hat, muss ihr jeder Junge, den sie darum bittet, sein Board überlassen. Dieses schlichte Regelwerk hat umgehend Wirkung gezeigt: Die Schule des Dorfes war sofort voll besetzt, da 30 Prozent mehr Kinder zum Unterricht wollten. Zudem haben Mädchen heute einen anderen Stellenwert, nicht nur unter den Kindern. So hat der Vater von Asha, einer Adivasi, einem kastenlosen Mädchen, das inzwischen begeisterte Skaterin ist, davon abgesehen, sie zwangszuverheiraten. Und er hat ihr entgegen aller Tradition sogar erlaubt, nach Oxford zu reisen, um Englisch zu lernen. Außerdem nimmt sie an dem Open-School-Projekt in Delhi teil, das sich aus Spenden – eingesammelt über den Skatepark – finanziert. Als Skaterin hat sie Indien auf den Skate World Championships in China vertreten.

»Das Beispiel von Asha zeigt, dass Kinder eine neue Perspektive in ihre Familien tragen. Es entstehen Diskussionen über die häufig betrunkenen Väter, die den Kindern das Skaten verbieten wollen. Langsam entwickeln sich Freundschaften zwischen Kindern der Adivasi, der Kastenlosen, und der Yadav, der ländlich-bäuerlichen Kaste, über den Skatepark hinaus. Die Kinder besuchen sich sogar gegenseitig zu Hause«, beschreibt Ulrike Reinhard die Situation nach nur fünf Jahren. »Der ländliche Bereich in Indien ist geprägt von Armut und Perspektivlosigkeit. Es gibt in Indien mehr NGO-Mitarbeiterinnen und

-Mitarbeiter als Polizisten, und dennoch gelingt es nicht, etwas zu verändern. Und das, weil – natürlich in guter Absicht – meistens versucht wird, ein Programm durchzuziehen. Zum Beispiel Bildung für Mädchen. Selten wird gefragt, ob das gewollt ist. Wir haben ein Angebot gemacht und einen ›Rahmen‹ definiert, in dem etwas organisch wachsen kann. Ich bin ein begeisterter Digital Native, auch wenn mein Alter etwas anderes vermuten lässt. Von der grundsätzlichen Idee des Internets habe ich viel gelernt. Es geht darum, etwas ohne konkrete Erwartungshaltung in das Netzwerk hineinzustecken – und sich überraschen zu lassen, was dann passiert.
In Janwaar habe ich mich nicht in die Genderdiskussion oder in traditionelle Fragen eingemischt. Stattdessen haben wir mit der Einrichtung des Skateparks etwas ausprobiert, von dem wir glaubten, dass es für Kinder attraktiv ist und das Potenzial hat, etwas zu bewegen.«
Dann berichtet sie uns, was der Skatepark mittlerweile bewirkt hat: Es wurden neue Lehrer in der staatlichen Schule angestellt, ein Fahrradverleih ist entstanden, ein Trinkwasserprojekt wurde gestartet, für die mehrheitlich ausländischen Besucher der Skateparks wurden in den Häusern der Bewohner Übernachtungsmöglichkeiten geschaffen, sogenannte »homestays«, die das jährliche Einkommen der Familien verdoppeln. Das kleine Dorf Janwaar hat den größten Pool an Skateboardern in Indien und stellt die meisten indischen Meister. Eine ganze Reihe von Kindern genießt – finanziert durch Spenden – neue Lernmöglichkeiten in Schulen in Delhi und Satna.
Beim Abschied sagt uns Ulrike Reinhard noch: »Meinen ›Job‹ in Janwaar habe ich von Beginn an so konzipiert, dass ich irgendwann ganz einfach überflüssig werde. Die Kinder haben ihre eigene gemeinnützige GmbH gegründet und übernehmen nach und nach alle verantwortungsvollen Aufgaben selbst. Und somit ist mein Exit bereits eingeleitet.« Wir sind gespannt, wo es sie dann hinzieht.

Rein gefühlsmäßig würde man sagen, dass das Skatepark-Projekt keine übermäßig positiven Effekte haben werde. Dass es ganz anders kam, haben wir erfahren. Der Erfolg lag darin begründet, dass Ulrike Reinhard ein Experiment gewagt hatte. Sie hatte einen Gegenentwurf zur bestehenden Organisation der indischen Dorfgemeinschaft geschaffen. Und durch den Skatepark wurde ein struktureller Rahmen – eine Art Labor – eröffnet, der Innovation ermöglicht hat.

Es ist schon nicht so einfach, ein Labor aufzubauen, in dem technische Prototypen entstehen sollen; ungleich schwieriger ist es, eine Laborsituation für soziale Innovationen auf der Ebene der Führung und der Zusammenarbeit zwischen Menschen zu schaffen.
Sie werden im weiteren Verlauf dieses Buches eine ganze Reihe von Beispielen kennenlernen, in denen kontraintuitiv denkende und handelnde Menschen »Labore« geschaffen haben:

- einen Unternehmer der Automobilzulieferbranche, der die Abteilungslogik aufgelöst hat und seine Leiharbeiter über Tarif und besser bezahlt als seine Festangestellten;
- eine Bank, in der die Filialen ihre eigenen Strategien verfolgen können und in der der CEO die Hälfte seiner Zeit für die Beziehungspflege einsetzt;
- eine Pflegedienstleisterin, die auf die übliche Dokumentation verzichtet;
- den Gründer eines Drogeriekonzerns mit über 40 000 Mitarbeitenden, in dem auf interne Kostenrechnung verzichtet wird;
- einen Möbelhersteller, der sich seine Kunden selbst aussucht.

Die meisten dieser Menschen haben im Laufe ihres Schaffens gefühlt, dass es zum Naheliegenden auch eine Alternative gibt. Und sie alle bringen es nochmals auf den Punkt:

Innovation setzt kontraintuitives Handeln voraus.

Christoph Kraller, der bereits im ersten Kapitel dieses Buches erwähnte der Chef der Südostbayernbahn (SOB), hat Verantwortung dort übernommen, wo er letztlich gar nicht verantwortlich war, indem er sich beispielsweise die Frage stellte: »Wie können wir noch attraktiver sein, auch wenn sich alternative Mobilitätskonzepte wie zum Beispiel selbstfahrende Autos durchsetzen sollten?«
Ohne vom Konzernradar erfasst zu werden und vorbei an allen organisatorischen Gegebenheiten haben er, Carsten Hutzler – ein Projektleiter aus dem Innovationslabor der Deutschen Bahn – und einige Mitarbeiterinnen und Mitarbeiter einen sogenannten »Ideenzug« bauen lassen: Es entstand zunächst das nicht fahrtüchtige größengleiche Modell eines Doppelstockwagens, ein sogenannter

»Mockup«. Eine Reihe von Firmen, die von der Idee begeistert waren, stellten die Ausstattung kostenlos bereit. Mithilfe von Design Thinking und Scrum wurde der Prototyp gebaut. Heute können sich interne und externe Besuchergruppen anschauen, was Bahnfahren in Zukunft bedeuten könnte: Vom Fitnessstudio über den Powernapping-Bereich bis hin zum Abteil für Gaming-Fans wird viel Neues geboten. Auch neue Techniken wie Panorama- und Relaxsessel, neue Beleuchtungs- und Informationssysteme und ein Flaschenzug, in dem Fahrräder platzsparend vertikal verstaut werden können. »Am Anfang hat das keinen im Konzern interessiert. Erst als das Medieninteresse groß wurde, hat sich das geändert«, sagt uns Kraller bei der Besichtigung des beeindruckenden Wagens. Aber auch hier ist er schon wieder einen Schritt weiter. Dabei sonnt er sich nicht im Scheinwerferlicht, das mittlerweile auf den Ideenzug gerichtet ist. Im Herbst dieses Jahres will er in der SOB die ersten Module testen.

Die erste Frage, die sich Kraller stellte, lautete: Könnte ein Zug in Zukunft ganz andere Dinge bieten als bisher? Und die zweite: Muss ich warten, bis irgendwo im Konzern sich jemand darüber Gedanken macht? Beide harmonieren nicht mit dem antrainierten »Konzernverstand«.

Wir haben gesehen, dass Innovation und Organisation prinzipiell nicht zusammenpassen. Neues kann in klassisch gemanagten Strukturen nur dann entstehen, wenn diese missachtet oder übergangen werden und wenn Menschen in Organisationen nicht nur in, sondern auch an Mustern zu arbeiten bereit sind.

- Musterbrecher mögen keine »Fischstäbchen«. Sie haben den Glauben an das Innovationsmanagement verloren.
- Musterbrecher schaffen rechtfertigungsfreie Räume. Diese Räume entziehen sich der Logik der Organisation und geben Menschen die Möglichkeit, Neues gefahrlos auszuprobieren.
- Musterbrecher geben dem Zufall eine Chance. Dieser ist einer Ideenauswahl nach rein rationalen Kriterien überlegen.
- Musterbrecher haben den Mut zur kontraintuitiv-fühlenden Führung. Sie bilden ein starkes Gegengewicht zur rationalen Organisationslogik.
- Musterbrecher haben erkannt, dass sie Strukturen schaffen müssen, die einer gewünschten neuen Kultur eine Chance geben.

GELEBTES PLASTIK

Warum Begriffsarbeit nottut

Wäre es nicht schön, begrifflich noch einmal ganz von vorne anzufangen? Wie würde sich das anfühlen, wenn durch einen an sich unverdächtigen Satz wie: »Wir müssen die Kommunikation über die Hierarchieebenen hinweg verbessern« nicht sofort unzählige Geschichten reaktiviert würden? Wenn die Angesprochenen darauf nicht mit Gleichgültigkeit oder gar Zynismus reagierten, sondern sich wirklich herausgefordert fühlten? Und wenn Mitarbeitende typische und häufig erlebte Drehbücher wie das folgende löschen könnten?

Der Vorstandsvorsitzende steht auf der hell erleuchteten Bühne. Die Aufschrift auf seinem T-Shirt, das er unter seinem grauen Anzug trägt, ist gut zu erkennen: »#LEAD2FUTURE2025«. Seine schneeweißen Sneakers passen gut zur Aufbruchsstimmung. Seit drei Jahren gelten Krawatten als Zeichen eines vergangenen Industriezeitalters. Die Unternehmenskommunikation hatte ihm zudem geraten, seine Rede mit einer Geschichte über seine beiden Töchter zu eröffnen. Das mache nahbar und zeige den ansonsten nüchternen Analytiker von einer anderen Seite. Der Projektor wirft das Bild von glücklich spielenden Kindern auf eine XXL-Leinwand, in der Mitte steht nur das Logo der heute zu startenden Initiative. Es werden keine Zahlen gezeigt. Nur die symbolischen Anker aus dem Storyboard, das auf der vollen Breite der hinteren Saalwand plakatiert wurde. Die Aufgabe des Chefs ist nicht leicht, soll er doch seine gesamte »Mannschaft« emotional auf das neue Zeitalter der »purpose-driven Organization« einschwören und entsprechende Projekte »aufgleisen«. Nur einmal weicht er von der Choreografie ab. Als er die nachfolgende Trommelgruppe anmoderiert, die mit einer interaktiven Performance den Slogan »One Company« für jeden erlebbar machen soll, verzichtet er auf die eigentlich vorgesehene Geste, die rechte Hand auf das Herz zu legen.

Wie sähe die Unternehmenswelt aus, wenn nicht immer alles und jedes zum Thema gemacht würde?

Wenn noch nie zuvor jemand angekündigt hätte, ab jetzt seinen »Talk zu walken«? Wenn nicht jede Townhall »Townhall« hieße und ein World Café nicht stets mit einem lockeren »Wrap-up« endete? Wenn noch keine »Give-aways« erfunden wären, die Werte, Pillars, Statements, Commitments oder was auch immer transportieren sollen? Wenn einem die Dinge nicht »bilateral kommuniziert«, sondern schlicht und einfach noch unter vier Augen gesagt würden? Kaum noch vorstellbar, oder? Wahrscheinlich hat es mit der Penetranz und der nervtötenden Gleichförmigkeit zu tun, die sich – und zwar bei mittelständischen Unternehmen ebenso wie bei Behörden und Konzernen – in den ewig selben Begriffen und Formulierungen, aber auch in einer erwartbaren Bildsprache finden. Denn es sei allein, wie der Sprachwissenschaftler Hans-Martin Gauger ausführt, die »schiere Häufigkeit, die nervt. Das mit der Häufigkeit ist generell ein Punkt: fast alles nervt, wenn es sich häuft.«[63]

Nun wird der Managementsprech schon seit Längerem ironisch bis bissig kommentiert. Es handelt sich dabei fast um eine eigene Gattung

innerhalb der populär gewordenen Sprachkritik. Nicht nur in Tageszeitungen, sondern sogar in Wirtschaftsmagazinen finden sich Rubriken, in denen die Hohlphrasen der Managementwelt angeprangert werden. So hat sich eine recht lebendige Beziehung zwischen Hülsenproduzenten und Medien entwickelt. Das Interessante: Letztere verwenden die Phrasen sowohl im Wirtschaftsteil als auch in der Sprachglosse – hier als akzeptierten Fachjargon, dort als Instrumente unterhaltender Polemik, wie etwa aktuell im »Phrasenmäher« in der *Süddeutschen Zeitung* oder bis vor einigen Jahren im »Wörterbericht« in der *Zeit*. Das könnte man als Synergie bezeichnen.
Die Phrasenschelte ist ein dankbares Unterfangen. Denn der Stoff scheint nicht auszugehen. Immer wieder tauchen neue Unwörter auf, die manchmal sogar von denen, die sie unentwegt selbst aussprechen, als solche bezeichnet werden. Interessant ist deshalb die Frage, weshalb der unverständliche Jargon trotz aller Kritik nach wie vor so beliebt ist. Eine Antwort könnte sein:

An Universitäten steht ein wissenschaftlich-verklausulierter Text oft höher im Kurs als eine leicht verständliche Abhandlung – auch dann, wenn in beiden Fällen die Substanz unterschiedslos gegeben ist.

Die akademische Sozialisation ist so prägend, dass man später buchstäblich nicht mehr anders schreiben und sprechen kann. Ein weiteres, womöglich stärkeres Argument hat mit dem Phänomen der Macht zu tun. Insbesondere Führungskräfte wissen, dass der Gebrauch einer bestimmten Sprache zu einer – durchaus nicht immer gewollten – Abschottung gegenüber unteren Ebenen führt: »Diesen Führungskräften gelingt es nicht, die sprachliche Vernebelung aufzugeben, wenn die Kommunikation sich nicht mehr an ihre Kunden oder Auftraggeber, sondern an ihre Mitarbeiter richtet. Sie sind gefangen im Käfig des eigenen Jargons und merken oft nicht einmal, daß sie gar nicht mehr verstanden werden.«[64] Der Schweizer Schriftsteller Urs Widmer, der bereits vor vielen Jahren in seinem Theaterstück *Top Dogs* die Worthülsen der Wirtschaft anprangerte, bezeichnet den Sprachcode des

Managements als einen »rhetorischen Mitgliedsausweis«. Dieser Jargon sichere nicht nur Gefolgschaft und Konformität, sondern besitze auch etwas sehr Beruhigendes. Er vermittle die trügerische Gewissheit, dass es eine klare Aufgabe und ein definiertes Ziel gebe und dass man letztlich die Wirklichkeit im Griff habe.[65] Es mag verwundern, dass gerade eine ausgrenzende Sprache dazu geeignet sein soll, Menschen zu beruhigen und sich ihrer Gefolgschaft zu versichern. Man würde das Gegenteil vermuten.

Doch es könnte auch einen anderen Effekt geben, den Thomas Steinfeld in seinem Buch *Der Sprachverführer* aufzeigte: Menschen achten nicht mehr auf die Worte, wenn sie in einer Sprache transportiert werden, die nur scheinbar lebt, aber eigentlich schon immer tot war.[66] Er bezieht sich damit auf einen im negativen Sinne bemerkenswerten Satz von Josef Ackermann. Der ehemalige Vorstandsvorsitzende der Deutschen Bank sagte 2008 in der Jahrespressekonferenz: »Wir haben zeitnah ... über unsere Engagements in den von Turbulenzen betroffenen Marktsegmenten und deren Auswirkungen informiert. Seitdem haben wir die Märkte regelmäßig auf dem neuesten Stand gehalten. Ich kann Ihnen versichern: Wir werden unseren Kurs der zeitnahen Transparenz fortsetzen und uns unvermindert für zielführende Reformen des Finanzsystems insgesamt einsetzen.«[67] Es dürfte zum einen unstrittig sein, dass es sich hier um nicht nur von Germanisten zu kritisierendes Deutsch handelt: aufgeplustert, nichtssagend, distanzierend. Zum anderen macht die Wortwahl den Sprecher in einem gewissen Sinne unangreifbar. Man weiß am Ende nicht, worum es genau geht, wer sich in welcher Form wofür einsetzen wird.

Auch die Forschung hat sich dieses Themas angenommen, wie zum Beispiel die Kommunikationswissenschaftler Frank Brettschneider und Claudia Thoms von der Universität Hohenheim, die seit nunmehr einigen Jahren die formale Verständlichkeit von CEO-Reden auf Hauptversammlungen untersuchen. Demnach hat das Topmanagement offenbar gelernt, denn der Index der durchschnittlichen Verständlichkeit verbessert sich kontinuierlich. Es darf allerdings – auch mit Blick auf das siebte Buchkapitel – die Frage gestellt werden, was es aussagt, dass der Anteil der Passivsätze in den Reden von Timotheus Höttges (Telekom) bei 0,41 Prozent liegt, derjenige von Dieter Zetsche (ehemals Daimler) bei 2,56 Prozent.[68]

Denn womöglich greift es zu kurz, die Sprachqualität nur anhand von Merkmalen wie etwa Fremdwörteranteil oder Wortanzahl pro Satz vermessen zu wollen. Schließlich könnte sich der paradoxe Effekt einstellen, dass gerade durch die Beachtung von Sprechanleitungen (zum Beispiel »Verwende niemals das Passiv!«) erst recht alles andere als eine organische Sprache entsteht. Doch abgesehen davon bleibt festzuhalten, dass Managerinnen und Manager offensichtlich den Handlungsbedarf erkannt haben.

Die Schlagworte sind bekannt, das Zuhören erfolgt im Routinemodus, eine Gegenwehr bleibt meist aus und der Sprecher kann weitermachen wie bisher.

Unternehmen nutzen Sprache überdies zum Zweck der aktiven Selbstdarstellung, wenn sie etwa gegenüber der Öffentlichkeit ihre Unternehmenspolitik und ihre strategische Ausrichtung darlegen wollen. Wir ließen vor einigen Jahren im Rahmen eines Seminars durch unsere Masterstudierenden eine sprachliche Analyse der Leitbilder von DAX-30-Unternehmen vornehmen. Ergebnis: 27 Unternehmen trafen eine Aussage hinsichtlich der Ausrichtung des Unternehmens und der Entwicklung des Geschäftswerts, in der sich stets eine Variation des Ausdrucks »nachhaltige Steigerung des Unternehmenswerts« fand.

Die Suche nach wiederkehrenden Schlagwörtern gestaltete sich – wie erwartet – einfach. Auf den ersten drei Plätzen fanden sich: Innovation, Nachhaltigkeit und Wachstum.

Die Unternehmen nutzen genau jene Begriffe, gegen die niemand etwas einwenden kann. Wer hat schon Bedenken gegenüber Neuem? Wer könnte sich ernsthaft gegen Nachhaltigkeit aussprechen? Diese Begriffe sind konsenstauglich, weil sie einerseits für moderne Unternehmensführung stehen und andererseits unbestimmt sind. Sie sind »bedeutungsschwanger und unverbindlich zugleich; Unverbindlichkeit führt zu Unentschiedenheit, denn nur so besteht genügend Freiraum zur Interpretation«.[69]

So nervtötend die Häufung der immer gleichen Schlüsselwörter auch sein mag, die externe Unternehmenskommunikation scheint nicht an ihnen vorbeizukommen. Wer in seinem Geschäftsbericht die entsprechenden Vokabeln ausspart, macht sich möglicherweise verdächtig, von gestern zu sein. Insofern handeln die PR-Profis ganz im Sinne einer zum Klassiker gewordenen Theorie der 1970er-Jahre.[70] Den amerikanischen Soziologen John Meyer und Brian Rowan zufolge sind Organisationen gezwungen, den Erwartungen ihrer Umwelt zu entsprechen, das heißt, bezogen auf unseren Kontext: Sie müssen in ihren Leitbildern und Strategien genau das sagen, was gemeinhin als rational und effektiv gilt. Und weil das zwangsläufig irgendwann alle Unternehmen tun, weil sie alle ein CSR-Statement abgeben und weil sie alle von Nachhaltigkeit sprechen, muss sich auch die Verwunderung über die häufig beklagte Austauschbarkeit von Leitbildern in Grenzen halten.

Sprache ist ein wesentliches Mittel, um sogenannte »Rationalitätsmythen« zu errichten.

Es gibt jedoch durchaus Gründe dafür, sich diesem Anpassungsdruck nicht sklavisch zu unterwerfen. So stellt der Linguist Rudi Keller mit Bezug auf die Sprache von Geschäftsberichten fest: »Es gibt eine Reihe von Tugenden, von denen man nicht ohne weiteres sagen kann, dass man über sie verfügt.« Und weiter: »Wer sagt: *Ich bin vertrauenswürdig*, der sagt, dass er vertrauenswürdig ist und zeigt, dass er es nicht ist.«[71]
Es ist also auch Vorsicht geboten bei der penetranten Aussendung bestimmter Schlüsselwörter, mit denen man sich bestimmte Qualitäten zuschreibt. Denn Öffentlichkeit und Mitarbeitende können sehr genau feststellen, ob das, was auf der symbolischen Ebene gesagt wird, mit dem harmoniert, was auf der symptomischen Ebene wahrgenommen wird. Sie wissen, ob Transparenz in ihrer Organisation nur auf der symbolischen Ebene existiert (also nur behauptet wird), auf der symptomischen Ebene dagegen als nicht oder kaum existent wahrgenommen wird.
Menschen interpretieren den Symptomwert von Wortwahl und Sprachstil, das heißt, sie ziehen Rückschlüsse auf die Eigenschaften desjenigen, von dem die Äußerungen kommen.

Wenn man in Reden und Texten permanent mit technokratischen, leblosen Formeln konfrontiert wird, die eher auf Verheimlichung als auf Transparenz schließen lassen, misslingt der Kommunikationsversuch.

Dabei ist es nicht von Belang, ob der symptomische Schluss richtig oder falsch ist – relevant ist nur, dass er gezogen wird. Daraus folgt: Selbst der wahrhaftigste Kämpfer für Vertrauen würde nur skeptisch beäugt werden, wenn er sagte: »Wir treten mit allem Nachdruck für die effektive und nachhaltige Gestaltung von Vertrauensbeziehungen ein.«

Wenn es um die Gestaltung von Veränderungen geht – und genau darum geht es in Organisationen angeblich immer –, scheint man sich noch immer auf die pure Kraft der Worte zu verlassen. Anders ist es kaum zu erklären, dass im Zuge eines »Change« früher oder später eine bestimmte Anzahl von Werten oder erwünschten Verhaltensweisen in Begriffe verpackt und »in die Organisation getragen« werden soll. Wir wollen hier nicht auf die oft festgestellte und allseits erlebbare Chancenlosigkeit dieses Vorgehens eingehen. Es ist vielmehr interessant, einen Blick hinter die Kulissen der konsenstauglichen Leerformeln zu werfen.

»Es ist unglaublich mühsam, sich diesen emotional so aufgeladenen und permanent neu in die Landschaft geschmissenen Begriffen zu stellen«, sagt Regina Mundel zu Beginn unseres Gesprächs und fährt lachend fort: »Aber das darf man ja nicht mehr sagen, es ist nicht mühsam, es ist eine Herausforderung.« Wir sitzen in der Cafeteria eines großen Schweizer Telekommunikationsunternehmens in der Berner Altstadt. Um uns herum wird über die Einführung von neuen Onlinebezahlmodellen und über Netzabdeckungsquoten gesprochen, während wir uns Themen zu nähern versuchen, deren Messbarkeit jenseits von x- und y-Achsen verläuft, deren Bedeutung aber nicht weniger gering ist.

Mundel, von ihrer Ausbildung her Philosophin und Historikerin, kennt sehr gut die Widerstände, auf die man stößt, wenn man wie sie seit vielen Jahren dafür kämpft, die Business-, Personal- und Kulturthemen nicht nur von den Instrumenten her zu denken. Sie plädiert für eine, wie sie es nennt, »Rückeroberung des menschlichen Denkens und Handelns«. Dabei sucht Mundel, die vor ihrem Wechsel in die Wirtschaft in interkulturellen universitären Forschungsprojekten, im Verlagswesen und am Theater arbeitete, in ihrer Tätigkeit in der Luftfahrt- und Logistikbranche und als Organisationsberaterin immer wieder die Auseinandersetzung mit jener anderen Welt des Zählens, Messens und Wiegens.

»Man muss die Grundlogiken des Denkens der anderen verstehen, man muss etwa, um es pragmatisch auszudrücken, das Personalcontrolling und dessen Vorgehen verstehen, auch um ihm fundiert widersprechen zu können. Ich wollte die Sprachen lernen, die von anderen Professionen und Experten gesprochen werden«, so Mundel. »Nur so ist echte Interdisziplinarität in Projekten möglich, ansonsten arbeiten die Experten zwar in einem Raum, aber dennoch nicht zusammen. Es ist die Grundlage für ein Denken über das eigene Expertentum hinaus, welches sich insbesondere in der Sprache zeigt. Aber genau dies ist die Krux: Experten lernen nicht, sich mit der eigenen Sprache auseinanderzusetzen, sie ist für sie Mittel zum Zweck und nicht eigentlicher Arbeitsgegenstand«, erläutert sie weiter.

Sie erzählt ein Beispiel aus ihrem Arbeitsalltag. »In immer schnelleren Rhythmen konfrontieren Manager ihre Mitarbeiter mit Begrifflichkeiten wie ›Verantwortung‹ oder ›dem Kunden nahe sein‹. Führungskräfte, die im Delegationsmodus agieren, müssen lernen, dass die Auseinandersetzung mit den Begriffsinhalten nicht delegierbar ist. Sie müssen sich mit den Inhalten selbst auseinandersetzen und sich deren Bedeutung mühsam ›zurückerobern‹. Wir leben in einer Zeit, in der wir Ereignisse nur noch konsumieren. Im Umgang mit dem Wort ist es nicht anders – mit der Folge, dass wir nur noch scheinbar miteinander sprechen. Deshalb beobachte ich in Besprechungen zuerst genau, ob die Menschen wirklich miteinander reden.«

Uns interessiert vor allem, wie es angesichts des Drucks im Tagesgeschäft zu schaffen ist, einen Kreis von Verantwortlichen dazu zu bringen, Tage für etwas scheinbar Unproduktives wie die gemeinsame Arbeit an vermeintlich klaren Begriffen zu »opfern«. Mundel ist realistisch und ehrlich genug, die Schwierigkeiten zu benennen: »Manager, zu denen ich ja selbst gehöre, neigen dazu, Themen zu delegieren. Andere sollen etwas tun, andere sollen sich entwickeln und begeistert sein. Doch ich bin nach wie vor davon überzeugt, dass Menschen intuitiv erreichbar sind, egal unter wie vielen Restriktionen sie arbeiten. Ich glaube, dass man sie wieder an einen Dialog heranführen kann, dorthin, wo sie ihr Gegenüber über alle ihre Sinne und in seiner Gesamtheit wahrnehmen. Und sie merken, dass es sich gut anfühlt, wenn man den Dingen hinter den Begriffen näherkommt. Ich kann das schwer in Worte fassen, ohne dass es leicht ›esoterisch‹ klingt. Es ist vielleicht am ehesten mit einem Beispiel zu beschreiben, das jeder kennt: wenn der berühmte Funke überspringt zum Publikum im Theater oder in einem Konzert. Ich überlege mir bei meiner Arbeit immer, wie ein solches Momentum entstehen kann.«

Mundel hält die »Arbeit am Begriff« auch deshalb für so wichtig, weil sie bei den Teilnehmenden unter anderem zu der Erkenntnis beitrage, dass sie Akteure in einem manipulativen System seien. Beispielhaft erläutert sie dies anhand der Teamstrukturen, die es heutzutage in stabiler Form meist überhaupt nicht mehr gebe. Demzufolge sei Teamentwicklung ein realitätsferner Begriff, der im Grunde dazu diene, emotionale Sehnsüchte der Menschen weiter zu bündeln und eine Illusion zu stabilisieren. »Diese Teambildung wird dann durch die Strukturveränderung unweigerlich wieder zerstört«, so Mundel, »und es muss Trauerarbeit geleistet werden. Darunter leiden sehr viele Menschen, Führungskräfte wie Mitarbeitende. Die Verwertbarkeit des Moments dient wenig der Bildung von Fähigkeiten, mit anderen, meist sehr instabilen Vernetzungsstrukturen, umzugehen, sich auf Veränderungen einzulassen und kraftvoll seinen Blick nach vorne zu richten.«

Vielleicht muss es in Zukunft darum gehen, ehrliche Begriffsarbeit zu leisten und den Mut zu haben, das Auseinanderklaffen von Wort und Wirklichkeit klar zu erkennen und zuzugeben, wie auch Mundel abschließend treffend meint: »Wir müssen endlich laut sagen, dass der Kaiser nackt ist.«

Wäre der Philosoph Harry G. Frankfurt bei diesem Gespräch dabei gewesen, hätte er vermutlich zustimmend genickt und Mundel dazu ermuntert, weiter an der Reflexion über »Bullshit« zu arbeiten. Mit diesem sehr saloppen Begriff, der gleichzeitig Titel seines Überraschungsbestsellers[72] aus dem Jahre 2006 ist, bezeichnet er eine bestimmte Form der Geschwätzigkeit. Bullshit kennzeichne nicht unbedingt eine Lüge, so der Autor, diene aber dazu, im Sinne einer beabsichtigten Wirkung die Wahrheit zu verbergen beziehungsweise zu verbiegen, oft mit dem Ziel, das Gegenüber mit weitschweifigem Gerede zu manipulieren, da es mit der ungeschönt geäußerten Wahrheit getroffen werden könnte. Insofern sei »Bullshit ein effizientes Mittel, um soziale Beziehungen zu erleichtern«.[73] Die Gefahr der Bullshit-Technik sieht Frankfurt darin, dass sie schlimmer sein kann als die Lüge – weil dabei die Vorstellung von Wahrheit ganz verschwindet. Wer also von der – letztlich unmöglichen – Beziehung in Teamstrukturen spricht, muss nicht unbedingt lügen. Er kommt womöglich nur nicht mehr auf die Idee, des Kaisers neue Kleider für seltsam zu halten.

Vielleicht ist die Verwendung von Bullshit manchmal auch ein Zeichen von Hilflosigkeit, die dadurch entsteht, dass man gezwungen ist, in eine fremde Sprache auszuweichen – auch wenn diese fremde Sprache »nur« das Englische ist.

In vielen Veranstaltungen, vorwiegend in solchen von Konzernen, aber auch von Mittelständlern, erleben wir einen spürbaren Substanzverlust in der Diskussion, wenn die Konferenzsprache Englisch ist.

Es spricht einiges dafür, genau diese Sprache als Verständigungsmedium zu nutzen – schließlich wird sie, zumindest auf mittlerem Niveau, von den meisten Menschen in Unternehmen beherrscht. Als Lingua franca spielt Englisch insbesondere in interkulturellen Kontexten eine bedeutende Rolle. Keine andere Sprache könnte diesen Platz einnehmen. Sich also über die grundsätzliche Dominanz englischer Begriffe – gerade in der Wirtschaftswelt – aufzuregen, wie es insbesondere die um die Relevanz der Muttersprache Besorgten tun, läuft somit auch ins Leere. Denn zu Recht stellt der Wirtschaftsjournalist Lazar Backovic klar: »Dass die Sprache des Managements vorwiegend Englisch ist, ist in etwa so naheliegend wie die Tatsache, dass in der Chemie jahrzehntelang Deutsch die dominante Sprache war. So wie ein Großteil der industriellen chemischen Verfahren in Deutschland entwickelt wurde, stammt ein Großteil der Managementkonzepte nun einmal aus Amerika.«

Andererseits beobachten wir in Gesprächen und Diskussionen einen unvermeidbaren Qualitätsverlust, weil sich in der Regel nur sehr wenige in einer fremden Sprache mit einer in der Muttersprache erreichbaren Präzision ausdrücken können. Häufig leidet die Substanz, Grautöne können nicht ausgeleuchtet, diffizile Sowohl-als-auch-Positionen nicht exakt beschrieben werden. Aber auch das ist im internationalen Kontext ohne Weiteres auszuhalten. Problematisch wird es freilich dann, wenn es gar nicht nötig wäre, auf eine fremde Sprache zurückzugreifen: So waren wir bei einem deutschen Konzern zu einer Diskussionsrunde geladen, an der neben einem Österreicher, einem Schweizer und fünf Deutschen ein italienischer Manager teilnahm, der in Graz aufgewachsen war und dort studiert hatte. Dennoch hatte man sich nach dem Konzernstandard zu richten, der die Debatte in englischer Sprache vorschrieb. Im Ergebnis war festzustellen, dass das Niveau und die Tiefe unnötig gelitten hatten – viele der Teilnehmer, wir eingeschlossen, mussten auf feststehende Phrasen zurückgreifen, die Differenzierung in der Argumentation fiel schwer. Unternehmen wären gut beraten, die Nebenwirkungen eines möglicherweise durch »Sprachlosigkeit« entstehenden »Bullshit« zumindest im Blick zu behalten.

In vielen Beratungsprojekten haben wir unseren Kunden die Frage gestellt, was damit gemeint sei, wenn fehlende Transparenz – einer der klassischen Befunde von Mitarbeiterbefragungen – beklagt wird. Ebenso klassisch und voraussehbar ist die Reaktion der verantwortlichen Führungsebenen darauf: Das Intranet wird mit noch umfangreicheren PDF-Dokumenten gefüllt, in der gut gemeinten, jedoch irrigen Annahme, damit dem Wunsch nach Transparenz zu entsprechen. Anschließend verweisen die »Befüller« auf die »Holschuld« der Mitarbeitenden, die sich allerdings schon lange über die Flut bereitgestellter Informationen lustig machen.

Bei der Begleitung eines Trägers sozialer und karitativer Einrichtungen stellten wir nach einem längeren Interviewprozess fest, dass die Forderung nach Transparenz nicht viel mit Informationsdurst zu tun haben muss. Es stellte sich heraus, dass es den Mitarbeitenden um eine wertschätzende Resonanz auf ihr Tun ging. Sie wollten nicht noch mehr Daten und Fakten, sondern hatten das Bedürfnis, in ihrer Arbeit wieder von den Führungskräften gesehen zu werden. Man sollte wieder wissen, was an der Basis geleistet wurde. Diese Interpretation von Transparenz hat zweifellos mehr mit Beziehungsgestaltung und Wertschätzung zu tun als mit dem Bereitstellen nackter Informationen. Aber auch hier scheint es niemand – wie in Hans Christian Andersens Märchen – wirklich laut herausbrüllen zu wollen:

»Die Informationen sind nackt!«

Dieses und andere Beispiele aus den letzten Jahren machten uns deutlich, dass es dringend angesagt ist, Begriffsarbeit zu leisten. Damit meinen wir keine akademische Übung, sondern die Notwendigkeit, sich auch im rasenden Organisationsalltag der Substanz hinter den Schlagwörtern bewusst zu werden. Begriffsarbeit setzt also auch bei der schlichten Frage an: Was bedeutet der Begriff im eigenen Kontext? Wie wir im folgenden Beispiel sehen werden, kann die Beschäftigung mit dieser Frage zu einem souveränen Umgang mit Trendkonzepten führen – vielleicht sogar in einem positiven Sinne zu deren Entzauberung.

Als wir im Hochsommer vor eineinhalb Jahren die Heermann Maschinenbau GmbH (HEMA) im schwäbischen Frickenhausen besuchen, liegt der größte Einschnitt in der langen Firmengeschichte bereits viereinhalb Jahre zurück. Markus Bleher, neben seinem Schwager Christoph Heermann der zweite Geschäftsführer, spricht von einer »Revolution auf Schwäbisch«. Und offensiv fügt er hinzu: »Die meisten hier sind Schwaben. Man hört's hoffentlich auch!« Wir erfahren aber umgehend, dass HEMA ein bunter Haufen sei, mit einer offenen Kultur und vielen »Reingeschmeckten«. Am 1. Januar 2014 änderte sich das Organisationsmodell von einem Tag auf den anderen. Das Unternehmen, das in den 1920er-Jahren mit Kutschenbau begann und mit der zunehmenden Verbreitung des Autos statt Räder für Kutschen solche für Bandsägen baute, verzichtete auf Hierarchien, wandelte die alte Linien- in eine neue Netzwerklogik, schaffte die Position der Meister und Abteilungsleiter ab – und tat alles, was heutzutage als agile Transformation gilt. Der Grund dafür war ein unerwarteter Großauftrag aus Russland mit einem Volumen von sechs Millionen Euro. Dies entsprach der Höhe eines gesamten Jahresumsatzes. Marco Niebling, damals Projektleiter und heute Mitglied der erweiterten Geschäftsleitung, blickt zurück: »Wir haben einfach nach einem Weg gesucht, dieses Projekt zu überleben. Es stand viel auf dem Spiel.«

Bleher, Heermann und Niebling berichten uns, dass die sich selbst organisierenden Teams zunächst noch funktional und erst später als autonom agierende Wertschöpfungsteams organisiert waren. In der Transformation stand immer eine Frage im Mittelpunkt: Wie lassen sich Rahmenbedingungen schaffen, in denen selbst organisiertes Arbeiten möglich ist – und zwar zur Bewältigung von Projekten, die immer seltener nur kompliziert, sondern immer häufiger komplex sind? Bei HEMA probierte man zahlreiche Methoden aus, die inzwischen in vielen Unternehmen angewandt werden: Kanban Boards, Delegation Poker und viele andere.

Wir erfahren, dass die etwas über 50 Mitarbeitenden erwartungsgemäß unterschiedlich auf die neue Organisationsform reagiert haben: »Es gab einen Kollegen, der zweifelte, ob er im neuen Jahr überhaupt noch einmal in die Firma kommen sollte. Als Meister war er den alten Führungsstil gewohnt, das Prinzip Augenhöhe im Teammodus war ihm suspekt. Der Kollege ist immer noch da, aber in einer anderen Rolle. Heute zieht er auch in seiner neuen wertschöpfenden Rolle voll mit und findet den neuen Weg gut«, sagt Markus Bleher. Andere jedoch zweifelten bis heute und suchten nach der alten Sicherheit und dem Denken in hierarchischen Zuständigkeiten. Marco Niebling ergänzt: »Bei uns gibt es auch Leute, die nicht so gerne entscheiden. Die sagen: ›Ich spiele mit, ich arbeite, bringe gute Qualität.‹ Und das finden wir absolut in Ordnung. Die dürfen so arbeiten.« Für viele andere, und es war die Mehrheit der Mitarbeitenden, kam die Transformation einer Befreiung gleich. »Plötzlich waren die Ketten weg, die Hierarchien waren aufgelöst. Die sind abgegangen wie Schmidts Katze.«

So beeindruckend der bereits in brand eins, changeX *und anderen Medien beschriebene Weg zur agil arbeitenden Organisation ist: Uns begeisterte vor allem die Unaufgeregtheit, mit der HEMA mit der Idee der Agilität und vor allem den entsprechenden Methoden umgeht. Während man andernorts oft den Eindruck gewinnen kann, dass die Inszenierung von Agilität im Vordergrund steht, geht es bei HEMA um das Tun. Marco Niebling schmunzelt und sagt, sicherlich mit bewusster Zuspitzung: »Das Wort ›agil‹ ist hier schon fast verboten. Die beste Herangehensweise ist, niemanden auf eine Scrum-Schulung zu schicken. Es gibt bei uns auch keinen Scrum Master. Wir haben auch schon mal eine 360-Grad-Feedbackrunde ausprobiert. Die liegt aber jetzt im Papierkorb. Und das Scrum Board ist inzwischen auch*

verwaist. Es kommt nicht auf diese Dinge an, sondern darauf, den Mitarbeitenden eine Prägung mitzugeben. Wir versuchen, unseren eigenen Weg zu finden. Dass die Mitarbeiter gerne hierherkommen und dass sie uns ihre Potenziale schenken. Dann kann man das Kind auch ganz anders nennen. Wir wollen keine schöne neue Arbeitswelt bauen, sondern einen Kontext für Zusammenarbeit, der zukunftsfähig ist.« Christoph Heermann und Markus Bleher verabschieden uns mit den Worten: »Wachstum ist für uns kein zentrales Ziel. Es ist viel wichtiger, eine kleine, feine Firma zu haben, die wir an die nächste Generation weitergeben können.«
Als wir ein halbes Jahr später mit unserem Lernreiseformat Musterbrecher-Express noch einmal nach Frickenhausen fahren, erfahren wir, dass es inzwischen auch kein Daily Scrum mehr gebe. Stattdessen werde jeden Morgen einfach kurz »gebabbelt«. So geht Souveränität auf schwäbische Art!

Wir beginnen Workshops oft mit der – zugegeben – rhetorischen Frage, ob jemand im Raum etwas gegen Agilität, Innovation, Nachhaltigkeit oder Transparenz habe. Natürlich hat sich noch nie jemand gemeldet. Nicht nur die obligatorischen Führungs- und sonstigen Leitbilder, sondern die gesamte Unternehmenssprache ist voll von inflationär gebrauchten Begriffen und Wendungen. Diese nennen wir in Anlehnung an den emeritierten Freiburger Sprachwissenschaftler Uwe Pörksen »Plastikwörter«. In seinem Buch *Plastikwörter – Die Sprache einer internationalen Diktatur*, vor 32 Jahren veröffentlicht, widmet er sich ausführlich dieser Wortgattung. Es handelt sich bei Plastikwörtern sozusagen um »Alltagsdietriche«, die – stets positiv belegt – inhaltlich der Schlüssel zu allem und daher mehrheitsfähig sind. Plastikwörter tauchen gleichzeitig in unterschiedlichen Kontexten auf. Sie sind räumlich oder zeitlich unbegrenzt anwendbar, stammen meist aus der Welt der Wissenschaft und erweisen sich durch ihre Allgemeinheit als konsenstauglich.[74]
Insbesondere der letzte Aspekt macht deutlich, wie sehr die Organisationswelt von Plastikwörtern durchdrungen ist. Schließlich lässt sich jeder Schlüsselbegriff aus einem Leitbild sofort in eine entsprechende Forderung umformulieren: Wir benötigen mehr Agilität und Wertschätzung, müssen endlich eine Vertrauens-, Fehler- oder sonstige Kultur leben. Die Liste lässt sich beliebig fortsetzen. Wie wir im Beispiel von HEMA gesehen haben, ist es möglich und sinnvoll, Plastikwörtern eine

unternehmensspezifische Interpretation zu geben. Das kann dazu führen, dass mit intensivierter Begriffsarbeit der Begriff selbst zweitrangig wird und das in den Vordergrund rückt, worum es eigentlich geht: um die Enthüllung konsenstauglicher Leerformeln und um eine souverän gelebte Haltung, die Plastikwörter zum Leben erweckt.
Eine Organisation, die genau das auf beeindruckende Weise in der Finanzwelt tut, beobachten wir bereits seit knapp 20 Jahren. Sie legt seit fast 50 Jahren eine Haltung an den Tag, für die erst kürzlich der entsprechende Begriff gefunden wurde.

An einem unerwartet mediterranen Spätsommertag im September empfängt uns Richard Winder, Head of External Affairs, in der Stockholmer Zentrale der Handelsbanken. Er hat für uns einen ganzen Tag voller spannender Eindrücke und Gespräche arrangiert. Am Nachmittag wird Winder sagen: »Eines wissen wir ganz genau: Wir sind sehr gut im Gestalten vertrauensvoller Beziehungen in der Finanzwelt.« Offensichtlich hat er diesen Maßstab auch für unser Programm als externe Gäste angelegt. Ermöglicht hat diese Exkursion unser Freund und Kollege Franz Röösli, Professor an der Zürcher Hochschule für angewandte Wissenschaften und Mitinitiator des Beyond Budgeting Roundtable im deutschsprachigen Raum. Er steht seit Jahren im Rahmen seiner Arbeit als Repräsentant des Beyond-Budgeting-Instituts mit der Bank in engem Kontakt.
Handelsbanken ist bekannt dafür, dass sie seit 1974 sowohl auf Budgets als auch auf Bonussysteme verzichtet. Der Erfolgsmaßstab ist nicht die Höhe der Erfüllung vorab definierter oder ausgehandelter Sollgrößen, sondern es ist ausschließlich der relative Vergleich mit einer Peergroup von Banken in der Region im Hinblick auf Return on Equity, Cost Income Ratio und Kundenzufriedenheit. Konsequenterweise gibt es auch keine klassischen Anreizsysteme für die Mitarbeitenden, sondern ein »Profit Sharing Scheme«. So wird bei Erreichen der relativen Erfolgsmaßstäbe der sogenannte »Oktogonen-Fonds« gespeist, der allen Mitarbeitenden unabhängig von der hierarchischen Position denselben Anteil auf ihr Rentenkonto fließen lässt. Der Bonus kann, ganz im Sinne eines Denkens in nachhaltigen Kategorien, ab einem Lebensalter von 60 Jahren als Rente ausgezahlt werden. Mittlerweile ist dieser Fonds zum zweitstärksten Anteilseigner der Handelsbanken geworden und hält gut zehn Prozent der Aktien.

Es wundert uns also nicht, dass wir die Begriffe dezentrale Verantwortung und lokaler Markt an diesem Tag sehr häufig hören. Auch im Gespräch mit Anders Bouvin in einem schlichten Besprechungsraum mit Blick auf das Stockholmer Schloss kommen wir immer wieder auf diese Punkte zu sprechen. Der Group Chief Executive Officer, der seine ersten zehn Lebensjahre in Simbabwe verbrachte und für den die BBC augenzwinkernd die Bezeichnung »the poster boy for the acceptable face of banking« vorschlug, strahlt eine ansteckende Gelassenheit aus. Bouvin denkt oft länger nach, bevor er spricht, er ist hellwach und voller Ironie. »Wir tragen stets eine solide Skepsis in uns und stellen uns immer wieder die Frage: ›Ist das nötig?‹ Dieser Prozess endet nie. Es wäre zum Beispiel das Allereinfachste, gute Gründe für Zentralisierung zu finden. Aber wäre sie sinnvoll? Wir glauben: Nein, das wäre sie nicht. Denn Zentralisierung ist immer die einfachste Antwort.« Man muss wissen, dass für Handelsbanken – es wirkt fast schon anachronistisch in Zeiten von Internetbanking, reinen Onlinebanken und Geschäftsstellenschließungen – die Filialen mit ihrer maximalen dezentralen Verantwortung nach wie vor entscheidend sind. Hier schlage das Herz der Bank, so Bouvin. Seit über 40 Jahren stehe nach wie vor der direkte persönliche Kontakt mit den Kunden unumstritten an erster Stelle.
Eine profunde Analyse neuer Herausforderungen und Situationen, aber vor allem deren Abgleich mit der Handelsbanken-DNA, führte bereits in der Vergangenheit dazu, dass die Bank auf so manchen Zug nicht aufgesprungen ist: »Es gibt viele Beispiele, wie wir gegen Trends gearbeitet haben. Dafür wurden wir oft kritisiert. Angeblich hätten wir Gelegenheiten nicht genutzt, beispielsweise in den 1990er-Jahren, als plötzlich Greenfield-Märkte in Osteuropa entstanden, 60 Prozent der Einwohner von Weißrussland hatten damals kein Konto. Das war eigentlich ein Traum, vergleichbar mit der Situation eines Schuhmachers, der ein Land vorfindet, in dem keiner Schuhe trägt. Wir mussten uns die Frage gefallen lassen, wie man nur so blöd sein und dort nicht hingehen kann. Aber wir haben uns gefragt: ›Was wäre denn unser Wettbewerbsvorteil, würden wir als Handelsbanken in diesen Ländern aktiv sein?‹ Im Ergebnis sind wir den Schritt nach Osteuropa nicht gegangen, weil es dann darauf angekommen wäre, unsere Mitbewerber zu schlagen – und besser in dem zu sein, was sie tun. Das ist nicht der Handelsbanken-Weg. Wenn du dich – ganz im Sinne unseres Reformators Jan Wallanders – immer wieder

fragst, ob du in den entscheidenden drei Kennzahlen besser bist als die Konkurrenz, könnte es sinnvoll sein, ihnen nicht immer zu folgen. Denn wenn du immer das imitierst, was Mitbewerber tun, bist du bestenfalls so gut wie sie.«

Nicht zuletzt wegen solcher Überzeugungen sehen Medien und Mitbewerber die Bank teilweise als ein wenig altbacken an, sie wird mit einer Mischung aus großem Respekt und irritierter Verwunderung beäugt. Dazu trägt auch bei, dass Handelsbanken bisher nicht über eine explizite Digitalisierungsstrategie verfügt. Schließlich, so führt Richard Winder aus, sei ein exzellentes digitales Angebot – basierend auf neuesten Technologien und KI-Anwendungen – zweifellos sehr wichtig, aber eben nur ein absolut selbstverständlicher Hygienefaktor. »Es gibt eine Taskforce bei uns, die ganz vorne dran ist bei diesen Entwicklungen«, so der Brite, der seit drei Jahren in Schweden lebt, »aber es wäre ein Irrglaube, davon auszugehen, allein durch Digitalisierung den Wettbewerb schlagen zu können.«

Das Wort »Wettbewerb« fällt an diesem Tag häufiger. Ganz offensichtlich ist die konsequente Marktbearbeitung durch dezentral eigenständig agierende Filialen bei gleichzeitiger Priorisierung des persönlichen Kundenkontakts kein Ausdruck rückwärtsgewandter Sozialromantik. »Seit 46 Jahren haben wir den Return-on-Equity-Vergleich immer gewonnen. Und dafür wollen wir auch weiterkämpfen«, so sagt der CEO schmunzelnd. Wenn man sich TV-Interviews von Bouvin und seinen Vorgängern anschaut, merkt man, wie sehr Handelsbanken die Beobachter in der Finanzwelt irritiert. Immer wieder haken die Journalisten ungläubig nach, ob man sich denn wirklich allen Ernstes weiterhin den Mainstream-Mustern (Zentralisierung, Filialenbündelung, »Online first« etc.) verweigern wolle.

Anders Bouvin spricht mehrmals über das tief verankerte humanistische Weltbild, das die Bank prägt: »Wenn die Menschen dazu ermuntert werden, Entscheidungen zu treffen und Verantwortung zu übernehmen in dem Bereich, den sie überblicken und in dem sie sich auskennen, dann reagieren sie auf eine sehr vernünftige, maßvolle und verantwortungsbewusste Art und Weise. Es entspricht der menschlichen Natur, einen guten Job machen zu wollen.« Derartige Aussagen sind auch in anderen Organisationen zu hören. Doch bei Handelsbanken, übrigens eine Organisation, in der es keine klassische Marketingabteilung gibt, führt der Blick hinter die Kulissen nicht zu einer Enttäuschung. Rhetorik und Realität stehen im Einklang.

Wir erfahren, dass wir den CEO offensichtlich an einem seiner wenigen Bürotage angetroffen haben: »Ich besuche alle Regionen, die Zentralbereiche und auch einen Teil der Filialen mindestens einmal im Jahr. Zwischen 40 und 50 Prozent des Jahres bin ich unterwegs und pflege den ständigen Kontakt mit den Menschen in ihren lokalen Märkten. Ich sage immer zum Filialleiter: ›Wir reden über das, was du willst.‹ Die Zahlen kenne ich vorher, darüber muss ich mit den Kollegen ja nicht sprechen. Eine Filiale merkt selbst, wenn die Zahlen schlecht sind, weil bei uns alles sichtbar ist. Dadurch fühlen sie für sich die Verantwortung, es besser zu machen, und die Chefs müssen nicht eingreifen, weil die Leute einen guten Job machen wollen.
Was passiert, wenn es in einer Filiale nicht so gut läuft? Dann ruft der Filialleiter einfach bei den besser performenden Kollegen an und bittet um Rat. Er wendet sich an die, die am geeignetsten sind. Und jetzt frage ich Sie, ob das ein künstliches Managementsystem könnte?«
Wir sprechen Bouvin darauf an, ob es nicht auch etwas seltsam für die eigene Führungsrolle sei, weder einen direkten »Zugriff« auf die nächste Ebene der Regionalmanager noch auf die von ihnen geführten Filialen zu haben. »Es wäre tatsächlich ein bisschen paradox, wenn man das Bild von ›Command & Control‹ im Kopf hätte. Aber bei Handelsbanken wachsen wir mit einer anderen Art der Führung auf. Es gibt eine sehr lange Tradition, über uns nachzudenken, sehr informell miteinander zu sprechen und zu arbeiten – und unseren Kunden zuzuhören.«
Es wirkt sehr unaufgeregt, wenn der 62-Jährige zusammenfasst: »Wir managen unsere Bank nicht mit Excel, sondern sie managt sich auf informelle Weise selbst. Deshalb waren wir schon immer agil. Das gelingt uns, weil wir keine künstlichen Barrieren – etwa in Form von Management-, Reporting- und Bonussystemen – geschaffen haben, die Menschen dazu nötigen, gegeneinander anzutreten.«

- Musterbrecher fangen sprachlich und begrifflich noch einmal von vorne an.
- Musterbrecher mögen keine Sprache, die nur scheinbar lebt.
- Wenn es nötig ist, sagen Musterbrecher: »Die Worte sind nackt!«
- Musterbrecher wissen, dass sie im Spiel der »Rationalitätsmythen« zum Teil mitspielen müssen. Sie sind aber schlau genug, die Symptome hinter den Begriffen zu deuten.
- Musterbrecher entzaubern Plastikwörter, indem sie sie zum Leben erwecken.

EFFIZIENT VERSCHWENDERISCH

Weshalb Taylor nie Taylorist war

»Menschen haben unterschiedliche Potenziale, die entsprechend genutzt werden müssen. Einfache Produktionsprozesse sollten nach klaren und fundierten Standards ablaufen. Der Bezug zur eigenen Tätigkeit im Unternehmen muss für jede Mitarbeiterin und jeden Mitarbeiter gegeben sein. Die Entlohnung hat in direktem Bezug zur erbrachten Leistung zu stehen. Veränderungsprozesse müssen in kleinen Schritten erfolgen.«
Das sind Aussagen, wie wir sie auch von gut ausgebildeten Managern regelmäßig hören. Tatsächlich sind es die sprachlich etwas an die heutige Zeit angepassten Überzeugungen eines Mannes, der mit seinen Ideen vor mehr als 100 Jahren die industrielle Gesellschaft bis heute maßgeblich geprägt hat: Frederick Winslow Taylor. Bereits auf der ers-

ten Seite von Taylors 1911 erschienenem Hauptwerk *Die Grundsätze wissenschaftlicher Betriebsführung* wird klar, welches Ziel er verfolgte: »Wir sehen, wie die Wälder dahinschwinden, die Wasserkräfte vergeudet, der Boden und seine Schätze in das Meer gewaschen werden; die Erschöpfung der Kohle- und Eisenerzlager ist nur noch eine Frage der Zeit. Weniger offensichtlich, weniger leicht zahlenmäßig darstellbar und deshalb leider bisher nur hier und da in ihrer Bedeutung erkannt, ist die viel größere tagtägliche Vergeudung menschlicher Arbeitskraft durch ungeschickte, unangebrachte oder unwirksame Maßnahmen«.[75]

Taylor beschreibt zwei sich feindlich gegenüberstehende Seiten: Arbeitnehmer und Arbeitgeber. Er beobachtet sozialen Druck unter den Arbeitern, aber auch fehlende Anleitung, die es ermöglichen könnte, wirklich effizient zusammenzuarbeiten. Hinzu kommt, dass zu Beginn des 20. Jahrhunderts selbst in einfachsten Produktionsprozessen enorme Einsparpotenziale steckten. Taylor bemerkte, dass »manchmal 40, manchmal 50, manchmal 100 verschiedene Methoden zur Erzielung ein und desselben Zweckes«[76] nebeneinander existierten. Die Grundgedanken Taylors fußen auf empirischen Studien zur Festlegung und Standardisierung der Produktionsprozesse, zur konsequenten Trennung der Denk- von der Ausführungsarbeit, zur Nutzung des Lohnsystems als Anreiz für die Leistungssteigerung und die gezielte Vermeidung von Abfall. Der ehemalige Rektor der RWTH Aachen, Adolf Wallichs, der 1907 und 1909 zwei Werke von Taylor übersetzte, umschrieb das Vorgehen Taylors wie folgt: »Er regelte, ordnete, schematisierte die hauptsächlichen und scheinbar nebensächlichen Dinge so eingehend und gründlich, dass alle einmaligen und alle wiederkehrenden Arbeitsvorgänge … durch die geeigneten Organe durchdacht und schriftlich festgelegt und somit mit dem geringstmöglichen Aufwand an Zeit zur Ausführung gebracht werden konnten. Er sonderte die Denkarbeit von der mechanischen Ausführungsarbeit und gab jedem Organ die dafür geeignete Arbeit, welche seine Zeit voll ausfüllte, ohne ihn zu überlasten.«[77]

Doch schon mit dem Erscheinen der Taylor'schen Theorien und deren steigender Popularität traten Kritiker auf den Plan mit dem Hauptvorwurf: Taylors Konzeption sei geprägt von einer menschenverachtenden Haltung. Gegen diesen Vorwurf hat er sich selbst vor einem Untersuchungsausschuss des US-Kongresses massiv gewehrt, war de facto um einen Ausgleich der Interessen von Arbeitern und Unternehmern bemüht.[78] Es ging ihm darum, »Regeln, Gesetze und Formeln zu bil-

den, zur Hilfe und zum Besten des Arbeiters bei seiner täglichen Arbeit«.[79]
Indessen ist die Kritik in Teilen auch berechtigt, etwa hinsichtlich des einseitigen Bildes, das Taylor vom Arbeiter hatte. So ging er zum Beispiel davon aus, dass Anweisungen nicht beachtet würden, wenn es nicht die Kontrolle der »Funktionenmeister« gäbe.[80] Als zentralen Auslöser für die Motivation der Arbeiter identifizierte er den Lohn. Vermutlich ist dies auch der Grund, warum Taylor oft in einem Atemzug mit dem Modell des Homo oeconomicus genannt wird.[81] In Wirklichkeit erlebte er die Arbeiter in ihrem Handeln emotional und unstrukturiert und hielt sie nicht für fähig, von sich aus wirtschaftliche Effizienz anzustreben.

Zur damaligen Zeit handelten die Menschen in Organisationen eben nicht wie wirtschaftliche Nutzenmaximierer.

Beschäftigt man sich mit dem Werk Taylors und berücksichtigt dabei die Rahmenbedingungen der arbeitsteiligen Produktion, muss man mit Abstand von mehr als 100 Jahren zu dem Schluss kommen, dass weniger die Theorien Taylors selbst kritisch gesehen werden müssen als vielmehr der »Taylorismus«, der sich in der Folge durch Überzeichnung und Nichtbeachtung des historischen Bezugs entwickelt hat.
Heute glauben wir, in einer humanisierten Arbeitswelt zu leben und den Taylorismus längst hinter uns gelassen zu haben. Der Mensch, so heißt es, steht im Fokus, im Mittelpunkt, im Zentrum. Doch wenn wir genau hinschauen, dann erleben wir etwas anderes.

»Ich hatte schon Kursteilnehmer, die merkten erst am Nachmittag des ersten Seminartages, dass sie schon zum dritten Mal im selben Kurs zu Lean Management saßen.« Das erzählt uns ein leitender Manager aus dem Ausbildungsbereich einer deutschen Airline bei einem Treffen am Flughafen München. Seine Frustration ist offenkundig. Er beklagt, dass eine Effizienzinitiative auf die andere folge. »Jeder dieser gut gemeinten und teilweise auch sinnvollen Versuche, das Effizienzpotenzial in unserem Unternehmen zu heben, scheiterte bisher oder brachte nur auf dem Papier die gewünschten Erfolge.

Mittlerweile ist es so weit, dass die Linienverantwortlichen Einsparpotenziale bewusst so lange nicht nutzen, bis die nächste Initiative dies von ihnen einfordert.«
Wie wir in weiteren Gesprächen erfahren, empfinden alle das bisherige System als Bevormundung. Mit viel Geld werden die Topmanager nach Japan geflogen, um sich Toyota anzuschauen und um dann den eigenen Mitarbeitenden mit konkreten Anweisungen vorzuschreiben, wie sie in Zukunft zu handeln haben. Auf Plakaten werden die Mitarbeiterinnen und Mitarbeiter auf die »sieben Arten von Verschwendung« oder die »fünf Grundprinzipien einer schlanken Organisation« hingewiesen. Hochqualifizierten Fachkräften wird gesagt, dass die Art, wie sie bisher gehandelt hätten, falsch sei. Man solle in der Flugzeuginstandsetzung so handeln wie ein japanischer Autobauer. Dieser Appell kam ausgerechnet zu dem Zeitpunkt, als Toyota wegen nicht richtig funktionierender Gaspedale mehrere Millionen Fahrzeuge zurückrufen musste und hohe Verluste einfuhr!

Ohne Zweifel verdanken wir Taylors »Scientific Management« und den darauf aufbauenden Nachfolgekonzepten gewaltige Produktivitäts- und Wohlstandsfortschritte. Es erstaunt deshalb auch nicht, dass die systematischen Versuche, Effizienzgewinne zu erzielen, heute aktueller sind denn je.

Kaizen, Lean Management, Total Quality Management oder Business Process Reengineering zielen im Taylor'schen Sinne darauf ab, Produktivität zu steigern und effizienter zu arbeiten.

Doch das darf nicht dazu führen, dass Best-Practice-Beispiele aus einem anderen kulturellen Kontext unreflektiert übernommen werden oder dass man glaubt, sich auf vorgefertigte Schulungsinhalte verlassen zu können.
Das erkannte bereits Taylor selbst. Sein Bestreben war es, die Führung in die Pflicht zu nehmen und dem Arbeiter seine Tätigkeit zu ermöglichen, »ohne daß er dabei körperlichen oder seelischen Schaden«[82] nahm. »Die Grundsätze wissenschaftlicher Betriebsführung« enden mit der Bemerkung: »Wenn man jedoch die innere Philosophie des Betriebs

unberücksichtigt läßt und nur die Mittel zum Zweck, den äußeren Mechanismus wie Zeitstudien, Einrichtungen von Spezialmeistern etc. einführt, dann sind die Folgen oft recht verhängnisvoll.«[83]
Masaaki Imai, Chairman und Mitbegründer des KAIZEN® Institute aus Tokio, berichtete auf einer Tagung in Stuttgart 2010,[84] dass er einen engen Dialog zwischen Führung und Mitarbeitenden als entscheidend für die erfolgreiche Einführung effizienzsteigernder Methoden ansehe. Die Ideen und das Wissen der Belegschaft müssten dabei Berücksichtigung finden. Tools und Techniken gebe es genug. Was fehle, sei eine entsprechende Haltung. Die Arbeit an dieser Haltung werde aber vernachlässigt.
Mit dem Rückgang der Massenproduktion in den Industriestaaten und mit der in den 1960er-Jahren entstandenen Human-Relations-Bewegung nahm der Einfluss der Taylor'schen Theorien mehr und mehr ab. Doch gerade in den letzten Jahren gewinnt im sozialen Bereich und in der Dienstleistungsbranche, also in Krankenhäusern, in der Pflege, in Banken oder in der Telekommunikationsbranche, das Effizienzstreben wieder enorm an Boden. Oder wie es Walter Bungard, Professor für Arbeits- und Organisationspsychologie an der Universität Mannheim, formulierte:

»Man lehnt den Taylorismus als menschenverachtend ab und führt ihn simultan in verschlüsselter Form radikal auf einem neuen Expansionsfeld ein.«

Ein warmer Sommertag in der Nähe von Frankfurt. Im weitläufigen Weiterbildungszentrum einer deutschen Großbank diskutiere ich mit 22 High Potentials über Fragen des strategischen Managements. In einer Seminarpause erzählen mir zwei Teilnehmende vom allseits spürbaren und stark zunehmenden Effizienzdruck in der Bank. Mehrere wichtige Führungspositionen wurden im letzten Jahr gezielt durch Senior Consultants namhafter Beratungsfirmen besetzt. Ihre Mission: Produktivität und Professionalität erhöhen.
Im Zentrum steht die Initiative zur Vertriebssteuerung. Aufgebracht und mit sarkastischem Unterton erläutern mir meine beiden Gesprächspartner die Grundidee dieses Vorhabens: »Den Kundenberatern werden Tagesziele vorgegeben, die ihnen minutiös aufzeigen,

welche Dienstleistungen sie mit welcher Priorität zu verkaufen haben und wie viele Kontakte mit bestehenden und neuen Kunden aufzunehmen sind. Alle drei Tage findet eine Telefonkonferenz mit dem Regionaldirektor statt, für die jeder Berater seine Aktivitäten kommentieren und begründen muss.« Der persönliche Vertrieb sei die teuerste Form der Kundenakquisition. Hier schlummerten die größten Reserven, die man sich durch »Sales Engineering« erschließen wolle.
Meine Gesprächspartner kommentieren: »Die einzelnen Stufen des Verkaufsprozesses werden umfassend analysiert und optimiert. Mithilfe standardisierter Anforderungsprofile erfolgt die Zielkundenauswahl, detaillierte Telefonskripte bestimmen die Erstansprache, umfassende Checklisten und Argumentationskataloge begleiten das Erst- und Zweitgespräch, und ein Konfigurator unterstützt die Angebotserstellung.«

Man bemüht sich allenthalben, Nichtmessbares messbar zu machen, und unterliegt dabei der Illusion, Qualität, Leidenschaft und Begeisterung effizient organisieren und verordnen zu können.

Diese auf Produktionsprozesse hin entwickelten Ideen scheinen mehr und mehr andere Bereiche zu okkupieren. Ähnlich wie im Kolonialismus werden auch im Taylorismus die ureigensten Interessen der besetzten Gebiete nicht berücksichtigt.
In Krankenhäusern wird die Verweildauer der Patienten seit 2004 durch Fallpauschalen geregelt, die bei Operationen abhängig sind von der Art des Eingriffs. Zuvor wurde nach Liegetagen abgerechnet. Ziel des neuen Abrechnungssystems war es dann, der Zunahme der Verweildauer ein Ende zu setzen und das Gesundheitssystem transparenter zu machen. Zusätzlich galt es, die medizinische Versorgung der Patienten effizienter zu gestalten sowie die Wirtschaftlichkeit der Krankenhäuser zu verbessern.[85]
Es geht sicher nicht darum, dieses Abrechnungssystem dafür zu tadeln, dass es hier und dort zu mehr Effizienz führt. Allerdings ist die einseitige ökonomische Ausrichtung ein echter Kritikpunkt. Während in den meisten Unternehmen schon lange klar ist, dass der Taylorismus gefährliche Nebenwirkungen hat, war man im Gesundheitswesen auf

diesem Auge blind. Ergebnis: Man spricht mittlerweile von »blutigen Entlassungen«, wenn man Patienten mit noch nicht verheilten Wunden verabschiedet, um sie dann über den »Drehtüreffekt« etwas später wieder der Nachbehandlung zuzuführen. Nicht selten wird von unnötigen Operationen berichtet und dem Schielen nach den lukrativsten Eingriffen. Viele dieser beobachteten Phänomene werden immer offensichtlicher, allerdings ohne dass die Studien bislang eindeutige Beweise erbringen konnten. Was jedoch alle feststellen, ist ein Anstieg der Fallzahlen – bei gleichzeitiger Personaleinsparung. Zudem hat der Verwaltungsaufwand enorm zugenommen – und das mit paradoxen Folgen: Von zwei Millionen durch den Medizinischen Dienst der Krankenkassen beurteilten Fällen waren 45 Prozent fehlerhaft.[86]

Auch im Bildungsbetrieb hält das Effizienzdenken Einzug. Im Bologna-System werden einheitliche Inhalte und Ziele der Bildung definiert. Man geht von einer Plan- und Steuerbarkeit des Bildungserwerbs aus. Die Studienzeiten werden verkürzt, die Leistungsnachweise hinsichtlich des Anspruchs vereinheitlicht und die Ausbildungsgänge standardisiert. Der Wiener Philosoph Konrad Paul Liessmann sagt dazu: »Bildung wird als Ganzes industrialisiert, genormt, standardisiert. Da haben wir die Modularisierung von Studien, die dem Muster funktional differenzierter Fertigungshallen gehorchen. Die Einführung der sogenannten »ECTS-Punkte« ..., die die Leistung eines Studierenden messen sollen. Eine Norm, die bis ins letzte Detail von Industrienormen abgeleitet wird. ... Das ist klassisches Maschinendenken.«[87] Das Humboldt'sche Ideal – Lernen fürs Lernen und Lernen fürs Leben – bleibt dabei oft auf der Strecke.

Solche Beispiele des wiedererstarkten Taylorismus lösen begreiflicherweise Irritationen aus. Sie haben auch zu der wissenschaftlichen Betriebsführung, wie sie Taylor gefordert hat, keinerlei Bezug. Seine Vision war die Art des Zusammenarbeitens, »bei dem jeder Einzelne die Arbeit tut, die für ihn am besten paßt, jeder seine Individualität wahrt und sein spezielles Gebiet voll beherrscht, wo trotzdem niemand etwas von seiner Originalität und seinem persönlichen Arbeitsinteresse (Initiative) verliert und doch unter dem dauernden kontrollierenden Einfluß vieler steht, mit denen er harmonisch zusammenarbeitet.«[88]

Auf gesellschaftlicher Ebene erkennen wir, dass Krisenanfälligkeit und Verletzlichkeit unserer hocheffizienten Systeme zunehmen.

Die Vergangenheit hat gezeigt, dass das Finanzsystem deshalb nicht mehr funktioniert, weil es einst zu gut funktionierte.

Oder wie es Bernard Lietaer, der 2019 verstorbene belgische Finanzmarktforscher, formuliert: »Das Problem ist sein Übermaß an Effizienz«.[89] Die Resilienzforschung zeigt, dass ein zu hoher Grad an Effizienz zur Instabilität eines Systems führt. Effizienz wird im wirtschaftlichen Kontext über die Wirtschaftlichkeit definiert, betrifft also die Frage der Kosten-Nutzen-Relation. Die Frage lautet: Wie gelingt es, mit geringstmöglichem Aufwand einen definierten Ertrag zu erwirtschaften oder eben mit festem Aufwand den höchstmöglichen Ertrag? Dabei bemisst sich Erfolg fast immer in Geld. Andere Zielgrößen, wie Nachhaltigkeit, Zufriedenheit oder gar Glück, haben in der Praxis einen geringen bis keinen Stellenwert.

In Gesprächen mit vielen Mitarbeitenden und Führungskräften beschrieb man uns immer wieder dieselbe Logik: Es schwappen Einsparungswellen über die Organisation herein, davon ist die erste noch erfolgreich: Freier Kaffee und Kekse für die Mitarbeiter werden abgeschafft, das Verbrauchsmaterial wird pro Jahr und Mitarbeitendem kontingentiert. Das frustriert vielleicht, ist aber noch nachvollziehbar und wird meist auch von der Belegschaft verstanden. Die nächste Welle ist dann schon dramatischer: Einstellungsstopp, Entlassungen, Outsourcing, das heißt Mitarbeiter, die im zentralen Wertschöpfungsprozess verzichtbar sind, werden an Subunternehmen »ausgelagert«. Meist als Erstes betroffen sind die eigene Kantinenbelegschaft und der hauseigene Sicherheitsdienst. Die Auswirkungen davon werden in der Regel schlichtweg ignoriert: Aus Angst, zum Einsparpotenzial zu werden, fällt man keine Entscheidungen mehr, unternehmerisches Denken wird eingestellt. Im System macht sich eine »Dienst-nach-Vorschrift-Mentalität« breit.

Übrigens: Es erscheint paradox, wenn Mitarbeitende damit drohen, die Vorschriften und Regeln genauestens zu befolgen.

Was aber noch viel schlimmer ist als die einseitige Fokussierung auf die Effizienzkategorie, ist der Umstand, dass es sich nur scheinbar um Effizienz handelt. Schaut man hinter die Fassade der Initiativen, dann erkennt man, dass zwar kräftig eingespart wird, doch häufig dort, wo wirklich produziert wird und Wertschöpfung entsteht, zugleich aber die Verwaltungs- und Managementaufgaben in erheblichem Umfang gesteigert wurden. David Graeber, Professor für Anthropologie an der London School of Economics, hat dieses Phänomen sehr deutlich und provokativ mit einem immensen Anstieg an »Bullshit-Jobs« beschrieben. Damit gemeint »ist eine Form der bezahlten Anstellung, die so vollkommen sinnlos, unnötig oder gefährlich ist, dass selbst derjenige, der sie ausführt, ihre Existenz nicht rechtfertigen kann, obwohl er sich im Rahmen der Beschäftigungsbedingungen verpflichtet fühlt, so zu tun, als sei dies nicht der Fall.«[90]

Damit Systeme nachhaltig überleben können, muss der Aufwand, der zur Systemerhaltung betrieben wird, in einer sinnvollen Relation zum Ertrag stehen. Doch durch Effizienz allein – geschweige denn durch Pseudo-Effizienz wie bei den »Bullshit-Jobs« – ist der nachhaltige Bestand des Unternehmens nicht zu sichern. Es bedarf noch einer zweiten, nämlich einer »verschwenderischen« Kategorie. Hier werden Robustheit, Belastbarkeit und Vernetzung benötigt. Das heißt: Im Falle eines Engpasses in der bestehenden Nahrungskette muss es möglich sein, den effizientesten Weg zu verlassen, um einen weniger effizienten, aber das System erhaltenden Umweg zu gehen. Zwei sich gegenseitig beeinflussende Variablen sind hierbei entscheidend: Vielfalt und Vernetzungsgrad. Beide beeinflussen Effizienz und Robustheit, jedoch in gegensätzlicher Richtung.

Je vielfältiger und vernetzter ein natürliches System, desto robuster ist es.

Im Falle von Schwierigkeiten gibt es mehr Ausweichmöglichkeiten. Natürliche Systeme sind dann nachhaltig überlebensfähig, wenn sie doppelt so belastbar wie effizient sind.[91] Diese Dimension der Robustheit und Belastbarkeit wird im Effizienzwahn der Unternehmen vernachlässigt.

Das Wirtschaft und Gesellschaft prägende Primat der Effizienz führt dazu, dass Organisationen zunehmend verletzbar werden.

Stromnetze werden zum Beispiel immer effizienter ausgelegt, sind aber dadurch auch anfälliger für Ausfälle. Automobilhersteller reduzieren die Anzahl der Zulieferer und stellen dann in Krisensituationen fest, was fehlende Redundanz im technischen Sinne kosten kann. Einseitigkeit, Rationalisierung und Standardisierung verursachen Anfälligkeit, das hat auch die kommunistische Planwirtschaft gezeigt. Man glaubt, dass es planungs- und produktionstechnisch effizient sei, nur wenige Monopolisten zentral zu steuern, doch es fehlt das marktwirtschaftliche Moment der Vielfalt und der Konkurrenz. Und die zentrale Steuerung erweist sich als Illusion.

Die Optimierung des Verhältnisses von Aufwand zu Nutzen ist nicht nur gefährlich, sie hinterlässt auch ihre negativen Spuren bei den Mitarbeitenden. Die standardisierten Prozesse und die Ökonomisierung zwingen Menschen, Dinge zu tun, die mit der eigentlichen Ausbildung und dem Beruf als Berufung nichts mehr zu tun haben. Sie unterminieren das Zusammengehörigkeitsgefühl und führen zu einer Entsolidarisierung. Im Gesundheitswesen verbringen Ärzte und Pflegekräfte einen Großteil ihrer Zeit mit der Erfüllung von Dokumentationspflichten – und nicht mehr mit der Sorge um die Patienten. Nutzbringende und Mehrwert schaffende Arbeit wie die einer Ärztin, einer Pflegekraft oder eines Erziehers werden zu »Bullshit-Jobs« zweiter Ordnung, was bedeutet, dass ein nicht unerheblicher Teil der Arbeitszeit für sinnlose Themen oder das Managen von »Bullshit« aufgewendet wird.[92]

Doch der Ausbruch aus der Effizienzfalle kann gelingen, ohne dass man sich von einer nachhaltigen Effizienz verabschieden muss.

Wir kennen Detlef Lohmann, den geschäftsführenden Gesellschafter der allsafe GmbH & Co. KG in Engen am Bodensee, schon seit über acht Jahren. Damals hieß das Unternehmen, das Ladegutsicherungssysteme herstellt, noch allsafe JUNGFALK. Auf ihn aufmerksam wurden wir durch sein mehrfach ausgezeichnetes Buch Und mittags geh ich heim: Die völlig andere Art, ein Unternehmen zum Erfolg zu führen. *Wiederholt sind wir mit unterschiedlichsten Besuchergruppen*

nach Engen gereist oder haben mit Detlef Lohmann als Impulsgeber diverse Veranstaltungen durchgeführt.
allsafe ist ein Produktionsunternehmen in der Zulieferindustrie, das einfache Produkte wie Sperrstangen, Spanngurte, Netze oder Lochschienen herstellt. »Wir produzieren hier in Deutschland einfachste chinesische Me-too-Produkte«, so Lohmann. Aus diesem Grund drängt sich im Folgenden der Verdacht auf, dass der Geschäftsführer wertvolle Ressourcen verschwendet, die er nach klassischer Denkweise besser in die Stärkung der Wettbewerbsfähigkeit investieren sollte: Die Post teilte er in den ersten Jahren jeden Morgen selbst aus. Und auch wenn die Digitalisierung die Postmappe überflüssig gemacht hat, trägt er sie bei seinen täglichen Runden unter dem Arm – als Signal für seine Angestellten, dass er jetzt ansprechbar ist. Er will den Mitarbeitenden keine Anweisungen geben. Materialeinkauf, Reparaturen und Investitionen werden nicht nach der Synergielogik zentral geregelt, sondern die Mitarbeiter entscheiden eigenverantwortlich innerhalb grob formulierter Leitlinien. Es gibt im gesamten Unternehmen nur noch das Zwei-Augen-Prinzip, und mit Ausnahme der gesetzlich notwendigen fehlen weitere Kontrollmechanismen. Man verzichtet auf die typische Stempeluhr. Über eine App werden nur Anwesenheit, Urlaub und Krankheit erfasst. In der Produktion sind häufig Maschinen mehrfach vorhanden, doch es wird nicht an jeder produziert. Dafür sind die Maschinen vorgerüstet und können ohne Zeitverzug sofort angefahren werden. Die Leiharbeiter werden über Tarif und sogar besser bezahlt als die Festangestellten. 20 Prozent des Gewinns vor Steuern wurde im letzten Jahr an die Mitarbeitenden verteilt. Lohmann hat drei Gewinnschwellen festgelegt, an denen sich die Gewinnbeteiligung orientiert. Ab fünf Prozent Umsatzrendite werden zehn Prozent des EBIT kopfproportional auf alle fest angestellten Mitarbeitenden verteilt, ohne dass die Hierarchie berücksichtigt würde. Ab 7,5 Prozent Umsatzrendite werden weitere zehn Prozent gehaltsabhängig ausgeschüttet, ab 12,5 Prozent Umsatzrendite nochmals fünf Prozent. 2017 wurde diese dritte Stufe erreicht. »Und in dem Moment wird es spannend«, sagt Lohmann, »diese Summe verteilen wir zwar kopfproportional, geben sie aber an die Teams und lassen sie selbst entscheiden, wie sie das Geld untereinander verteilen wollen. Mit erstaunlichen Effekten: Ein Team hatte zum Beispiel die Hälfte des Geldes kopfproportional aufgeteilt, und bei der anderen Hälfte sollte sich jeder überlegen, wem er oder sie

das Geld geben wollte. Bekam jemand mehr oder auch weniger als die Durchschnittssumme, war das ein klares Feedback.«

Und noch deutlicher zeigt sich die offensichtliche Ineffizienz (zumindest nach klassischer Sicht) in der Teilung des Unternehmens: Vor knapp einem Jahr kam im Zuge des Wachstums der Entschluss auf, nicht auf Synergievorteile zu setzen, sondern der Beziehung zwischen den Menschen erste Priorität zu geben. So gründete man – unter Beibehaltung des Standorts am Bodensee in unveränderter Funktionalität – ein zweites Werk in Fürstenwalde bei Berlin. Hier liegt ein Prinzip zugrunde, bekannt von W.L. Gore & Associates, das auf die Idee zurückgeht, dass ein Individuum soziale Beziehungen nur in einer Gruppe aufbauen und aufrechterhalten kann, die nicht mehr als 250 Menschen umfasst. Auf die Standortwahl ist Lohmann übrigens stolz. Nicht nur, weil der Betrieb so reibungslos läuft, sondern weil er bereits vor Elon Musk, der jetzt in zwölf Kilometer entfernter Nachbarschaft sein Tesla-Werk errichten will, die Standortvorteile erkannt hat.

Wir haben den »Verdacht«, dass die von allsafe praktizierten Formen der Verschwendung sinnvoll sind – und am Ende wiederum zu Effizienz führen. Das muss allein schon deshalb gelten, weil allsafe zu 75 Prozent einem schwedischen Finanzinvestor gehört, der naturgemäß fast ausschließlich an Rendite interessiert ist.

Aber zurück nach Engen!

Betritt man zum ersten Mal den Eingangsbereich, steht man gleich mitten im Unternehmen. Links und rechts Glaswände, dahinter Schreibtische, geradeaus ein kurzer Gang, dann die Fabrikhalle. Das Auffälligste ist eine Wand, auf der »Verantwortung« zu lesen ist und auf der viele Zitate in unterschiedlichen Farben stehen. Ähnliche »Themenwände« finden sich im gesamten Unternehmen. Lohmann hatte einen Künstler damit beauftragt, den Eingangs- und Besprechungsbereich sowie den Aufenthaltsraum für Mitarbeiterinnen und Mitarbeiter zu gestalten.

Beim Firmenrundgang sieht man überall Stellwände, Schwarze Bretter oder Magnettafeln mit Infomaterial, Statistiken, Kennzahlen – und seit einigen Jahren immer wieder Kanban-Boards mit Klebezetteln. Ganz entscheidend sind jedoch die hier transparent gemachten Kompetenzprofile. Damit alle wissen, auf wen man zugehen kann, wenn eine Kompetenz gesucht wird, werden die Fähigkeiten und absolvierten Schulungen der Teammitglieder auf den Boards transparent gemacht. Jeder Bereich hat seine eigene Art, das Relevante darzustellen. Detlef Lohmann kann nicht immer begründen, warum gerade diese oder jene Zahl abgebildet wird. Aber er weiß: Wenn sie dort steht, haben die Mitarbeiter sich etwas dabei gedacht.

Die klassischen Abteilungen gibt es bei allsafe schon seit zehn Jahren nicht mehr. Das Wort »Abteilung« leite sich von »teilen« ab, so Detlef Lohmanns Erklärung, und habe seinen Ursprung im Taylorismus. Die Abteilungen hätten in einer arbeitsteiligen Welt des 20. Jahrhunderts auch ihre Berechtigung gehabt, er selbst habe aber viele negative Nebenwirkungen des »Abteilens« bemerkt. Das größte Problem von Abteilungen sei ihre Selbstoptimierung, die ein Denken im Gesamtprozess nicht zulasse. Aus seiner Konzernerfahrung kannte er das Konzept des internen Kunden. Aber das war für ihn nur ein Arbeiten an den Symptomen. Er fragte sich also: »Wofür benötigt mein Unternehmen Abteilungen?« In einem Workshop mit allen Abteilungsleitern beschlossen diese, sich in Zukunft nur noch nach Prozessen zu organisieren und ihre Rolle als Leiter der Abteilung abzuschaffen. Sie bildeten zum Beispiel ein Team »Produktion«, das völlig selbstständig die eingehenden Aufträge nach Kundenbedürfnissen priorisiert, produziert, verpackt und versendet. »Ein-Stück-Fließproduktion« nennt es Lohmann, abgeleitet von der Toyota-Idee der »One Piece Flow Production«. Ziel sei es, dass der Mitarbeiter nicht an seinem Platz bleibe, sondern das Werkstück über den gesamten Produktionsprozess begleite und dafür die Verantwortung übernehme. Aufgrund der nur geringen Wertschöpfungstiefe der allsafe-Produkte sei dieses Vorgehen ideal und werde auch konsequent bis in die Büros hinein umgesetzt. Heute ist man einen Schritt weiter gegangen und hat autonome Arbeitsgruppen unterschiedlicher Größe gebildet. Ihre Autonomie zeichnet sich dadurch aus, dass die Gruppen selbstverantwortlich bestimmen können, wie sie die Arbeit aufteilen und ob sie mit oder ohne Teamleiter arbeiten wollen. Vor allem aber kann jeder Mitarbeitende entscheiden, welchem Team er oder sie zugehören will, vorausgesetzt, das Team benötigt seine oder ihre Kompetenzen.

Bei unseren Besuchen treffen wir auf entspannte Mitarbeitende, die sich durch unsere und die Anwesenheit des Chefs in keiner Weise gestört fühlen. Bei allsafe gibt es keinerlei Pausengestaltung. Zumindest keine, die vorgegeben ist. »Da es auf das Ergebnis ankommt, kann jeder nach Bedarf seine Arbeit unterbrechen. Das ist immer auf die

Kolleginnen und Kollegen abgestimmt«, erklärt uns der Chef. »Es ist doch sinnvoll, man macht eine Pause, wenn man sie benötigt. Da werde ich nicht mit Kontrollsystemen eingreifen. Die kosten Geld, müssen überwacht werden und drücken außerdem Misstrauen aus.«
Lohmann blickt auf die Zeit zurück, als er Geschäftsführer und Gesellschafter bei allsafe wurde: »Bevor ich mich hier einkaufte, hatte ich schon als junger Ingenieur große Freiräume erlebt. Mein damaliger Arbeitgeber aus der Automobilzulieferindustrie war weit weg in den USA. Ich lernte viel über die Branche, konnte unternehmerisch tätig sein und wäre vermutlich immer noch dort, wäre ich nicht in einen massiven persönlichen Wertekonflikt geraten. Daraufhin verließ ich den Konzern, war bei einigen anderen Unternehmen der Branche und musste selbstkritisch feststellen, dass ich kein angenehmer Mitarbeiter war. Ich widersprach ständig, nicht, weil ich ein Querulant war, sondern nach besseren Lösungen suchte. Außerdem musste ich mir eingestehen, dass ich mit 35 Jahren auf der untersten Führungsebene angekommen war und keine Chance hatte, wirklich gestaltende Verantwortung zu übernehmen. Also beschloss ich, mir meine Arbeit sozusagen zu kaufen.« Mithilfe eines Beraters fand er ein geeignetes Unternehmen, in das er sich als Geschäftsführer einkaufte. Dann veräußerte er sein noch nicht ganz abbezahltes Haus, zog mit Frau und Kindern von Stuttgart nach Engen in eine Mietwohnung und erwarb ein Viertel des Unternehmens, das damals noch Ancra Jungfalk hieß.
Alles, was er dann machte, widersprach dem klassischen Unternehmerdenken. Der vorherige Inhaber und Geschäftsführer war noch im Unternehmen und sollte zwei weitere Jahre als Entwickler tätig sein. »Ich hatte ihm gesagt, dass er in seinem Büro bleiben könne. Also suchte ich mir einen freien Schreibtisch. Den fand ich in der Buchhaltung«, erinnert sich Lohmann. »Ich muss den Mitarbeitern im ersten Jahr wahnsinnig suspekt vorgekommen sein. Kannte mich überhaupt nicht mit Ladegutsicherung aus und wusste wenig über Betriebswirtschaft, nur das, was ich im Projektmanagement gelernt hatte. Ich war somit der, der am meisten lernen musste. Darum ließ ich auch alles laufen, saß der kaufmännischen Leitung quasi auf dem Schoß und fragte ihr Löcher in den Bauch. Ich war der Gegenentwurf zum alten Chef, der sehr patriarchalisch geführt hatte. Ich dagegen war nicht greifbar und vermied es, Entscheidungen zu treffen. Wenn ich beispielsweise unterwegs war, hatte ich das Handy immer aus-

geschaltet. Man konnte sich bei mir nicht absichern, sondern musste selbst entscheiden. Wenn ich dann zurückkam, hatten sich die meisten Probleme bereits geklärt. Das war ein sehr wichtiger Lernprozess für alle.
Ich wusste schon damals, wohin ich das Unternehmen entwickeln wollte. Es sollte so transparent und vielfältig sein, wie ich Konzerne erlebt hatte, andererseits aber auch die unternehmerische Schnelligkeit, Konsequenz und Kultur des Mittelstandes haben. Das bedeutet für mich ein offenes, gläsernes Unternehmen, in dem allen alle Zahlen zugänglich sein sollten, gepaart mit viel Menschlichkeit, vor allem in der Führung. Ein sehr egoistisches Modell, denn so wollte ich immer arbeiten.«
Diese Kombination muss sehr erfolgreich sein; denn Lohmann konnte von 1999 bis heute die Zahl der Mitarbeitenden versechsfachen, den Umsatz versiebenfachen und den Gewinn sogar verzwanzigfachen.
Um seinen damals etwas über 40 Mitarbeitenden seine Ideen verständlich zu machen, wandte er viel Energie für den Dialog auf. In zweitägigen Workshops, an denen alle Mitarbeitenden mindestens einmal teilnahmen, wurde die Idee hinter dem neuen Organisationsdesign verständlich gemacht. »Ich habe ihnen vermittelt, wie der Lohmann so tickt. Erst nach einem Jahr habe ich begonnen, über inhaltliche Themen zu diskutieren.« Und auch das gilt für ihn noch heute: den Menschen erklären, warum eine Veränderung aus strategischer Sicht Sinn ergibt. Zum Beispiel ist eine höhere Flexibilität über die autonomen Gruppen hinweg notwendig. Aufgrund steigender Auftragsschwankungen von plus/minus 20 Prozent und viel größerer Absatzvolumina müssen die Festangestellten ihre Arbeitsgruppen fallweise verlassen und dort aushelfen, wo gerade Not am Mann ist, und manchmal auch Überstunden abbauen, wenn gerade nichts zu tun ist. Und obwohl allsafe bereits mithilfe von künstlicher Intelligenz einige Prozesse vollautomatisiert hat, in denen die Kommunikation von Maschine zu Maschine umgesetzt wurde, müssen auch die Mitarbeitenden eine größere Flexibilität zeigen. »Das widerspricht leider unseren Ansätzen der freien Arbeitszeit und der selbstverantworteten Urlaubsplanung. Da verstehe ich auch, dass es den Menschen nicht gefällt, wenn wir ihnen diese Woche mitteilen, dass sie in der nächsten Woche Überstunden abbauen sollen«, sagt der Geschäftsführer. »Aber wir sind dennoch sehr attraktiv für die Mit-

arbeitenden. Bei uns gibt es eine hohe Jobsicherheit, eine wirklich attraktive Gewinnbeteiligung, und jeder Mitarbeitende kann wählen, wie er sein Gehalt ausgezahlt haben will. Zum Beispiel nehmen viele Kolleginnen und Kollegen aus der Produktion lieber ein Firmenleasing-Fahrzeug und verzichten dafür auf etwas Geld.«

Für uns wird es immer deutlicher: Detlef Lohmann ist kein Verschwender. Er investiert in Menschen. »Wir haben einen extrem ›teuren Kopf‹ von 40 Akademikern bei 260 Festangestellten und circa 30 Leiharbeitern. Aber wir benötigen diesen ›Kopf‹, damit wir neue Ideen entwickeln und umsetzen können. Das schafft kein Alpha-Chef alleine.«

Ständig wird Neues ausprobiert, manches wieder verworfen.

Lohmann sagt mit großer Gelassenheit, dass Fehler schlicht das Ergebnis einer falschen Entscheidung seien – und dass es wichtiger sei, sich mit den gemachten Fehlern auseinanderzusetzen, als übermäßig viel Energie in die Fehlervermeidung zu investieren. Für diese »Fehlerarbeit« wendet er persönlich viel Zeit auf und investiert ständig in Weiterbildung und Coaching. Er selbst reiste immer wieder mit seinem Außendienst zum Kunden und ließ sich dort als neuen Kollegen vorstellen, der lernen will. »Ich konnte dann in Ruhe beobachten, zuhören und hinterfragen. Mittlerweile mache ich das nur noch selten. Meine Kolleginnen und Kollegen im Vertrieb sind in so intensivem Kundenkontakt, dass ich mit meiner Rolle schon fast wieder ein Gegengewicht einnehmen muss. Da ist etwas Abstand zum Kunden nicht schlecht.«

Das verschwenderische Investieren in die Menschen zahlt sich für Detlef Lohmann aus: »Die Zusammenarbeit läuft auf einem so hohen Niveau, dass man mich häufig nicht mehr braucht.« Er hat eine kompetente Ingenieurin eingestellt, die die operative Ansprechpartnerin für die Produktion ist. Sein Sohn, Ulf Lohmann, führt gemeinsam mit Pascal Zeuner das Werk in Fürstenwalde in Eigenverantwortung.

Und die Marktbearbeitung läuft auch ohne ihn hervorragend. »Keine Angst, mir wird es nicht langweilig«, sagte uns Detlef Lohmann bei unserem letzten Telefonat. »Gerade überlege ich, wie wir zu wirklich nachhaltigen und ökologischen Ladegutsicherungsprodukten kommen. Das hat dann mit ›Zero Waste‹ und ähnlichen Konzepten zu tun. An dieser Stelle geht es um Effizienz im klassischen Sinne, da hat Verschwendung nichts zu suchen.«

Das Beispiel zeigt, dass Produktionsprozesse dann besonders effizient werden, wenn man den darin arbeitenden Menschen mit Großzügigkeit, ja sogar verschwenderisch mit Wertschätzung begegnet. Götz Werner, Gründer von dm drogeriemarkt, sagte uns, dass Effizienzsteigerung im industriellen und produktionstechnischen Kontext lange sinnvoll gewesen sei und vielfach auch heute noch ihre Berechtigung habe. Auch bei dm versucht man, über den Einkauf und die Logistik das Verhältnis zwischen Aufwand und Nutzen zu optimieren. Doch in einer Gesellschaft, in der Dienstleistung und Wissensaustausch die Geschäftsmodelle dominieren, kommt es auf das Zwischen- und Mitmenschliche an. Hier darf nicht gespart werden. Letzteres gilt in gleicher Weise für das private Umfeld. Selbstverständlich wollen wir die Zuneigung unserer Freunde nicht nach Effizienzgesichtspunkten erfahren. Und ebenso wenig möchten wir, dass uns unser Nachbar nur dann hilft, wenn er seinen eingesetzten Aufwand »zurückbekommt«. Sollte nur noch Effizienz der Maßstab sein, dann werden diese Beziehungen scheitern.

Wir haben gesehen, dass eine einseitige und blinde, meist nur technisch gedachte Effizienzsteigerung von den Begründern der diversen Modelle – von Taylor bis zur Lean Production – nie beabsichtigt war.

Es scheint uns wichtiger denn je, der Effizienz nicht alles Wirtschaften unterzuordnen, nicht jeden gesellschaftlichen Bereich mit ihr zu durchdringen.

- Musterbrecher sind keine »...ISTEN«, auch keine TaylorISTEN. Sie erkennen die Grenzen von Modellen und passen sie dem eigenen Kontext an.
- Musterbrecher sind sich der Nebenwirkungen der einseitigen Effizienzorientierung bewusst. Sie fragen sich: Was kosten Einsparprogramme?
- Musterbrecher wissen, an welchen Stellen echte Wertschöpfung entsteht, und geben »Bullshit-Jobs« keine Chance.
- Musterbrecher fragen sich: Wie viel Effizienz verträgt der Austausch zwischen Menschen? Sie schätzen den Wert der Großzügigkeit.
- Musterbrecher steigern nachhaltig Effizienz, indem sie »verschwenderisch« in Dialoge, Lernen und Verstehen investieren.

BRILLANT SELBST ENTFALTET

Warum Personalentwicklung nicht funktioniert

»Personalentwicklung ist die geplante, in der Organisation verankerte, zielorientierte und systematische Veränderung von Qualifikationen sowie Kompetenzen der Mitarbeiter und Mitarbeiterinnen.« So oder so ähnlich findet man Personalentwicklung immer wieder erklärt. Sie hat prinzipiell die Aufgabe, alle Mitglieder der Organisation für die gegenwärtigen und zukünftigen Aufgaben zu qualifizieren.[93] Dabei geht es um zweierlei Zielrichtungen, die miteinander in Einklang gebracht werden müssen: zum einen um das Erreichen der Unternehmensziele, zum anderen um das der individuellen Entwicklungs- und Karriereziele von Führungskräften und Mitarbeitenden.

Bei allem steht der Effizienzgedanke im Vordergrund. Unternehmen benötigen effizient ausgebildete Mitarbeitende, die die Aufgaben noch

effizienter erledigen können. Organisations- und Personalentwicklung sind zwei miteinander vernetzte Aufgaben mit fließendem Übergang von der einen zur anderen Ebene.[94] Ökonomische und soziale Zielkategorien sind nicht voneinander zu trennen. Die Kompetenzen und Qualifikationen, die man Mitarbeitenden antrainiert, sind sehr unterschiedlich: Außer fachlichen Fähigkeiten versucht man gerade in den letzten Jahrzehnten, soziale Fähigkeiten möglichst wirksam zu vermitteln.
Das heißt: Während man früher den Blick fast ausschließlich auf die Beseitigung fachlicher Defizite richtete, rücken im Rahmen einer modernen Personalentwicklung zunehmend die Potenzialentfaltung und auch die Entwicklung nicht fachlicher Kompetenzen in den Vordergrund. Nicht zuletzt, weil man sich erhofft, Leistungs- und Kompetenzträger im Unternehmen zu halten.[95]

Personalentwicklung ist geprägt vom Kompetenzbegriff.

Es geht um den Erwerb von Fach- und Schlüsselkompetenzen, von Methoden- und zunehmend auch von sogenannten »Sozialkompetenzen«. Sind diese Kompetenzen erlernt und zertifiziert, dann werden Durchführungskompetenzen in Form von Ausführungs-, Verfügungs- oder Antrags- beziehungsweise Leitungskompetenzen – meist Weisungs-, Kontroll- oder Entscheidungskompetenzen – vergeben. In diesem gesamten Denken ist das aus dem Lateinischen entliehene Begriffsverständnis von »Zuständigkeit, Fähigkeit und Sachverstand«[96] fest verwurzelt. Die Maschinenmetapher ist die Prämisse in der Personalentwicklung. Als Ergebnis eines Inputs in die Maschinerie sollen Kompetenzen entstehen.

Vor einigen Jahren suchten wir einen Gesprächspartner für ein Interview, das in einer betriebswirtschaftlichen Zeitschrift veröffentlicht werden sollte. Unter der Überschrift »Lernen von anderen Disziplinen« wollten wir dieses Mal mit einem Gehirnwissenschaftler sprechen. Zum Glück hatte der bekannte Neurobiologe Gerald Hüther Zeit. Im Telefoninterview kamen wir auf die Steuerbarkeit und Motivierbarkeit von Menschen zu sprechen. Dazu stellte er fest: »Was die meisten Führungskräfte, Ausbilder, Lehrer und Erzieher ständig versuchen, nämlich andere Menschen zu motivieren, ist hirntechnischer Unsinn. Dieses Vorgehen führt nicht in die Selbstverantwortung und Selbst-

gestaltung, sondern erzeugt bestenfalls Dressur- und Abrichtungsleistungen, also erzwungene Anpassungen an die Wünsche und Anordnungen des jeweiligen Dompteurs.«[97] Was wir aufgrund unserer Erkenntnisse aus der Führungsforschung schon länger vermutet hatten, bestätigte uns nun der Gehirnforscher. Es beginnt ein wissenschaftlicher Austausch mit ihm und seinem Forschungspartner, dem Psychologen Klaus-Dieter Dohne.

Wir treffen uns erstmals in einem Weinkeller in der Würzburger Innenstadt. Es ist zehn Uhr morgens, und außer uns sind keine weiteren Gäste anwesend – wer geht schon um diese Uhrzeit in einen Weinkeller? Und so hat unser Gespräch in diesem Kellergewölbe irgendwie eine konspirative Note.

Gerald Hüther ist viel in Schulen unterwegs, und wir diskutieren, ob dort nicht die meisten Muster »zementiert« werden. Dann kommen wir auch auf das Thema Gesellschaft zu sprechen. Unsere Dialogpartner beschreiben uns eine Kultur der Ressourcennutzung in allen Bereichen, in der Menschen immer noch oder immer wieder zum Objekt der Bemühungen anderer gemacht werden. Das gilt natürlich ganz speziell für die Wirtschaft. Dort werden Menschen nach ihren offensichtlichen Fähigkeiten eingeteilt. Im Sinne des Maschinenverständnisses, das auch noch im letzten Jahrhundert die Gehirnforschung selbst geprägt hatte, versucht man, die vorhandenen Ressourcen effizient, schnell und erfolgreich auszuschöpfen. Ein Vorgehen, das dem heutigen Wissen über das menschliche Gehirn in keiner Weise mehr entspricht.

Wir lernen, dass das Gehirn viel weniger genetisch determiniert ist, als die Wissenschaft noch vor wenigen Jahren dachte. Dafür ist es das Organ, das sich entsprechend dem Maß an Intensität und Begeisterung entwickelt, in dem es benutzt wird. Wir erfahren von den beiden Experten, dass sich durch die sexuelle Selektion seit Hunderttausenden von Jahren diejenigen unserer Vorfahren durchgesetzt haben, die mit einem langsamer ausreifenden Gehirn ausgestattet waren. Schuld daran soll ein spezielles Regulatorgen sein. Dieses Gen bewirkt, dass wir Menschen von allem etwas können, aber nichts besonders gut. Im Laufe unseres Lebens werden wir dann immer besser. Wir können sogar bis ins hohe Alter lernen. Doch dazu müssen wir Erfahrungen machen, die uns unter die Haut gehen. Hüther meint: »Und diese Erfahrungen, die kann man nicht verordnen. Man kann nicht sagen: ›Jetzt machen Sie doch mal eine andere Erfahrung!‹ Es werden stattdessen Rahmenbedingungen benötigt, die es den Menschen erlauben, eine andere, eine neue und emotional bedeutsame Erfahrung zu machen.« Er veranschaulicht das an folgendem Beispiel: »Was geht euch durch den Kopf, wenn ihr erfahrt, dass euer 82-jähriger Nachbar Chinesisch lernt? – Vor 20 bis 30 Jahren hätte man mit Sicherheit gesagt: ›Das kann nicht gehen!‹. Es wird mit großer Sicherheit auch tatsächlich scheitern, wenn sich der greise Herr im Volkshochschulkurs ›Chinesisch für Einsteiger‹ anmeldet. Aber natürlich kann es gelingen. Nämlich dann, wenn sich unser Nachbar in eine Chinesin verliebt hat und er zu ihr nach Xi'an ziehen will. Dann wird er auch im hohen Alter – aufgrund der Neuroplastizität des Gehirns – in der Lage sein, die Sprache zu erlernen.« Wir erfahren, dass man unter Neuroplastizität die Fähigkeit von Synapsen, Nervenzellen oder ganzen Hirnarealen versteht, die Vernetzungen untereinander zu verändern, sich also flexibel und selbstorganisierend an neue Gegebenheiten anzupassen. »Neuroplastizität wird jedoch nur dann wirksam, wenn der Gehirnbesitzer eine Erfahrung macht, die ihm unter die Haut geht.«

Weshalb gelingt es in der Personalentwicklung so selten, diese Plastizität zu nutzen? Klaus-Dieter Dohne fasst zusammen: »Das Gehirn wird so, wie man es mit Begeisterung nutzt. Das Wörtchen Begeisterung ist dabei entscheidend!« Das heißt, wir müssten versuchen, uns gegenseitig einzuladen und zu begeistern für das, was es zu entdecken gibt, das, was es zu gestalten gilt, statt in Kategorien wie Wettbewerb, Konkurrenz, Belohnung und Bestrafung zu denken. Dann würden wir zu einer Potenzialentfaltungsgesellschaft werden. Und unsere Potenziale können wir besonders gut entfalten, wenn wir Probleme lösen. Wir wachsen sozusagen über uns hinaus, wenn es uns gelingt, eine Lösung zu finden, die funktioniert. Gerald Hüther berichtet von einer Studie aus den 1950er-Jahren. »Ein Biologe hat Eselshirne in Südamerika vermessen. Einerseits von solchen Tieren, die beim Bauern im Stall stehen, umsorgt werden und sich um das tägliche Überleben keine Gedanken machen müssen. Und dann wurden verwilderte Esel derselben Rasse untersucht. Diese müssen jeden Tag aufs Neue um ihr Überleben kämpfen, sich um Futter, Partner und Nachwuchs kümmern. Es zeigte sich, dass die verwilderten Esel ein bedeutend leistungsfähigeres Gehirn hatten. Es wird eben so, wie es genutzt wird. Bei Menschen noch viel mehr als bei Eseln.« Wir hören noch einige interessante Metaphern, lernen viel über das menschliche Gehirn und sind gleichzeitig erstaunt, dass man das meiste davon schon seit langer Zeit weiß, ohne sich dessen bewusst zu sein. »Das Entscheidende«, erklärt uns Dohne, »ist nicht die Erkenntnis an sich, sondern die Tatsache, dass man vieles jetzt neurobiologisch erklären kann.« Am Ende sind wir uns einig: Wir haben in Gesellschaft, Wissenschaft und Wirtschaft kein Erkenntnis-, sondern ein Umsetzungsproblem.

Dieses Treffen verursachte eine deutliche Akzentverschiebung – auch bei uns. Unsere Vorstellung von Lernen, Bildung und Weiterbildung hat sich verändert. Die für uns bisher entscheidende Frage: »Was kann jemand nicht?« wird abgelöst oder zumindest ergänzt durch die Frage: »Welche unerkannten oder verborgenen Möglichkeiten besitzt ein Individuum?«

Wir haben durch diesen interdisziplinären Austausch verstanden, dass die Vorstellung, man könne Defizite objektiv von außen erkennen und dann allein durch Schulungsmaßnahmen beseitigen, unrealistisch ist.

Vielmehr gilt es zu berücksichtigen, dass wirkliches Lernen nur dann stattfindet, wenn das emotionale Erfahrungswissen gleichermaßen angesprochen wird. Insofern ist es unerlässlich, an vergangene positive Lernerfahrungen anzuknüpfen und Menschen etwas zu ermöglichen, was weitgehend auf ihre tatsächlichen Neigungen ausgerichtet ist. Es geht also um weitaus mehr als nur darum, die Möglichkeiten zu erkennen. Es geht in noch stärkerem Maße darum, Erfahrungen zuzulassen, die uns emotional berühren.
Dies macht natürlich die klassischen Maßnahmen und Instrumente der Aus- und Weiterbildung nicht überflüssig. Es wird immer fachliche Veränderungen im Umfeld geben, auf die man sich einzustellen hat und die man sich aneignen muss. Zum Beispiel geänderte Rechtsgrundlagen, eine neue Software oder eine bessere Technik. Doch dieses Wissen bleibt auf die kognitive Dimension beschränkt. Wir nehmen das Gehörte wahr, und wenn wir Glück haben, speichern wir es ab. Die Frage, die sich dann stellt, lautet: Wie kommt dieses Wissen zur Anwendung?

Gerald Hüther beschreibt 2011 auf der gemeinsam mit uns durchgeführten Konferenz »Lebendige Führung« in Zürich das Problem sinngemäß wie folgt: Wenn wir immer wieder an die Handlungsebene des Individuums appellieren, wird sich keine Haltungsänderung ergeben. Doch genau das ist es, was wir mit unseren kläglichen Motivationsversuchen in Unternehmen ständig versuchen. »Verhalte dich so!« »Tue das nicht mehr!« »Du musst doch einsehen, dass jenes für dich besser ist!«

Und so ist es kein Wunder, dass wir immer wieder in Organisationen zu hören bekommen, dass die Entwicklungsmaßnahmen nicht greifen. So auch kürzlich, als man uns Folgendes über eine Führungskraft berichtete: »Frau X hat an jeder Schulung, die wir anbieten, teilgenommen. Sie meldet sich bei jedem neuen Führungsseminar als Erste an. Doch all das greift nicht. Ihr Verhalten bleibt unverändert, ebenso das ihres Teams. Die Stimmung bleibt schlecht, Mitarbeiter fühlen sich entwürdigend behandelt. Frau X weiß alles besser, und schuld an allem, was nicht läuft, ist immer das Team. Die Mitarbeiter rebellieren offen gegen sie. Alle Kosten und Mühen der Seminare waren erfolglos.«

Das Verhalten jedes einzelnen Menschen beruht auf seiner Haltung, die sich durch die Erfahrungen entwickelt hat, die ihm unter die Haut gingen.

Doch genau diese Erfahrungen können wir nicht steuern, wie Gerald Hüther in unserem Gespräch sagte: »Und diese Erfahrungen, die kann man nicht verordnen. Man kann nicht sagen: ›Jetzt machen Sie doch mal eine andere Erfahrung!‹« Frau X machte offenbar in allen von ihr besuchten Seminaren keine Erfahrungen, die ihr unter die Haut gingen und eine Haltungsänderung bewirkten. Außerdem muss man zu ihrer Verteidigung sagen, dass sie in ihrem Verhalten auch auf das der Mitarbeiter reagiert. Es wäre zu kurz gesprungen, würde man das Problem nur ihr zuschreiben. Betroffen wären beide davon, Frau X und ihr Team.

Die einzige Möglichkeit, die wir haben, um Verhalten zu verändern, besteht darin, neue Erfahrungsräume zu schaffen.

Doch wie schafft man neue Erfahrungsräume? Wir tasten uns langsam heran.
Wir denken, Schule müsste der Ort sein, von dem sich Unternehmen einiges abschauen könnten, wenn es darum geht, Erfahrungsräume zu schaffen. Schließlich geht es genau hier maßgeblich um Entwicklung.
Natürlich sind wir nicht naiv. Viele Schulen sind in ein Korsett aus Lehrplänen, Vorgaben, Schulaufsicht, Personalmangel sowie Elternwünsche geschnürt. Und selbst wenn Lehrerinnen und Lehrer gemeinsam mit der Schulleitung etwas bewegen wollen, gelingt das nicht einfach. Und ja, das deutsche Schulsystem ist nicht erst seit der PISA-Studie unter Beschuss. Gerade im Dezember 2019 wurde erneut festgestellt, dass die deutschen Schülerinnen und Schüler nach einer kurzen Phase der Verbesserung wieder auf Platz 20 in Leseleistung und Mathematik liegen. Es geht hier nicht darum, dieses Abschneiden zu bewerten, aber es liefert vielleicht doch Grund für den Hinweis auf Beispiele dafür, dass es tatsächlich gelingen kann, eine andere Schule zu leben, die fasziniert und so gar nicht den bisherigen Schulerfahrungen entspricht. Einer der Ersten, der diese Leuchtturmbeispiele porträtiert hat, ist sicher der Journalist Reinhard Kahl. Seine Dokumentation Treibhäuser der Zukunft aus dem Jahr 2005 zeigt viele Schulversuche, die dem, was die Neurowissenschaft erforscht hat und was Unternehmen bräuchten, gerecht werden.

Nicht weit weg vom Alexanderplatz liegt die Evangelische Schule Berlin Zentrum (ESBZ). Wir waren bereits im Vorjahr dort und haben Margret Rasfeld, die Gründerin der Schule, kennengelernt. Diesmal sind wir mit einem Filmteam hier. Wir wollen Aufnahmen für unseren Musterbrecher-Film machen. Rasfeld, die zwei Jahre vor der Pensionierung steht, hat eine klare Vision: Sie will Schule zu einem Ort machen, an dem Kinder ihre Potenziale entfalten können. An dem sie Wertschätzung erfahren und Wertschätzung weitergeben können. »Wenn man Situationen schafft, in denen du einfach nicht mehr zurück in das alte Muster fallen kannst, indem du etwas weggenommen hast oder Situationen so verändert hast, dass das Alte nicht mehr möglich ist, dann kannst du ja nur noch vorwärtsgehen. Und wie müsste dann Schule aussehen?«, fragt Rasfeld zum Auftakt des Interviews. Sie sei überzeugt davon, dass man eigentlich entgegen besserem Wissen handle, so wie man heute Schule umsetze.

Das habe sie ändern wollen und deshalb die ESBZ ganz anders strukturiert.
Die ESBZ ist eine Gemeinschaftsschule. Diese Schulart hat, wie man es auf der offiziellen Seite der Senatsverwaltung für Bildung, Jugend und Familie in Berlin nachlesen kann, »... das Ziel, mehr Chancengleichheit und -gerechtigkeit durch längeres gemeinsames Lernen und eine optimale Förderung der individuellen Fähigkeiten und Fertigkeiten aller Schülerinnen und Schüler zu schaffen.«[98]
Die ESBZ sei sogar noch einen Schritt weiter gegangen und unterrichte ausschließlich in Jahrgangsmischung, was es unmöglich machte, frontal zu unterrichten, sagt uns die Schulleiterin. »Wir haben sehr klare Strukturen gesetzt. Freiheit braucht Struktur! Ganz besonders in der Schule, da man es hier ja mit sehr jungen Menschen zu tun hat. Und Beliebigkeit gibt es genug in der Gesellschaft.« Die siebte, achte und neunte Klasse mit je 26 Schülerinnen und Schülern bilden zusammen ein Team. Ein fester Strukturbaustein ist zum Beispiel das Lernbüro. Täglich beginnt der Unterricht mit einem zweistündigen Fachunterricht – Deutsch, Mathematik, Natur und Gesellschaft oder Englisch –, den die Schülerinnen und Schüler frei wählen können. Für jedes Fach gibt es einen Raum, in dem die Schülerinnen und Schüler die vorhandenen Lernbausteine bearbeiten können. Dazu führt jeder sein eigenes Logbuch zur Dokumentation der gemachten Lernfortschritte. Das unterstützt die begleitende Lehrerin oder den Lehrer, die sogenannten »Tutoren«, beim Coaching in den regelmäßig stattfindenden Gesprächen. Im Lernbüro steht eine Lehrkraft unterstützend zur Verfügung für den Fall, dass sich die Schülerinnen und Schüler bei Schwierigkeiten gegenseitig nicht weiterhelfen können. Donnerstags steht nach dem Lernbüro ganztägig Projektarbeit auf dem »Stundenplan«. Ansonsten gibt es die Möglichkeit, in der Werkstatt je nach Fähigkeiten den eigenen Interessen nachzugehen. Linus, ein blonder Achtklässler, sagt: »Mein Freund, der ist auf einer normalen Schule. Der versteht nicht, dass ich frei arbeiten kann und mir meine Fächer selbst aussuchen darf.« Wir sind skeptisch, ob das wirklich so funktioniert. Doch Margret Rasfeld beruhigt uns: »Wenn du selbst wählen kannst, was dich heute interessiert, ist deine Motivation hoch. Da wir ansprechendes Material in den Räumen haben, macht das Lernen Spaß. Jeder kann sein eigenes Lerntempo wählen. Du kannst dich als Schülerin oder Schüler immer wieder kreativ einbringen. Du kannst andere Schüler fragen, die Lehrerin ist da.« Natürlich sei der

Start anstrengend gewesen. Zuerst habe das Material für die Lernbüros von den Lehrkräften – in Abstimmung mit Rahmenplan und Schulbüchern – selbst erarbeitet werden müssen. Doch es habe sich gelohnt, und mittlerweile arbeite man in diesem Bereich mit Designprofis zusammen.

»In der ESBZ gibt es bis zur neunten Klasse auch keine Noten, das nimmt Angst raus. Schülerinnen und Schüler lernen nicht mehr für die Schulaufgabe oder die zehn Euro für eine Eins«, so Rasfeld. Wir sind erstaunt: Man verzichtet auf die »Kennzahl« im Bildungsbereich. Katrin Cunow und Carolin Paschke, Lehrerinnen und Tutorinnen an der ESBZ, sagen dazu: »Der größte Vorwurf, der uns immer wieder gemacht wird, lautet: Wir könnten ja ohne Noten nicht absichern, dass die Kinder abschlussfähig sind. Wir glauben hier aber an die Prozesse und nicht daran, dass man, nur weil man fünf Arbeiten im Jahr geschrieben hat, abschlussfähiger ist als ohne Noten.« Rasfeld erklärt, dass die Schülerinnen und Schüler ja alles machen würden, was an anderen Schulen unterrichtet wird, nur halt bis zur neunten Klasse ohne Noten. Die Abschlüsse seien im Durchschnitt sowohl nach der Zehnten als auch im Abitur besser als die von Vergleichsschulen mit ähnlicher Schülerklientel.

Doch Notenverzicht, jahrgangsübergreifende Klassen, Lernbüro, Projektunterricht – all das ist laut Rasfeld die Neuformatierung der alten Schule. »Handlungsmut, mit Veränderung umzugehen, sich in Fremdes einzuleben, mutig zu sein und über sich hinauszuwachsen, das erlebst du da noch nicht. Genau dafür gibt es die Lebensfächer ›Herausforderung‹ und ›Verantwortung‹.«

Wir fragen uns, obwohl wir davon natürlich schon gehört hatten, wie man diese beiden Themen in einem Schulfach vermitteln will. Auch für sie wurde ein Rahmen geschaffen, in dem das möglich wird, was beabsichtigt ist. Für das Fach »Verantwortung« müssen die Schülerinnen und Schüler ab der siebten Klasse eine verantwortliche Aufgabe im Gemeinwesen übernehmen, so Rasfeld. »Die einen sammeln für einen guten Zweck, die anderen helfen in Altenheimen, in Kindergärten oder in Grundschulen. So tun sie etwas für die Gemeinschaft und lernen viel.«

»In der achten Klasse kommt dann das coolste Fach: ›Eine Herausforderung meistern‹. Zu Beginn des Schuljahrs müssen die Schülerinnen und Schüler sich für drei Wochen mit gerade einmal 150 Euro einer persönlichen Herausforderung alleine oder in einer kleinen

Gruppe stellen. Übrigens ohne Smartphone während des gesamten Zeitraums.« Wir erfahren von den Schülerinnen und Schülern, welchen Herausforderungen sie sich stellen: Manche durchqueren Korsika, andere fahren mit dem Kanu durch Brandenburg und wieder andere arbeiten auf einem Bauernhof. »Die Kinder kommen zurück und sagen ›Wow, ich habe viel gemeistert‹.«
Josefine aus der neunten Klasse berichtet, wie schlecht sie und eine Freundin ihre Radtour von Berlin nach Amsterdam geplant hatten. Sie hatten die falschen Routen ausgesucht und gingen anfangs zu großzügig mit dem Geld um, sodass sie gegen Ende ihrer Reise von Spenden leben und nach kostenlosen Übernachtungsmöglichkeiten suchen mussten. »Und dennoch, es waren die Wochen meines Lebens. Und obwohl es fast schon zwei Jahre her ist, bin ich der festen Überzeugung, dass seitdem nichts Besseres passiert ist.«
Nach den Gesprächen mit fast 20 Kindern verstehen wir, was Margret Rasfeld meinte, als sie sagte: »Du erlebst in diesem Fach, dass das Leben nicht nach Plan verläuft. Du scheiterst dauernd und merkst, was alles in dir steckt.« Ivi, ebenfalls aus der neunten Klasse, bestätigt das: »Ich bin sehr froh, dass ich an dieser Schule bin. Hier habe ich die Zeit und die Möglichkeit, mich selbst kennenzulernen.«
Auf der Website der ESBZ findet sich unter der Überschrift »Herausforderung« ein Satz, der die Idee auf den Punkt bringt: »Das 21. Jahrhundert braucht eine Vielfalt von Talenten und Persönlichkeiten. Es ist wichtig, jungen Menschen die Gelegenheit zu geben, zu entdecken und zu experimentieren – ästhetisch, sportlich, wissenschaftlich, kulturell und sozial.«[99]
Mittlerweile ist Margret Rasfeld im Ruhestand. Doch das ist eigentlich die falsche Bezeichnung für das, was sie tut. Eigentlich müsste man sagen, sie ist im »Aktivstand«. Sie ist weiterhin in Sachen Musterbruch in Schulen unterwegs. Gerade hat sie das Pilotprojekt »FREI-DAY« mit ins Leben gerufen. Es räumt Schulen ein, den jungen Menschen die Möglichkeit zu geben, sich freitags vier Stunden lang mit dem Thema Zukunft zu befassen.

In der Wirtschaft werden »agile« Organisationsformen gefordert, doch weiß man in Unternehmen – zumindest nach unserem Eindruck – häufig nicht, was damit eigentlich gemeint ist. An der ESBZ dagegen finden Schülerinnen und Schüler Rahmenbedingungen vor, die es ihnen tatsächlich erlauben, agiler zu sein, und zwar im Wortsinne »beweglich, behende, handelnd und wendig«.

Nicht selten erleben wir Teufelskreise in Organisationen.

Personalabteilung oder Führungskräfte versuchen, durch Überzeugung, Belohnung, Bestrafung, Schulung Mitarbeitende zu verändern und oft auch Druck auf sie auszuüben.[100] Druck erzeugt bekanntlich Gegendruck, mit der Folge großer Frustration. Alle Beteiligten verlieren. Die Personalabteilung ist frustriert, weil ihre Programme schlecht ankommen. Die Führungskräfte verlieren das Interesse, weil ihnen die Ausbildungsformen nicht wirklich geeignet scheinen, die Beschäftigen mit neuen Fähigkeiten und Kompetenzen auszustatten. Außerdem fehlen die Betreffenden dem Team mit ihrer Arbeitskraft über Stunden, Tage oder sogar Wochen. Und schließlich sind auch die Mitarbeitenden unzufrieden, weil sie entweder eine Ausbildung erlebt haben, die sie nicht wollen, oder Dinge lernen sollen, die sie nicht benötigen, oder etwas gelernt haben, was sie nicht anwenden dürfen, oder das, was sie bisher gemacht haben, als falsch abgewertet wird.

Es gilt also, die Prämisse zu reflektieren: Die meisten in der Praxis bestehenden Konzepte gehen davon aus, dass Menschen sich nach einem bestimmten System und von außen entwickeln lassen.

Wie wir von Gerald Hüther erfahren haben, geht aber genau das nicht. Motivation entsteht nur von innen und nur dann, wenn Menschen das Gefühl haben, ihre Potenziale in die Arbeit einbringen zu können und dabei Wertschätzung und Beziehung zu erfahren. Oder dann, wenn sie wie an der ESBZ Rahmenbedingungen und verbindliche Strukturen vorfinden, innerhalb derer sie den Freiraum haben, sich zu entwickeln. Moderne Personalentwicklung setzt genau hier an – unabhängig davon, ob die Zielgruppe aus Führungskräften oder Sachbearbeitern besteht. Nicht mehr eine weit von der Alltagsproblematik entfernte Abteilung übernimmt die Entwicklung, sondern es muss die direkte

Führungskraft sein, die mit dem Personal in Beziehung ist und authentisch Wertschätzung für das Erreichte ausdrücken kann.

»Wenn meine Mitarbeiter zu mir kamen und sagten: ›Entwickle mich!‹, dann hat mir das immer schon Unbehagen bereitet.« Ein Satz, den wir so von einem Manager in einem großen Telekommunikationskonzern nicht erwartet hätten. Sich nicht als Personalentwickler der eigenen Mitarbeiter zu verstehen, da kommt fast schon der Verdacht der Political Incorrectness auf.
Marko Spegel-Grünberger – wir sitzen beim Mittagessen in einem Restaurant im österreichischen Linz – merkt offenbar, dass wir etwas erstaunt und gleichzeitig betroffen dreinschauen. Der promovierte Physiker, der zum Zeitpunkt des Gesprächs seit mehr als zwölf Jahren für die Deutsche Telekom arbeitet, erklärt uns, dass er das einfach nicht könne: Menschen entwickeln. Darum hat er auch seine Personalverantwortung abgegeben, ist auf Teilzeit gegangen und arbeitet jetzt als Projektverantwortlicher. »Viele Mitarbeiterinnen und Mitarbeiter im Konzern erwarten von ihren Vorgesetzten, dass diese sie entwickeln. Das verstehe ich nicht. Ich sehe und sah meine Aufgabe schon immer darin, im Dialog mit allen zu stehen. Ich brauche die Eins-zu-eins-Situation. Darum verbringe ich auch fast die Hälfte meiner Arbeitszeit im Gespräch mit Mitarbeitern und Kollegen. Und wenn dann einer sich entwickeln will, dann soll er das tun. Aber, dass ich wissen müsste, wie und wohin ich jemanden entwickeln soll, das ist mir komplett fremd.«
Auf der Zugfahrt zurück nach München diskutieren wir noch lange, ob der als State-of-the-Art-Ansicht geltende Slogan »Die Führung ist der wichtigste Personalentwickler« tatsächlich so gilt. Ist nicht vielmehr der Mitarbeiter selbst der eigentliche, zentrale und entscheidende Personalentwickler?!

Zwei Vorstellungen sind offensichtlich nicht mehr zeitgemäß: die omnipotente Entwicklungsabteilung und die Führungskraft, die Mitarbeitende entwickelt. Beiden Ansätzen wohnt der Machbarkeitsmythos inne. Beide gehen davon aus, dass es einen gibt, der es weiß, und einen, der entwickelt werden muss. Und diese Ansätze erleben wir in vielen Organisationen; sie sind selten dazu geeignet, Mitarbeitenden Erfahrungen zu ermöglichen, die ihnen unter die Haut gehen. Es fehlen die Herausforderungen, denen man sich stellen kann.

»Wenn das so ist, dann kann ja die Personalabteilung wieder zum Verwalten von Humanressourcen übergehen und die Führungskraft sich endgültig auf ihre Fach-, Weisungs- und Kontrollkompetenzen zurückziehen«, könnte man jetzt denken. Doch genau das ist nicht die Botschaft, die wir hier transportieren wollen. Das Gespräch mit Marko Spegel-Grünberger verdeutlichte uns, wie ein neuer Raum für gelingende Entwicklung auch aussehen kann:

Ich muss andere nicht entwickeln wollen, kann mich ihnen aber als Dialogpartner zur Verfügung stellen.

Doch dazu benötigen wir ein klares Verständnis von Dialog. Dieser sollte nicht dazu dienen, den Mitarbeiter mit Druck von irgendwelchen Maßnahmen zu überzeugen. Jesper Juul, der einer der renommiertesten Familientherapeuten Europas war, schrieb: »Ein Dialog setzt Offenheit, Interesse und Engagement von beiden Seiten voraus.«[101]
Ein entsprechendes Verhalten sollte nicht nur vom Mitarbeitenden, sondern auch von der Führungskraft oder dem Personalentwickler erwartet werden. In vielen Organisationen erleben wir eine andere Kultur. Auch wenn man sich vonseiten der Führung zum ergebnisoffenen Austausch bekennt, so zählt letztlich doch die eigene Überzeugung. Die Führungskraft ist überzeugt zu wissen, was für den Mitarbeiter gut ist. Es findet eine Verhandlung, manchmal eine Debatte, nicht selten ein Monolog statt, aber fast nie ein echter Dialog. Jesper Juul hat dazu einen umwerfend einfachen Tipp, wie dieser Dialog gelingen könnte: »Man kann seine Erwägungen, Ansichten und Erfahrungen ins Feld führen, sollte jedoch darauf eingestellt sein, durch den Dialog neue Einsichten zu gewinnen. Man muss sich, mit anderen Worten, dem Risiko aussetzen, klüger zu werden.«
Sind Sie als Führungskraft dazu bereit? Wollen Führungskräfte im Entwicklungsgespräch mit dem Mitarbeitenden klüger werden? Hier sollte Personalentwicklung ansetzen: an der Entwicklung hin zum echten Dialogpartner!

Martin Weissleder, der Abteilungsleiter Personal und Ausbildung des Schweizer Zolls, berichtete in einem Vortrag über ein Programm, das »Bien Vu« heißt. Eine Befragung der Führungskräfte hatte ergeben, dass die Zentrale in Bern als veränderungsresistent wahrgenommen wurde, insbesondere von den Außenstellen der Zollverwaltung. Die typischen Vorwürfe wie Silodenken, zu komplizierte Prozesse und Doppelspurigkeiten wurden erhoben. Daraufhin initiierte Weissleder eine zeitlich begrenzte Jobrotation auf höchster Geschäftsleitungsstufe. Dieser Rahmen sollte neue Perspektiven ermöglichen und das Verständnis für die jeweils anderen Bereiche verbessern.

Wir besuchen die höchstfrequentierte Zollstelle bei Basel, um zu sehen, was sich daraus entwickelt hat und was die Betroffenen davon berichten. Hier am Grenzübergang Basel-Weil-Autobahn werden täglich etwa 4000 Lkw abgefertigt. Und obwohl es die zentrale Aufgabe des Zolls ist, Standards einzuhalten und Sicherheit zu gewährleisten, hat man sich getraut, ein Experiment durchzuführen. Acht Mitglieder der Geschäftsführung der eidgenössischen Zollverwaltung haben sich dazu entschieden, für vier bis acht Wochen die Rollen zu tauschen – und zwar mit umfassender Übergabe der Verantwortung und der formalen Kompetenzen.

Der Leiter der Zollkreisdirektion Basel, Heinz Engi, wusste, dass das keine einfache Aufgabe sein würde. Er hatte sich dazu entschieden, die zentrale Abteilung für Recht und Abgaben zu übernehmen. »Eine ganz andere Aufgabe als die, die ich bisher kannte. Ich wusste, diese acht Wochen würde ich viel mit Juristerei und Standards zu tun haben. Ich bin aber eher ein pragmatischer Typ. Doch ich habe in dieser Zeit gelernt, dass man die Mitarbeiterinnen und Mitarbeiter gewinnen kann, wenn man sich vom Fach löst, wenn man aus dem Bauch heraus und mit Vertrauen führt. Du kannst für acht Wochen nicht nur als Hospitant in den anderen Bereich wechseln, sondern du musst Entscheidungen treffen.«

Es wurde sogar in diesem Zeitraum eine Volksabstimmung in der Schweiz durchgeführt, in die der Bereich, den Engi vorübergehend leitete, stark involviert war. Das befürchtete Chaos blieb aus. Im Gegenteil, alles klappte reibungslos. Diese Erfahrungen haben Engi dann dazu bewogen, das Experiment auch in seinem eigenen Bereich durchzuführen, mit großem Erfolg. Das Verständnis füreinander ist gestiegen.

»Es ging uns nicht darum, die Führungspersonen nur als Beobachter irgendwo hinzuschicken. Es ging darum, Aufgaben und Verantwortung zu übernehmen«, so Weissleder. Wie er in einem Interview mit der HR Today *später sagte, sei es seine Intention und Vision gewesen, die verantwortlichen Kader zuerst emotional abzuholen, denn*

ein solches Projekt sei aus seiner Sicht eine Frage des Herzens und nicht des Kopfes.[102]
»Mit Sicherheit sind auch gewisse Ängste entstanden. Vermutlich haben manche der Teilnehmenden an diesem Programm sich gefragt: ›Bin ich der Aufgabe überhaupt gewachsen?‹ Aber der Erfolg hat uns Recht gegeben, alle haben ihre Aufgabe mit Bravour gelöst. Perspektivenvielfalt muss ein elementarer Teil jeder Personalentwicklung sein.«

Peter Senge, der Urvater der lernenden Organisation, schlägt vor: »Manager von heute müssen Forscher sein, die ihre eigenen Unternehmen genau studieren. Sie müssen Gestalter sein, die jene Lernprozesse anstoßen, die Selbstorganisation erst ermöglichen und zu fruchtbaren Leistungen in einer sich ständig verändernden Welt führen.«[103] Hier sehen wir einen weiteren interessanten Ansatz. Weniger fertige Konzepte, weniger Weiterbildungskataloge, aus denen ich nur »stufengerecht« auszusuchen brauche, keine Führungskraft, von der ich erwarten kann, dass sie mich entwickelt – sondern Möglichkeiten und Rahmenbedingungen, die ich zur eigenen Entwicklung nutzen kann. Das ist die hohe Schule der Personalentwicklung in diesem Beispiel vom Schweizer Zoll.
Aussagen wie »Wir befinden uns in einem ständigen Prozess der Entwicklung mit offenem Ende« begegnen uns immer wieder. Doch die wenigsten von denen, die sich in dieser Weise äußern, initiieren diesen Entwicklungsprozess ganz bewusst. Meist lässt man die Ungewissheit auf sich zukommen. Dann versucht man in der Personalentwicklung, die Mitarbeitenden auf die aktuelle – seltener schon die zukünftige – Problemsituation vorzubereiten. Beim Zoll legt man es bewusst und aktiv darauf an, Herausforderungen zu erzeugen, damit Menschen sich entwickeln können.

Man will den Mitarbeitenden die Chance geben, vielleicht will man sie sogar dazu bewegen, die eigenen Muster auf die Probe zu stellen.

Wenn eine Führungskraft für mehrere Monate einen anderen Bereich führt, dann ist das eine attraktive Herausforderung. Spannend wird es

aber erst, wenn sie die Zeit dafür nutzt, die eigenen Muster infrage zu stellen, und sich selbst beobachtet, wie sie mit Fremdheit, mit Problemen und mit Scheitern umgeht. Wenn sie dann daraus lernt, dass es wichtig ist, einen solchen Rollentausch nicht zu genau zu planen, da sich das meiste vor Ort ergeben wird,[104] dann könnte es sein, dass diese Führungskraft in Zukunft eine von geplanten Prozessen bestimmte Organisation immer wieder auf den Prüfstand stellt. Scheitern wird bewusst in Kauf genommen – und mehr noch, im Scheitern wird kein Widerspruch zum Erfolg gesehen. Lars Burmeister, der ein Buch über das Scheitern geschrieben hat,[105] formuliert es wie folgt: »Es geht darum, klarzumachen, dass Scheitern ein ganz normaler Entwicklungsschritt ist, der keine destruktive Kraft haben muss, sondern – nach angemessener Zeit – Inspiration für einen besseren Weg sein kann.«[106]
Es hat nichts mit Scheitern zu tun, wenn man auf den Wunsch verzichtet, Mitarbeitende zu entwickeln; wenn man erkennt, dass es lehrreicher als jeder Unterricht sein kann, sich seinen Herausforderungen zu stellen, oder wenn man beim Rollentausch mit Problemen konfrontiert wird, die im ersten Anlauf nicht zu lösen sind. Wenn man dazu stehen kann, entsteht daraus Entwicklung.
Im abschließenden Beispiel wird auf andere Weise deutlich, welche Kraft darin liegen kann, Menschen einen Rahmen anzubieten, in dem sie neue Erfahrungen sammeln können – ohne einen von außen beziehungsweise »oben« gesetzten Entwicklungsplan, der die Inhalte und die Richtung vorgibt.

Die Zentrale der Techniker Krankenkasse (TK) in Hamburg liegt in unmittelbarer Nähe zur Schiffbau-Versuchsanstalt und zum Drachenlabyrinth, einem Freizeitpark. Nach Experimentier- und Spielfreude sieht das Gebäude der größten deutschen Krankenkasse allerdings nicht unbedingt aus, eher schon zeigt es sich als Stereotyp eines nüchternen Verwaltungssitzes, der über die Jahre mit Glas und Metall modernisiert wurde. Wir werden von Karsten Brucker am Empfang abgeholt. Er ist Leiter des Bereichs Mitgliedschaft mit 100 Mitarbeitenden, der intern nur »MB« genannt wird. Wir haben ihn im Rahmen eines TK-Führungskräfte-Workshops und unserer Musterbrecher-Lernreise im Jahr 2018 kennengelernt. Begonnen hat das, was in Bruckers Bereich schlicht »das Experiment« genannt wird, nach einer TK-weiten Organisationsuntersuchung vor zwei Jahren. Es ging um die üblichen Fragen wie Teamgröße, Führungs-

spanne etc. Im Anschluss daran ließ Brucker alle Themen in einem MB-internen Workshop diskutieren, auch weil die Teams unterschiedlich groß waren, zum Teil deutlich. »Üblicherweise hätten wir uns die Schnittstellen angeschaut und neue Zuordnungen im Organigramm vorgenommen. Doch als wir zu Beginn des Workshops euren Musterbrecher-Film und andere Beispiele angesehen hatten, merkten wir alle, dass es mit Kästchenmalen nicht getan ist. Die Leute waren irgendwie angezündet und haben gesagt: ›Wenn das, was andere so machen, funktioniert, dann können wir uns jetzt nicht hinsetzen und einen Plan machen!‹ Vielmehr verfestigte sich die Überzeugung, dass es nur um eines geht: die bestmögliche Form der Zusammenarbeit.«

Was seit diesem Workshop in den folgenden 18 Monaten passierte, lässt sich in seiner Wirkung schwer beschreiben. Die Veränderungen sind kein publikumswirksamer »großer Wurf«, und sie sind auch nicht Teil eines – wie sonst üblich – unternehmensweiten Kulturveränderungsprogramms. Vielmehr handelt es sich um eine Sammlung kleinerer Interventionen und erster Schritte, die zwar kaum messbare, aber deutlich spürbare Ergebnisse bringen.

Den strukturellen Anker für die Veränderung bildet ein sogenanntes »Transitionsteam«, das sich im Anschluss an den Workshop ohne jegliche Vorgaben bezüglich personeller Besetzung und zu behandelnder Themen formierte. Dieses Transitionsteam besteht aus »Freiwilligen«, wobei jedes der insgesamt fünf Fachteams mit mindestens einer Person vertreten ist. Es entwickelt Experimente und unterstützt bei der Umsetzung in den Fachteams. Gearbeitet wird in Anlehnung an die Scrum-Idee, ohne die entsprechenden Methoden dogmatisch einzusetzen. So tauschen sich alle Interessierten jeden Mittwoch über den Themenstand aus. In einigen Teams gibt es »Dailys«, in anderen nicht. Ein Sprint dauert zwei Wochen, und jeden zweiten Mittwoch findet die Retrospektive des Transitionsteams statt. Ein weiterer Baustein ist die monatlich angebotene, für alle offene Kreativschmiede, in der Ideen für weitere Experimente entwickelt werden. Aus diesen Formaten entstehen sowohl Experimente mit unmittelbar fachlichem Bezug als auch solche, die »weiche Themen« in den Blick nehmen.

So befasst sich etwa ein fachorientiertes Experiment mit der Frage, wie zukünftig Kundenanliegen erfasst werden und wie es der Bereich schafft, sämtliche Handlungsschritte vollständig selbst organi-

siert zu bearbeiten. Ein anderes – eher kulturorientiertes – zielt darauf ab, sich innerhalb des Bereichs besser kennenzulernen und ein Verständnis für die Tätigkeit der anderen zu entwickeln. Stephan Wilke, Mitglied im Transitionsteam, blickt auf den Ausgangspunkt des Experiments zurück: »Die gelernte Grundstruktur war ja die, dass du morgens an deinen festen Platz kommst und den nicht verlässt. Und wenn du einen Fensterplatz hast und ein Umzug angesagt ist, wirst du im neuen Büro wieder einen Fensterplatz bekommen.«

Es fällt auf, dass Brucker, Schneider und Wilke offenbar erst während des rückblickenden Erzählens realisieren, dass solche – für sich genommen – »harmlosen« Aktionen in der Summe eine durchaus große Wirkung mit sich gebracht hatten. »Ich merke gerade beim Reden, dass vieles schon normal ist«, sagt Brucker. Er spielt etwa darauf an, dass es selbstverständlich geworden sei, dass sich Fachexperten in unterschiedlichen Formaten (zum Beispiel Lean-Café) über die Teams hinweg austauschen und zusammenarbeiten. Oder dass sich das dreimal pro Jahr stattfindende Bereichsforum, das bis vor zwei Jahren noch ein »frontaler Monolog« des Bereichsleiters gewesen sei, deutlich gewandelt habe: »Das läuft bezüglich Inhalten und Methoden jetzt komplett mitarbeitergesteuert ab. Ich bin nicht automatisch als Chef mit einer Keynote gesetzt, das ist vorbei, sondern ich muss mich mit einem Thema anmelden, wenn ich etwas beitragen möchte«, sagt Brucker, »und das ist genau die Entwicklung, die ich wollte.« Er spricht voller Respekt von einer Mitarbeiterin, die, für alle überraschend, im Rahmen des letzten Bereichsforums einen ebenso professionellen wie bewegenden Vortrag zum Thema »Glück« gehalten habe. Schneider berichtet von weiteren Aktivitäten, die zu einem Ritual geworden seien, und zwar nicht auf Initiative von oben, sondern in Eigenregie durch die Mitarbeitenden ins Leben gerufen: regelmäßig stattfindende Flurpartys, eine Betriebsfeier für den ganzen Bereich, ein improvisiertes Sommerfest an der Laderampe. »Natürlich geht es nicht nur ums Feiern!«, sagt Schneider lachend und fügt sogleich hinzu: »Aber gerade durch die Flurpartys ist viel Miteinander entstanden. Ich glaube fest daran, dass die für den täglichen Job erforderliche Beziehung jenseits der Teamarbeit entstehen und gepflegt werden muss.«

Brucker ist sich darüber im Klaren, dass sein Bereich – nicht nur beim Feiern – genau beobachtet wird. Aber er sieht ein Experiment als das an, was seinen Kern ausmacht: »Wir haben das Gatter geöffnet und einfach geschaut – ohne genau zu analysieren, was das jetzt gebracht *hat.« Im Übrigen sei es nicht so, dass sich jetzt alle lieb hätten oder gemeinsam Sport machen müssten. Vieles von dem, was passiere, resultiere aus Zufällen und spontanen Ideen Einzelner. Doch es zeige sich, dass sich auf diese Weise etwas Dauerhaftes entwickle, wie Wilke erläutert: »Ich arbeite im Telematik-Team, das aus sieben Mitarbeitenden besteht. Unser Team teilt sich seit einiger Zeit ein Großraumbüro mit einem anderen Team von 15 Leuten. Wir haben testweise für die beiden Teams nur eine gemeinsame Führungskraft ›installiert‹. Das Interessante ist, dass die Teams nach Gemeinsamkeiten suchen, obwohl sie fachlich nichts miteinander zu tun haben. Wir merken, dass es letztlich doch Synergieeffekte gibt und wir voneinander lernen können. Und eines wird auch immer deutlicher: Zwei Teams mit grundverschiedenen Aufgaben können mit einer Führungskraft auskommen. Im Augenblick lernen wir gerade, dass Führung immer weniger mit fachlicher Führung zu tun haben muss.« So sei es inzwischen auch üblich, dass die Mitarbeitenden ihre Teamleiter immer häufiger bei Arbeitskreisen im politischen Berlin vertreten. Für Wilke ist das nur logisch: »Führungskräfte müssen natürlich grob wissen, was los ist, und grundsätzlich auskunftsfähig sein. Aber sie werden bei uns immer mehr zu Sparringspartnern, die Menschen in ihrer Entwicklung unterstützen.«*

Wir erfahren, dass natürlich nicht alle Mitarbeitenden den neuen Weg mit Begeisterung mitgingen. Vielmehr gebe es durchaus Kolleginnen und Kollegen, die sich skeptisch äußerten. Schneider sieht die Sache realistisch: »Manche sagen ›Das ewige Gerede bringt doch nichts. Was macht ihr eigentlich immer jeden Mittwoch, anstatt zu arbeiten?‹ Und es ist teilweise auch ernüchternd, dass manche, die wir seitens des Transitionsteams zu einem Experiment einladen, als Erstes nach der Laufzeit und nach der Höhe des Aufwands fragen. An diesen Stellen sieht man eben unsere Prägung. Aber wir haben es uns abgewöhnt, enttäuscht zu sein und die Zweifler in die Schublade ›Die wollen nicht!‹ einzusortieren. Ich finde, es ist wichtig, sich zu fragen, weshalb sie nicht wollen.«

Doch offensichtlich sind die Zweifler nicht in der Mehrheit. Vielmehr hätten viele Mitarbeitende – Brucker spricht von 80 Prozent – in relativ kurzer Zeit Freude daran gewonnen, über Freiraum nicht nur zur individuellen, sondern auch zur Entwicklung des ganzen Bereichs zu verfügen. Brucker berichtet von einer Episode, deren Verlauf ihn sichtlich stolz macht: »Eines der fünf Teams ist mit knapp 40 Mitar-

beitenden sehr groß. Wir hatten nämlich beschlossen, dass wir ein kleineres Team mit einem größeren, das aus 30 Leuten bestand, zusammenlegen. Die Kolleginnen und Kollegen waren der Meinung, dass Führung an sich ja nichts Böses ist. Sie hielten es für hilfreich, Menschen im Team zu haben, die das Führungsthema beherrschen. Also haben wir zwei gleichberechtigte Führungsrollen geschaffen. So funktioniert das wunderbar. Aber die Personalvertretung hat sofort interveniert und gesagt: ›Das geht gar nicht. Von so einer Idee haben wir auch schon einmal gehört – und die ist gescheitert.‹ Kurzum: Die Personalvertretung wollte nicht zustimmen und hat unseren Weg in ihrer hausinternen Zeitschrift stark kritisiert. Es war das Muster des alten Klassenkampfs: ›Wir waren nicht eingebunden. Es wird auf dem Rücken der Mitarbeitenden ausgetragen‹ – das war der Tenor. Und dann passierte etwas Spannendes: Das Team ist ohne die beiden Führungskräfte sehr selbstbewusst an den Personalrat herangetreten und hat dargelegt, dass hier überhaupt nichts auf dem Rücken der Mitarbeiter ausgetragen wird! Seitdem werden unsere Experimente nicht weiter torpediert, und es wurde in der Zeitschrift des Personalrats ein Interview mit Mitgliedern des Teams veröffentlicht – fast im Stil einer Gegendarstellung. In der Rückschau denke ich mir, dass es vielleicht ganz gut war, dass die Systemlogik zugeschlagen hat. Es war fast eine Art Härtetest – und den haben wir bestanden.« Anscheinend haben die Mitarbeitenden nicht mehr akzeptieren wollen, dass es eine Instanz gibt, die zu wissen glaubt, wie Menschen arbeiten und sich entwickeln wollen. Pauline Schneider ergänzt mit Blick auf die Außenwirkung: »Wir werden tatsächlich von anderen Bereichen als sehr selbst organisiert wahrgenommen. Manche sind irritiert, wenn sie merken, wie viel Verantwortung wir tragen.«
Das Transitionsteam soll sich im Übrigen zunehmend überflüssig machen. Wilke sagt: »Die Leute sollen nicht immer auf die nächste neue Idee von uns warten. Es muss noch stärker der Gedanke verankert werden, dass sie selbst etwas anstoßen und ausprobieren.«

Echte Potenzialentfaltung ist mit klassischer Personalentwicklung nicht zu schaffen. Es darf nicht mehr nur um Defizitbeseitigung gehen, sondern um die Konfrontation mit den eigenen Grenzen. Es geht nicht um die Fortsetzung des Glaubens an Machbarkeit, sondern darum, Unvorhersehbarkeit zu ermöglichen und den Umgang mit Unzulänglichkeit zu lernen.

- Musterbrecher suchen nach Erfahrungen, die unter die Haut gehen.
- Musterbrecher fragen nach Potenzialen und erst dann nach Kompetenzen.
- Musterbrecher benötigen keinen Weiterbildungskatalog. Sie entwickeln sich selbst.
- Musterbrecher sind bereit, sich dem Risiko des Dialoges auszusetzen und dazuzulernen.
- Musterbrecher thematisieren ihr eigenes Scheitern.
- Musterbrecher fordern ihr Recht auf Entfaltung ein – auch gegen eine gut gemeinte Bevormundung der Mitarbeitenden durch Instanzen.

GELASSEN KALKULIERT

Warum man mit Zahlen nicht rechnen kann

Wer gerade mit welchem Punkteabstand die Tabelle der Fußballbundesliga anführt, wie hoch die Differenz zwischen geschossenen und kassierten Toren ist, wer in der Torschützenliste mit wie vielen Treffern führt und vielleicht auch noch, wer die meisten Torvorlagen in der laufenden Saison gab – alles interessante Informationen für den Fußballfan. Doch es geht noch mehr: Auf *bundesliga.com* kann man sich darüber informieren, wie viele Torschüsse von welchem Spieler abgegeben wurden, wie viele Pfosten- und Lattentreffer es gab, wer bisher die meisten Eigentore verursacht hat, wer in der Liste der geschossenen und wer in der Liste der verwandelten Elfmeter führt. Klickt man beispielsweise auf den Spieler mit der höchsten Passquote von 95 Prozent, dann erfährt man, dass 872 Pässe aus dem Spiel eine Passquote von 94,8 Prozent ergeben. Bedeutet das nun, dass 94,8 Prozent von 872 Pässen ankamen – oder 94,8 Prozent von 919 Pässen? Und wen interessiert so etwas? Es gibt Informationen über diesen Spieler, die noch durchaus interessant sind, etwa die, dass er 19 Einsätze bei seinem Verein hatte, davon 17 in der Startelf. Dass er aber in 1503 Spielminuten 1149 Ballbesitzphasen hatte, bleibt wohl doch nur reine Rechenkunst. Ähnlich verhält es mit der Zahl der gesamt gehaltenen Torschüsse, die noch für sich selbst spricht, ganz im Gegensatz zu den Tabellen der Sprints (hier führt ein Spieler mit 668) und der intensiven Läufe (1714 beim Tabellenführer).

Wir fragen uns, warum selbst in einem Bereich, der einmal als die schönste Nebensache der Welt beschrieben wurde, Zahlen und Statistiken so wichtig sind.

Die Verfechter dieses akribischen Umgangs mit Zahlen werden vielleicht sagen: Zahlen können wir uns merken. Sie machen es einfacher, über den Sachverhalt zu sprechen. Sie sind ein belastbares Faktum. Wie wollen wir ohne Tabelle den Fußballmeister, ohne gemessene Entfernung die beste Speerwerferin und ohne ermittelte Zeit die schnellsten Läufer bestimmen? Schon richtig, aber gibt es nicht dennoch Grenzen des noch Sinnvollen?

Zahlen sind allgegenwärtig. Jede Wetter-App gibt an, wie hoch die Regenwahrscheinlichkeit ist. Dummerweise bleibt meist unklar, was eine Regenwahrscheinlichkeit von 25 Prozent besagt. Bedeutet es, dass es während sechs Stunden am Tag oder vielleicht doch in einem Viertel der betroffenen Region regnen wird? Oder sagt jeder vierte Meteorologe Regen voraus?[107]

Im Gesundheitswesen wird Männern und Frauen ab einem gewissen Alter zu Krebsfrüherkennungsuntersuchungen geraten. Bei der Information zu Erkrankungsrisiken und Überlebenschancen werden sie mit einer Fülle von Zahlen überhäuft. Leider, so stellte der Risikoexperte und Direktor am Max-Planck-Institut Gerd Gigerenzer fest, war die Mehrheit der Ärzte nicht dazu in der Lage, die statistischen Daten adäquat zu interpretieren, geschweige denn, sie den Patienten verständlich zu machen.[108] Hier keimt berechtigte Hoffnung auf, dass Big Data und Digitalisierung Abhilfe schaffen, zumindest in der Auswertung der statistischen Daten.

Immer häufiger hören wir, Daten seien das neue Öl, wahlweise auch das neue Gold.[109] Das Versprechen, die Welt berechenbar zu machen, wie wir es im ersten Kapitel beschrieben haben, ist allgegenwärtig. Es kommt nur darauf an, dass »Volume, Velocity und Variety« der Daten gegeben sind. Schon wird versucht, mit Algorithmen Muster zu finden und Antworten auf gestellte – oder bisher auch noch nicht gestellte – Fragen zu geben.[110]

Und dennoch passt da etwas nicht zusammen. Denn gleichzeitig steigt die Orientierungslosigkeit. In Bildung, Politik und Umwelt scheint nichts berechenbarer zu werden, sondern das Gegenteil ist wohl eher der Fall. Abiturientinnen und Abiturienten wissen nicht mehr, was sie studieren sollen,[111] und das trotz der immensen Zahl von 19 000 Studiengängen an deutschen Universitäten.[112] Und selbst von denen, die in der Qual der Wahl zu einer Entscheidung gelangen, bricht laut einer Studie des Deutschen Zentrums für Hochschul- und Wissenschaftsforschung (DZHW) ein Drittel das Studium ab. Demokratische Abstimmungsprozesse können durch die gezielte Manipulation beeinflusst werden. Weder die Wahl Donald Trumps noch der Brexit wurden vorhergesagt. Ökologische Kippeffekte könnten nicht reparable Auswirkungen auf die Lebensqualität auf unserem Planeten haben. Und trotz der Rechenmodelle und Warnungen von Klimaforschern erleben wir ein Wirtschaftssystem, das aus den Berechnungen keine eindeutigen Konsequenzen ableiten kann oder will.

Liegt das Problem tiefer, weil wir immer mehr (be)rechnen und viel zu wenig verstehen, uns zu wenig klarmachen, wie wir mit dem Ergebnis umgehen müssen?

Was würde in der Schule passieren, wenn ein Kind die Rechenaufgabe zwei mal zwei mit »grün« beantwortete? Aus Sicht des Kybernetikers und Mitbegründers des Konstruktivismus Heinz von Foerster wäre diese Antwort unzulässig und würde unsere Sehnsucht nach Sicherheit verletzen. »Die Konsequenz ist, daß wir es in eine Trivialisationsanstalt schicken, die man offiziell als Schule bezeichnet. Und auf diese Weise verwandeln wir dieses Kind Schritt für Schritt in eine triviale Maschine, die unsere Frage ›Was ist zwei mal zwei?‹ auf immer dieselbe Weise beantwortet.«[113] Als Physikprofessor ist sich von Foerster natürlich darüber im Klaren, dass es sinnvoll ist, vereinbarte Regeln zu befolgen, anderenfalls würde man sich aus dem Spiel verabschieden.[114] Was er

deutlich machen will: Obwohl die Welt eine »nicht triviale Maschine« ist, glauben wir, sie durch die Mathematik berechenbar machen zu können. Sie erscheint dadurch für uns zuverlässig, vergangenheitsunabhängig und analytisch bestimmbar. Und die Wirtschaft?
Niemand wird bestreiten, dass hier die Zahl als Maß für Gewinn, Umsatz, Kundenzufriedenheit, erbrachte Arbeitsleistung, Produktivität, Eigenkapitalrendite, Liefertreue, Maschinenauslastung usw. eine noch entscheidendere Rolle spielt als in anderen Bereichen des sozialen Miteinanders.

Nicht selten nimmt der Zahlenkult jedoch fragwürdige Ausmaße an.

Die Mitarbeiter des Industriebetriebes sind es seit Jahrzehnten gewohnt, dass ihre Arbeitszeiten erfasst werden. Alle sind vertraglich dazu verpflichtet, sich morgens bei Betreten des Gebäudes ein- und abends wieder aus dem System auszuloggen. Auch die Mitglieder der Geschäftsleitung – alle mit außertariflichen Verträgen – erfassen ihre Anwesenheit auf diese Art und Weise.
Die Stechuhr stand bis vor Kurzem im zentralen Eingangsbereich des Unternehmens. Dann fiel der Geschäftsleitung auf, dass dies für die beabsichtigte Berechnung der effektiven Arbeitszeit nicht richtig sei. Schließlich vergingen ja einige Minuten, bis ein im fünften Stock des Bürogebäudes arbeitender Ingenieur an seinem Arbeitsplatz sei. In dieser Zeit könne er nicht produktiv für das Unternehmen tätig sein. Dieser festgestellte Mangel müsse behoben werden.
In der Folge wurde dann mit hohem Aufwand die zentrale Zeiterfassung im Eingangsbereich durch Einzelerfassungsterminals auf allen Stockwerken ersetzt. Damit ist nun endlich gewährleistet, dass die zuvor als Arbeitszeit erfasste »Freizeit« eliminiert wird. Auch die Pausenzeiten sind strikt geregelt: Automatisch wird täglich eine Stunde für Frühstücks- und Mittagspause abgezogen. Auch dann, wenn beispielsweise Besprechungen oder Kundentermine keine Pausen ermöglichen. Die beiden Pausenzeiten sind nicht kombinierbar und zeitlich nicht variabel: 25 Minuten für die Frühstücks- und 35 Minuten für die Mittagspause, jeweils zu exakt definierten Zeiten. Mit diesen genauen, für alle geltenden Festlegungen soll dem Gerechtigkeitsprinzip Genüge getan werden. Die betroffenen Mitarbeiterinnen und

Mitarbeiter sehen es freilich anders: Sie empfinden dieses System keineswegs als gerecht. Da die individuellen Gehzeiten zur Kantine um bis zu fünf Minuten variieren, ist die tatsächliche Essenspause nicht für alle von gleicher Dauer.
Der Zahlenfanatismus geht sogar so weit, dass die Mitarbeitenden auf Dienstreisen ihren Tagesablauf individuell festhalten und nach ihrer Rückkehr beim Lohn- und Gehaltsbüro melden müssen. Der jeweils zuständige Vorgesetzte hat die Zeiten zuvor inhaltlich und rechnerisch zu überprüfen – auch wenn dies besonders mit Bezug auf weite Auslandsreisen nur begrenzt möglich ist.
Sobald aus Versehen einmal vergessen wird, sich ins System ein- oder wieder auszubuchen, muss dies umgehend nachgemeldet werden – wiederum auf dem Weg über den zuständigen Vorgesetzten, damit jedweder Missbrauch ausgeschlossen wird. Nur dadurch ist, laut Auffassung der Verantwortlichen, gewährleistet, dass die für die Anschlusskalkulationen so wichtigen Arbeitszeiten exakt berechnet und lückenlos ausgewiesen werden.

Immer noch werden von einem Großteil der deutschen Unternehmen Arbeitszeiten systematisch erfasst, und angesichts der anachronistisch wirkenden neuen EU-Regelung wird Arbeitszeiterfassung wohl wieder zum verpflichtenden Regelfall werden. Doch die Exaktheit der zahlenmäßigen Erfassung von Arbeitszeit hat – entgegen bester Absicht – keinerlei positive Effekte für die Mitarbeitenden gebracht: Gerechtigkeit wird nicht hergestellt, sondern verhindert.

Diese Beobachtung offenbart eine unausrottbare Fehleinschätzung: Die Zahl liefert Klarheit, Gerechtigkeit und Sicherheit.

»Was sich nicht in Zahlen ausdrücken lässt, ist weich – und verliert, bevor das Spiel überhaupt angefangen hat.«[115] Das Argument der Mitarbeiterin, sie habe doch ihre Arbeit erledigt, eventuell sogar schneller und besser als vorgesehen, ist nicht objektivierbar und daher wertlos. Von vielen wird der begrenzte Nutzen von Zahlenangaben nicht gesehen. Was wir gemessen, gewogen und dann berechnet haben, das gibt uns die Überzeugung, über sicheres, verwertbares Wissen zu verfügen.

Es ist also nachvollziehbar, dass man auch in Unternehmen versucht, alles zu berechnen. Was als Rechnungswesen, Unternehmensrechnung oder dominanter und pauschaler als Controlling bezeichnet wird, meint lediglich das Verfahren akribischen Rechnens. Wir sind uns bewusst, dass es in Unternehmen ganz ohne Zahlen nicht geht. So hat der Kaufmann im Sinne der einschlägigen Handelsgesetzgebung die Pflicht zur Führung der Bücher.[116] Unbeachtet aber bleibt oft, dass außer der externen Rechnungslegung von gesetzlicher Seite keinerlei weitere Zahlenwerke gefordert werden.

Der Soziologe Richard Sennett bemerkt zu diesem Problem: »Damals wie heute suchten die Menschen nach der Gewissheit, dass Dinge, die man durch eine Zahl darstellen konnte, als sichere Tatsache gelten konnten. Apian, einer der ersten, der die Buchführung methodisch erfasste, wusste es besser: Zahlen sind Darstellungen, die der Diskussion bedürfen.«[117] Organisationen sehen das in der Regel anders: Zu internen Steuerungs- und Kontrollzwecken wird eine Vielzahl von Erfolgs-, Liquiditäts- und Rentabilitätskennzahlen, Kennzahlen zur Kapitalstruktur und zur Umschlagshäufigkeit sowie zu wertorientierten Kennzahlen berechnet.

»Ich glaube nicht an Fügung und Schicksal, als Techniker bin ich gewohnt, mit den Formeln der Wahrscheinlichkeit zu rechnen.« Mit diesem Ausspruch lässt Max Frisch in seinem Roman *Homo faber* den Ingenieur Walter Faber die Welt entmystifizieren. Er glaubt an die Mathematik und die Berechenbarkeit der Zukunft. Doch das hilft ihm nur wenig. Die ganze rationale mathematische Weltsicht bewahrt Walter Faber nicht davor, sich ahnungslos in seine eigene Tochter zu verlieben und mit ihr eine inzestuöse Beziehung einzugehen. Mit einer schlichten Überlegung hätte er die wahre Identität des Mädchens erkennen können; aber dies kam ihm nicht in den Sinn. War Ende der 1950er-Jahre noch der Ingenieur das Sinnbild des Rationalisten, so hätte ein heutiger Homo faber vermutlich eher den Beruf eines Managers, Bankers oder Datenanalysten.

Warum ist die Mathematik so mächtig?

Warum sind ihre Berechnungen so unantastbar? Warum gibt sie uns so viel – oft nur scheinbare – Sicherheit, und warum hat sie sich aller Lebensbereiche bemächtigt?

»Einer meiner Freunde sagte einmal: ›Mathematiker sind spontane Platonisten.‹ Das heißt, sie glauben an eine platonische Welt der Ideen und sehen diese verkörpert in ihren mathematischen Gebilden. Was aber diese Gebilde vergessen machen, das ist ihre reale irdische Herkunft. Mathematisches Denken funktioniert so, dass man über mathematische Strukturen nachdenkt und daraus neue generiert. Wir haben es also mit einer Hierarchie von Reflexionen zu tun, die sich vom konkreten Gegenstand entfernt haben. Diese Reflexionen können aber, da sie in der gegenständlichen Welt verwurzelt sind, eine ungeheure Denkmacht entfalten. Darum muss die Mathematik wieder ein Stück weit entzaubert werden, indem man sich diesen Hintergrund ins Gedächtnis ruft.«

Wir sitzen mit Jürgen Renn in der Generalverwaltung der Max-Planck-Gesellschaft in München. Der Physiker und promovierte Mathematiker ist Direktor am Max-Planck-Institut für Wissenschaftsgeschichte in Berlin. Seine Formulierungen sind präzise und pointiert. Er merkt wohl, dass wir mathematische Laien sind, und erklärt daher sehr konkret: »Die Mathematik hat ihren Ursprung in den Verwaltungswesen der frühen Großreiche. In Mesopotamien und Ägypten entstanden erstmalig und fast gleichzeitig die Schrift und das Rechnen. Beide waren eng verwandte Zeichensysteme, die für die Organisation dieser Großreiche eine wichtige Funktion hatten. Schrift und Rechnen dienten der Ressourcenverwaltung. Es entstanden erste Symbole, sogenannte ›Token‹, die ganz konkrete Gegenstände repräsentierten, zum Beispiel ein Schaf oder einen Menschen. Je komplexer die Systeme wurden, desto mehr musste man vom bezeichneten Objekt abstrahieren. Es bildeten sich Standards.

Diese Entstehung von Abstraktion durch die Integration von Erfahrungen kann man sehr gut am Entfernungsverständnis erklären. Ein Körpermaß – zum Beispiel ›ein Finger breit‹ oder ›eine Elle‹ – hat im praktischen Leben erst einmal sehr wenig mit dem Wegmaß von ›einer Stunde Weg‹ oder ›fünf Tagesmärschen‹ zu tun. Bis dahin ergab es wenig Sinn zu fragen: ›Wie viele Ellen hat ein Tagesmarsch?‹ Erst als es konkrete Gründe gab, diese Maße aufeinander zu beziehen, entstand in den antiken Großreichen zum ersten Mal so etwas wie ein abstraktes Längenmaß. So führten die Jakobiner kurz nach der Französischen Revolution in Frankreich ein einheitliches Maßsystem ›für alle Zeit, für alle Völker‹ ein. Durch die Vernetzung in komplexer werdender Gesellschaft entstand die Notwendigkeit einer abstrakten

Mathematik. Es entwickelte sich ein Zeichensystem, das in Schulen gelehrt werden musste. Schulen haben dabei natürlich immer die Funktion – das haben wir alle erlebt –, die Dinge von den realen Kontexten zu abstrahieren. Es können Gedankenspiele angestellt werden, die teilweise keinen Bezug mehr haben zu dem, was man alltäglich erlebt. In Schulaufgaben berechnet man zum Beispiel, wie viele Felder einer bestimmten Größe auf den Mond passen. Mit zunehmender Abstraktion entwickelten sich die ersten abstrakten Wissenschaften.« Renn erklärt uns, dass es in der Geschichte immer wieder Momente von real auftretenden Problemen gab, die mit der bisherigen Mathematik nicht lösbar waren.

»Machen wir jetzt einen Zeitsprung in die frühe Neuzeit«, fährt Jürgen Renn fort. »Damals stand man vor einer Reihe von Themen, die man nicht lösen konnte: Bewegungsprobleme in der Ballistik, Probleme beim Umsetzen von Bauvorhaben etc. In diesem Zusammenhang entstand – ich sage das jetzt mal verkürzt – zum Beispiel die Infinitesimalrechnung. Die Statistik entwickelte sich später in engem Zusammenhang mit Bevölkerungswachstum. Dieses erzeugte große soziale Probleme, die eine Herausforderung für die bis dahin bekannte Mathematik darstellten. Die Technik der Statistik wurde dann viel später auf die Erfassung aller möglichen Probleme angewendet.«

Da Jürgen Renn sich intensiv mit Einstein befasst hat, interessiert es uns, wie es dazu kam, dass die spezielle und die allgemeine Relativitätstheorie entstehen konnten. Das könne man nur im Kontext der damaligen Zeit verstehen, erklärt er uns: »Die Entwicklung der klassischen Physik hatte vor etwa 100 Jahren zu einem sehr hohen Reifestand des Wissens geführt. Und es gab einen größer werdenden Widerspruch ihrer Teilbereiche, etwa der Mechanik und der Elektrodynamik.

Es klingt jetzt fast paradox, aber ohne einen hohen Entwicklungsstand und eine vielfache Vernetzung des Wissens entstehen solche Widersprüche nicht. Sie sind eine ganz wichtige Voraussetzung dafür, dass etwas Neues entstehen kann. Das war genau die Situation zu Einsteins Zeiten. In der Wissenschaft ist es sehr selten so, dass man alles Alte vergessen muss, um dann wieder bei null zu beginnen. Es gibt Widersprüche, die fordern einen Umbau des Alten. Und das konnte Einstein: Eine Erklärung für die Widersprüche finden und gleichzeitig das Alte nicht über Bord werfen.«

Dass es die Relativitätstheorie so schnell geschafft hat, allgemein akzeptiert zu werden, lag also daran, dass sich Einstein nicht aus dem Spiel verabschiedet hat, sondern es um neue Regeln erweiterte.

Wir dachten, mathematische Gesetzmäßigkeiten existierten universell und man müsse sie einfach nur noch entdecken.

Von Jürgen Renn haben wir gelernt, dass dem nicht so ist. Die Mathematik hat sich aus realen handfesten Problemen entwickelt, die man experimentell lösen konnte. Das heißt, man steht vor einer Herausforderung und experimentiert mit Mathematik, bis man das Problem lösen kann. Idealerweise verabschiedet man sich nicht komplett aus dem Spiel, sondern man baut es um. Doch wo findet dieser Umbau in den Wirtschaftswissenschaften statt? Wir erleben eigentlich nur eine immer kleinteiligere Regelauslegung, als ob die einmal gewonnenen Erkenntnisse umso besser werden, je intensiver man sie berechnet.

Interessanterweise ist den Realwissenschaften die Begrenztheit der mathematisch abbildbaren Welt durchaus bekannt. In den Naturwissenschaften und insbesondere in den Ingenieurwissenschaften sind die errechneten Lösungen im Experiment überprüfbar. Kein Flugzeug wird jemals Passagiere transportieren dürfen, ohne in einer Reihe von Prototypen bewiesen zu haben, dass es risikoarm fliegt. Kein Auto entsteht nur am Computer. Selbst in der IT testet man mit Betaversionen das, was man zuvor berechnet hat. Leider sind uns bisher keine Unternehmens- oder gar Volkswirtschaftsprototypen bekannt. Der Hamburger Mathematikprofessor Claus Peter Ortlieb formuliert eine harte Kritik an der Ökonomie. Er attestiert ihr, dass sie nur noch eine mathematische Disziplin sei. »Sie erstellt mathematische Modelle, die man real nie nachbauen könnte und die trotzdem verwendet werden, um auf deren Grundlage Berechnungen anzustellen und komplexe ökonomische Vorgänge auf wenige Zahlen zu reduzieren.«[118]

Als Mathematiker bezweifle er sogar, dass man die Mathematik in der Ökonomie überhaupt einsetzen dürfe.

Sein Argument wirkt überzeugend: Diese Prozesse sind von Menschen gemacht und gehorchen keinen naturwissenschaftlichen Regeln. Wenn deren Anwendbarkeit auf ökonomische Vorgänge aber nicht erwiesen ist, dann liegt eine große Gefahr in den auf mathematischen Berechnungen basierenden Zukunftsprognosen. Die Pythagoreer glaubten, die Welt lasse sich auf ihre numerische Form reduzieren. Sie sahen die Zahl als das Wesen von allem an.[119] Spätestens an dieser Stelle begeben wir uns jedoch in den Bereich der Mythen. Hier geht es um Glauben und nicht mehr um Wissen. Oder, wie es Tomáš Sedláček, Chefökonom der größten tschechischen Bank und Mitglied des Nationalen Wirtschaftsrats in Prag, im Gespräch mit dem kanadischen Mathematiker David Orrell sagt: »Jeder Glaube, zu dem wir uns bekennen, also auch der Glaube an die Ökonomie, stützt sich auf Mythen. ... Wir glauben, dass es möglich ist, die Zukunft mithilfe mathematischer Formeln zu beschreiben. Wir glauben an die Möglichkeit, das Unerwartete zu erwarten, was ein Oxymoron darstellt. Entweder ist es unerwartet – dann können wir es nicht erwarten.«[120]
Wenn es also nicht Gewissheit, sondern Glaube ist, der uns dazu veranlasst, die Zusammenhänge der Welt in mathematische Formeln zu gießen, sind wir frei, diesen Mythos jederzeit gegen einen anderen einzutauschen. Ganz praktisch könnte das heißen, wir stellen alle Zahlen auf den Prüfstand, die wir in unseren Unternehmen berechnen: Fehlzeiten, Überstunden, Prämien, Einzel- und Gemeinkosten, Projektkosten, Gemeinkostenzuschlagssätze im Verlauf der Kalkulationsfaktorenermittlung usw. – sie alle sind nur »Glaubenszahlen«.

Wir treffen Ulrich Loth, einen der ehemaligen Geschäftsführer und Leiter der Rechtsabteilung von W.L. Gore & Associates GmbH Deutschland. Als wir 2004 für unser Buch Musterbrecher – Führung neu leben *über Gore recherchierten, lernten wir ihn kennen. Seitdem stehen wir in engem Kontakt. Uli Loth ist seit ein paar Jahren in Rente. Dennoch spricht er voller Begeisterung über das Unternehmen. Er kannte noch den Firmengründer Bill Gore und dessen Frau Vieve. Die Tatsache, dass bei Gore seit der Gründung 1958 die Beziehung zwischen Menschen im Mittelpunkt steht, ist nach seiner Überzeugung verantwortlich für den großen wirtschaftlichen Erfolg des Unternehmens. »Bill Gore versuchte nicht, die Organisation mittels Kennzahlen und Management-Informationssystemen zu führen. Er baute ein Unternehmen auf, das bis heute auf freiwillige Selbstverpflichtung, auf*

Selbstverantwortung und Teilhabe setzt und nicht auf das Management von Zahlen.«
Für den Erhalt dieser Kultur, die auf individuelle Potenziale setzt, müsse man kämpfen. Gerade dann, wenn ein Unternehmen sehr stark auf internationaler Ebene wachse, erklärte uns Uli Loth. »Wir bei Gore erfassten auch eine ganze Reihe von Daten und Zahlen, doch wir machten uns nicht die Mühe, die exakten Befunde auch wirklich auszuwerten. Wir setzten niemanden dran, der die Zahlen die ganze Zeit kontrollieren und überwachen sollte. Das passierte nur mit sehr zentralen Kennzahlen in der Produktion und im Verkauf. Generell ausgedrückt: Wir kontrollierten nur, wenn erforderlich, und dann waren wir auch wie andere Unternehmen 1000 Prozent exakt, korrekt und konsequent.« Wir fragen Loth, auf welche Steuerungsgrößen bei Gore verzichtet wurde. »Bei uns kannten wir zum Beispiel keine internen Verrechnungspreise. Um diese festzulegen, hätten wir sehr viele Menschen mit der internen Preisfindung beschäftigen müssen. Eventuell wäre ein langwieriger Verhandlungsprozess entstanden. Dann hätten wir uns auch noch gegenseitig Rechnungen stellen müssen. Das hätte gedauert und absolut unnötig wertvolle Ressourcen verbraucht. Wieso hätten wir das tun sollen? Schafft das Mehrwert? Andererseits kamen wir natürlich unserer steuerlich vorgeschriebenen Dokumentationspflicht nach. Wir kannten unsere Kostenstrukturen sehr genau, aber im Innenverhältnis spielte das praktisch keine Rolle. Interne Verrechnungspreise gab es bei uns nicht, und auch heute wehrt man sich bei Gore immer wieder erfolgreich gegen allzu starke kostenrechnerische Ausuferungen. Im Endeffekt ist es doch ein und dieselbe Kasse, oder nicht?« Auch bei der Standortwahl hätten die Zahlen nie im Vordergrund gestanden, fährt er fort. Ausschlaggebend sei nicht, wo die günstigsten Gewerbesteuerhebesätze anzutreffen seien. Es werde auch nicht danach entschieden, wo die Arbeit am kostengünstigsten sei. »Gore geht dahin, wo das Potenzial der Mitarbeitenden am größten ist«, sagt Loth. »Ansonsten wären wir wohl auch nicht hier in Putzbrunn bei München mit fünf Werken vertreten.«

Dieses Beispiel charakterisiert weder einen radikalen Verzicht auf Zahlen noch eine generelle Abkehr von der mathematischen Ermittlung rechenbarer Größen. Gore erhebt die Zahlen, die zu erheben man nicht umhinkommt. Bei allen weiteren stellt man die Frage nach den Nebenwirkungen. Zum Beispiel: Welche Kosten entstehen durch die Erfassung und Verbuchung interner Verrechnungspreise? Sind sich all die Organisationen, die intern verrechnen, bewusst, welche Ressourcen sie damit binden? Und wo werden die Kosten für Frustration, Bevormundung, Ärger, internen Konkurrenzkampf, fehlende Kollegialität, innere Kündigung etc. aufgeführt? Weil es sich dabei um sogenannte »weiche Themen« handelt, können diese natürlich nicht abgebildet werden. Gore macht's vor:

Der Wert von Zahlen für funktionierende Steuerungsmechanismen sollte also wesentlich nüchterner, differenzierter und damit deutlich kritischer gesehen werden.

Betrachtet man den Shareholder Value, wird die Problematik mancher Zahl noch augenfälliger: Hermann Raab, vereidigter Sachverständiger für Unternehmensbewertung der IHK, bemerkt in seiner Dissertation, dass wir es beim Versuch einer einheitlichen Definition des Shareholder Value mit einer babylonischen Sprachverwirrung zu tun haben: »Ich bin erschüttert, denn unter Experten scheint keine Einigung dahingehend zu bestehen, ob der Shareholder Value durch Gewinn, Unternehmenswert, Dividendenausschüttung, Börsenkurs oder Dividendenausschüttungen plus Börsenkursveränderungen bestimmt wird. Außerdem verstehen manche von ihnen unter Shareholder Value die Steigerung oder Mehrung der genannten Größen, andere unter ihnen dagegen die Maximierung einer oder mehrerer Größen, obwohl es sich dabei jedoch um Grundverschiedenes handelt!«[121] Und der verstorbene Professor für Controlling, Wolf F. Fischer-Winkelmann, attestiert der Kennzahl des Shareholder Value, mit deren Hilfe ganze Konzerne gesteuert werden, grundlegende Konstruktionsfehler, die »den Modellen inhärent sind und deshalb sich nicht beheben lassen«.[122]

Je länger man sich mit den Unternehmenszahlen befasst, desto klarer fällt das Urteil aus: Sie sind stark manipulierbar und schaffen nicht das, was sie versprechen: Objektivität und Klarheit.

Jedoch wäre es ausgesprochen naiv, auf Zahlen einfach zu verzichten. Man würde sich gänzlich aus dem Spiel verabschieden, da man im Wirtschaftssystem nicht mehr anschlussfähig wäre. Wie wäre es aber, die Regeln zu erweitern? Sozusagen andere Zahlen zu erheben? Vielleicht sogar ein Gegengewicht zur Zahl zu schaffen? Denken Sie an das Beispiel von Einstein, der neu auf das Problem schauen konnte und die alte Theorie so um eine neue ergänzte.

Wir warten im Eingangsbereich des neuen Erweiterungsbaus der Münchner Sparda-Bank-Zentrale auf den Vorstandsvorsitzenden. Er verspätet sich. Entgegen seiner sonstigen Gewohnheit ist er mit dem Auto gekommen und ist prompt in einen Stau geraten. »Sonst nimmt er die S-Bahn«, entschuldigt Christine Miedl, Direktorin und verantwortlich für die Unternehmenskommunikation, ihren Chef, »doch heute fährt er noch zum Vorstandsdialog in eine unserer Geschäftsstellen.«
Wir müssen mit ihr einige »Sicherheitsschleusen« passieren, bis wir im Büro von Herrn Lind sind. Später erfahren wir, dass man mit dieser Abschottung gegenüber dem Kunden nicht glücklich ist, sie aber zum Sicherheitsstandard in der Bankenwelt gehört, dem man sich nicht entziehen kann. Doch auch wenn die Sparda-Bank München von der BAFin klar vorgeschrieben bekommt, was alles im Sinne der Risikovermeidung zu tun ist, ist sie die erste Bank in Deutschland, die eine Gemeinwohlbilanz veröffentlicht. Die größte Genossenschaftsbank Bayerns stellt damit seit 2011 außer der Finanzbilanz eine zweite Bilanz auf, die in vollem Umfang darüber Auskunft geben soll, wie sich das Unternehmen für die Menschen, die Umwelt und die Gesellschaft einsetzt.
Im Büro des Vorstandsvorsitzenden werden wir vom Gastgeber freundlich begrüßt und nehmen Platz. Wir fragen Helmut Lind, ob es mutig von ihm war, die Bank zur Sorge fürs Gemeinwohl zu verpflichten. Er überlegt recht lange, bevor er antwortet: »War ich mutig? Ich würde

eher sagen: naiv. Doch meine Naivität war getragen von absoluter Klarheit. Es gab in der Entscheidungsphase keine Zweifel. Das soll aber nicht bedeuten, dass nicht später dann Zweifel kamen. Ich wusste, dass es keine Alternative gab.« Er berichtet, dass man vieles ausprobiert habe, um auch die nicht finanzwirtschaftliche Seite der Bank abzubilden, doch keines der Tools sei aus seiner Sicht so mächtig gewesen wie die Gemeinwohlbilanz. »Es war das erste Instrument, das mich vollauf überzeugte. Vielleicht gerade deshalb, weil es nicht in einer Hochglanzbroschüre dargestellt wurde. Die Gemeinwohlbilanz basiert auf Werten, die im Einklang mit den Länderverfassungen stehen. In Artikel 151 der Verfassung Bayerns steht: ›Alle wirtschaftliche Tätigkeit dient dem Gemeinwohl.‹« Er macht wieder eine lange Pause. »Sie hat eine hohe Verbindlichkeit und ist eine echte Bilanz, die zusammen mit der Finanzbilanz eine Universalbilanz ergibt. Außerdem bilanziert sie neben klassischen Tauschwertindikatoren Nutzwertindikatoren. Das kannte ich in dieser Form nicht.« Man merkt sofort: Helmut Lind hat eine Vision. Er möchte Menschlichkeit und Ökonomie versöhnen. Weg von der berechenbaren Maschine, hin zu einem Organismus. Er selbst hat jahrelang wie eine Maschine funktioniert. Er will mit der Sparda-Bank München ein Leuchtturm sein, der Impulse in die Gesellschaft sendet, und er zeigt, wie es anders sein kann. Die ideale Bank soll sich in Zukunft nicht mehr nur um die finanziellen, sondern auch um die ideellen Werte der Kundinnen und Kunden kümmern. Er sieht das, was die Sparda-Bank München macht, als einen ersten Schritt hin zu mehr Einbindung der Menschen in die unterschiedlichsten Bereiche der Gesellschaft. Am Ende sollen die Bürgerinnen und Bürger in der Lage sein zu entscheiden, ob sie ein Unternehmen wollen, das Werte wie Menschenwürde, Solidarität, ökologische Nachhaltigkeit, soziale Gerechtigkeit sowie demokratische Mitbestimmung und Transparenz unterstützt. Lind hat die Ziele hoch gesteckt, denn er will nichts anderes, als Wirtschaft neu zu denken, damit Gesellschaft sich verändern kann. Schon lange vor der Einführung der Gemeinwohlbilanz sei es sein Antrieb gewesen, eine neue Art von Unternehmen zu schaffen: den Prototyp einer neuen Kultur, der zeigen sollte, wie Wirtschaften auch funktionieren kann.

Begriffe wie Solidarität, Nachhaltigkeit und Transparenz tauchen in nahezu allen Unternehmensleitbildern auf. Darum wollen wir von Lind wissen, wie er dem möglichen Vorwurf begegnen würde, man

jongliere mit Worthülsen und präsentiere werbewirksam eine Showbilanz.
»Genau hier sind wir an einer ganz schwierigen Stelle. Es ist teilweise unmöglich, die Dinge, die wir leben, in Worte zu fassen. Wie soll man das in Sätze oder Zahlen fassen, was unter die Haut geht?« Er erzählt uns von Mitarbeitern, von Lehrlingen und von Praktikanten, die über die Kultur der Sparda-Bank gesagt hätten: ›Da fühle ich mich wie in einer Familie, da erlebe ich authentische Freundlichkeit, Geborgenheit, aber auch Spaß und Leidenschaft.‹ Das aber in Worte oder Zahlen zu fassen, das geht nicht. Wo Berührung, wo Gerührtsein stattfinden, da taugen Worte nicht. Es gibt ohne Zweifel viele Skeptiker dieses Ansatzes. Denen könnte ich nur entgegenhalten, dass sie sich unser Unternehmen anschauen müssten, wenn sie uns angemessen beurteilen wollten.«
»Steht die Gemeinwohlbilanz am Anfang oder am Ende eines Prozesses, den ein Unternehmen durchläuft?«, fragen wir ihn. Helmut Lind nickt. »Meine ehrliche Antwort lautet: Wir waren in einigen Bereichen schon sehr weit und haben dann mit der Gemeinwohlbilanz ein Instrument gefunden, mit dem wir Transparenz schaffen konnten. Auf der anderen Seite zeigt uns die Gemeinwohlbilanz heute, wo wir noch Luft nach oben haben. Und da gibt es einiges.«
Im Gemeinwohlbericht kann man zum Beispiel lesen, was die Sparda-Bank München für die »innerbetriebliche Demokratie« leistet: Im Zweimonatsrhythmus bietet der Vorstand in der Zentrale einen Dialog an, an dem alle interessierten Mitarbeiter teilnehmen können. Einmal im Jahr besucht ein Vorstandsmitglied jede Abteilung und jede Geschäftsstelle, um sich mit den Mitarbeitern auszutauschen. Es gibt regelmäßig Großgruppenveranstaltungen mit über 500 Teilnehmerinnen und Teilnehmern, so zum Beispiel zwei Jahre nach der ersten Gemeinwohlbilanz zum Thema »Hoffnungen und Befürchtungen im Zuge der Gemeinwohlausrichtung der Bank«. Teams entscheiden eigenverantwortlich über die Wege zur Zielerreichung, legen ihre Arbeitszeiten im Dialog und nach strukturellen Erfordernissen selbst fest. Es gibt kein schematisches Beurteilungssystem, sondern ein Stärken- und Talentprofil eines jeden Mitarbeiters. Zugrunde liegt die Idee, dass in einem gesättigten Markt mit austauschbaren Produkten eine Differenzierung nur über die Menschen erfolgen kann. In der Konsequenz geht es nicht um eine schematische Stellenbesetzung, sondern um die Einzigartigkeit der Mitarbeitenden. Dazu visualisie-

ren alle Mitarbeitenden ihre fünf größten Stärken. Diese Transparenz ermöglicht ihren stärkenorientierten Einsatz. Bei Neueinstellungen von außen wird die Einschätzung jedes Einzelnen aus der Abteilung gehört. Man verzichtet auf eine individuelle leistungsabhängige Incentivierung und auf die Zahlung von Provisionen. Stattdessen werden Teamziele festgelegt, und man zahlt allen Mitarbeitern bei Überschreitung eines Mindestgewinns der Bank ein 14. Gehalt.
Der Unterschied zwischen niedrigstem und höchstem Gehalt liegt bei 1 : 13,07. Außerdem ist der Vorstand für alle Mitarbeiter immer direkt ansprechbar. Als Folge all dieser Maßnahmen hat die Sparda-Bank zum Beispiel in der Kategorie der innerbetrieblichen Demokratie und Transparenz ihren Wert von knapp über 20 Prozent auf 70 Prozent steigern können. Wenn man das mit anderen Unternehmen – speziell aus der Finanzdienstleistungsbranche – vergleicht, ist das enorm viel.
Darauf angesprochen, was man noch tun könne, antwortet Lind: »Die Gemeinwohlphilosophie geht hier so weit, dass die Mitarbeitenden ihre Führungskräfte selbst wählen. Andererseits können wir nicht von heute auf morgen alles umbauen. Dazu müssen wir die Menschen langsam mitnehmen. Das beeinflusst ja nicht nur die Mitarbeiter, sondern auch die Vertreter, die Aufsichtsräte etc. Sie sehen, die Gemeinwohlbilanz hilft uns sehr wohl, an den strategischen und kulturellen Themen zu arbeiten.«
Die Pausen, die Lind in seinen Ausführungen macht, werden kürzer, und die Inhalte werden persönlicher. Er spricht davon, dass er aus einem Elternhaus stamme, in dem das Prinzip galt: Liebe gegen Leistung. Er sei lange Zeit sehr rational durch die Welt gegangen. Habe sich damals vorgenommen, 50 Bücher im Jahr zu lesen. Bis ihm jemand klar gesagt habe, er müsse sich entscheiden, ob er etwas an seiner Einstellung grundlegend ändern oder lieber krank werden wolle. Er habe sich gefragt, ob er weiterhin in seinem Hamsterrad auf der Stelle treten solle, einem Gefühl der ständigen Rastlosigkeit. Er habe sein Leben geändert, auch im Privaten. Er habe gelernt, seiner eigenen Arroganz in die Augen zu schauen oder seiner eigenen Lüge. Heute könne er Gefühle zulassen und Themen loslassen. Heute versuche er nicht mehr, über das Mandat als Vorstandsvorsitzender zu führen, sondern durch seine Persönlichkeit.
Am Ende resümiert er: »Der Prozess ist nur so lange nicht einfach, solange wir glauben, er sei nicht einfach. Das war auch meine Hürde

im Kopf. Und es ist erstaunlich, wie sehr unser Verstand doch in der Lage ist, uns die Geschichten und Glaubenssätze zu erzählen, die wir uns selbst weitererzählen. Wir ersetzen die alten Konzepte durch immer neue. Aber die Wahrheit liegt außerhalb von Konzepten.«

Die beste Mathematik erfasst immer nur den mathematisch abbildbaren Teil der Realität. Natürlich bildet auch die Gemeinwohlbilanz nur eine Zahl ab. Und auch der Aufsichtsrat der Sparda-Bank München will am Ende wissen, wie es um die Finanzzahlen steht. Schließlich ist es Aufgabe des Kontrollorgans, zu bewerten, ob die Sparda-Bank München mit den Geldern der Sparer und Mitglieder sinnvoll gewirtschaftet hat. Und hier gibt es viel Positives zu berichten: Die Anzahl der Mitglieder konnte in den letzten vier Jahren von 276 000 auf über 307 000 gesteigert werden, die Bilanzsumme von 6,6 Milliarden auf 8,2 Milliarden Euro. Das Kreditvolumen ist im selben Zeitraum gestiegen – ebenso wie die Anzahl der Mitarbeitenden. Seit der Finanzkrise 2009 kann die Sparda-Bank München entgegen dem Trend im Bankenbereich auf eine äußerst positive Entwicklung verweisen. Doch wenn wir Helmut Lind richtig verstanden haben, wäre es äußerst fatal, sich im Wirtschaftsbereich auf die Ergebnisse der Mathematik zu verlassen. Gerade hier sollten wir den Zahlenwerten etwas gegenüberstellen, was sie relativiert.

Die Zahlen sind ein Konstrukt, an das wir glauben.

Wir könnten jederzeit auch an ein anderes Konzept glauben. Doch sollten wir Bekanntes nicht einfach über Bord werfen. Im Gegenteil. Wir glauben einfach daran, dass Organisationen wieder Inhalte benötigen, die nicht mit Zahlen erfasst werden. Der zitierte Mathematiker David Orell verdeutlicht das, worauf es auch in der Ökonomie ankommt: »Zahlen werden von uns überbewertet. Wir schreiben ihnen und der Mathematik ganz allgemein eine viel zu große Bedeutung zu. So ist es zwar möglich, dass wir letztlich sogar das Glück zu berechnen versuchen – derlei Einfälle hat es in der Tat gegeben! Genauso gut könnten wir aber auch sagen, dass wir das Glück hochschätzen. Es lässt sich weder messen noch berechnen. Wir wissen aber alle, worum es geht. Punktum.«[123] In der Gemeinwohlbilanz der Sparda-Bank München bekommt das Wort gegenüber der Zahl wieder eine große Bedeutung. Es lohnt der Blick in den Bericht.

- Musterbrecher rechnen mit dem Unberechenbaren.
- Musterbrecher wissen, dass zwei plus zwei häufig auch »grün« sein kann.
- Musterbrecher haben erkannt, dass ökonomische Kennzahlen Glaubenssache sind.
- Musterbrecher lassen sich von Zahlen nicht sprachlos machen.

PRINZIPIELL UNVERFÜGBAR

Warum wir Resonanzachsen brauchen

Der Begriff der Resonanz wurde lange Zeit nur in der Physik verwendet. Er bezeichnet einen Vorgang, bei dem eine äußere Kraft ein System zu immer größeren Schwingungen anregt. Dieses Ansteigen der Amplitude kommt dann zustande, wenn die äußere Kraft im »richtigen« Rhythmus einwirkt, also mit einer Frequenz, die der Eigenschwingung des Systems entspricht. Resonanzphänomene dieser Art erleben wir häufig: Wenn wir mit einem Glas in der Hand durch den Raum gehen und schließlich das Wasser herausschwappt oder wenn wir Kinder auf der Schaukel im richtigen Takt anstoßen.

Außerhalb der Welt der Technik sprechen wir im Alltag häufig von Resonanz im Sinne einer Rückmeldung, eines Feedbacks, einer Antwort: Beispielsweise ist von einer großen Medienresonanz oder von der

positiven Resonanz auf einen Vortrag die Rede. In der Soziologie war es Niklas Luhmann, der in seiner Systemtheorie den Begriff in spezieller Weise verwendete.[124] Er meinte damit, dass ein System durch geeignete Schwingungen und Irritationen von der Umwelt angeregt wird. Je mehr beispielsweise ein Unternehmen zur Resonanz mit seiner Umwelt fähig ist, desto wahrscheinlicher ist sein Überleben.
In der Managementliteratur finden sich vereinzelte Autoren, die explizit von Resonanz sprechen. Der Wissenschaftsjournalist Daniel Goleman etwa untersuchte in seinem Buch über emotionale Führung[125] verschiedene Führungsstile daraufhin, ob sie Resonanz erzeugen können oder nicht.

Letztlich ist mit dem Begriff im Managementkontext – sowohl bei Goleman als auch in der Berater- und Coachingpraxis – jedoch keine spezifische Bedeutung verbunden.

Gemeint ist damit im Grunde ein wertschätzendes, anerkennendes Austauschverhältnis in einer Beziehung zwischen Menschen.
Der Jenaer Soziologe Hartmut Rosa legte in seinem 2016 erschienenen Werk *Resonanz – Eine Soziologie der Weltbeziehung* den Grundstein für eine umfassende Theorie der Resonanz, die er drei Jahre später mit dem Buch *Unverfügbarkeit* ausbaute. Der Resonanzbegriff lässt sich aufgrund seiner Vielschichtigkeit auf keine knappe Definition bringen. Darum werden wir uns für den Führungs- und Organisationskontext auf einzelne Aspekte beschränken.
Resonanzerfahrungen können entlang verschiedener »Achsen« entstehen: in zwischenmenschlichen Beziehungen (horizontale Resonanzachse), in Beziehungen zu Objekten und Tätigkeiten und damit auch im Rahmen von Arbeitsbeziehungen (diagonale Resonanzachse) und in Beziehung zur Welt als Ganzheit, etwa zur Natur oder als ästhetische oder religiöse Erfahrungen (vertikale Resonanzachse).
Für alle drei Kategorien gilt, dass Resonanz – verkürzt ausgedrückt – immer dann entsteht, wenn ein Subjekt sich von einem menschlichen oder dinglichen Impuls berühren und erreichen lässt, diesen Impuls aufnimmt und ihm etwas entgegenzusetzen weiß. Der Mensch erlebt sich durch diese Beziehung, aus der etwas Neues, Gemeinsames und Ver-

bindendes entsteht, in seiner Selbstwirksamkeit. In diesem Sinne stellt ein Echo kein Resonanzmoment dar. Es bedarf einer Antwortbeziehung, und diese setzt voraus, dass beide Seiten gewissermaßen mit ihrer eigenen Stimme sprechen. »Resonanz ist eine durch Affizierung und Emotion, intrinsisches Interesse und Selbstwirksamkeitserwartung gebildete Form der Weltbeziehung, in der sich Subjekt und Welt gegenseitig berühren und zugleich transformieren.«[126]

Deshalb würde es zu kurz greifen, Resonanz als modernes Synonym etwa für Anerkennung, Lob oder Wertschätzung zu verwenden.

Es handelt sich um eine Austauschbeziehung besonderer Qualität, aus der die beteiligten Subjekte verändert – und nicht notwendigerweise in Harmonie – hervorgehen. »Resonanz ist kein emotionaler Zustand, sondern ein Beziehungsmodus. Dieser ist gegenüber dem emotionalen Inhalt neutral. Daher können wir traurige Geschichten lieben.«[127] Die komplexe Begriffswelt wird greifbarer, wenn man den von Rosa vorgeschlagenen Gegenbegriff zur Resonanz beleuchtet. Er lautet: Entfremdung. »Die Beschleunigung unseres Lebens führt dazu, dass uns die Dinge und andere Menschen tendenziell fremd werden. Wir interagieren mit ihnen nur noch instrumentell. Es fehlt die Zeit dafür, dass man sich Dinge zu eigen macht und dass man sich von ihnen berühren lässt. Diese Entfremdung ist genau das Gegenteil von Resonanzerfahrungen, sie ist das Verstummen der Welt. Wer entfremdet ist von der Welt, der erfährt sie als kalt, feindlich oder zumindest gleichgültig.«[128] Die Entfremdungsdiagnose mag zunächst erstaunen, sind doch in der spätmodernen Welt die Möglichkeiten von Kommunikation und Vernetzung vielfältiger als jemals zuvor in der Geschichte. Doch wenn man – wie Rosa – Entfremdung als den Modus beziehungsweise als das Ergebnis einer »beziehungslosen Beziehung« versteht, gewinnt der Begriff an Relevanz: »Im Ergebnis tendieren Subjekte der Spätmoderne dann dazu, zu vergessen, was sie eigentlich tun und wer sie sein wollen. Wir sind alle so sehr mit dem Abarbeiten der To-do-Listen und mit deren Kompensation durch ›Instant-gratification-Konsumaktivitäten‹ beschäftigt, daß wir kaum mehr ein Gespür für das haben, was ›authentisch‹ oder uns wichtig ist.«[129]

Hinlänglich bekannte Diagnosen – fehlende emotionale Bindung von Mitarbeitern an ihr Unternehmen oder zunehmende Fälle psychischer Erkrankungen[130] – sind dann in einem anderen Licht zu sehen. Dabei ist es keinesfalls so, dass Organisationen für das Erfordernis von Resonanz nicht sensibilisiert wären: »Keine Schule, kein Unternehmen, kein Krankenhaus und kein Altersheim mehr, das nicht *Sensibilität* und *Achtsamkeit* gegenüber dem Leben, der Natur, den Kunden, Klienten oder Mitarbeitern, den Tieren und den Armen verspricht.«[131] Unabhängig davon, wie viel Schönfärberei jeweils im Spiel sein mag, ist es wichtig zu verstehen, dass Organisationen als Teil einer Gesellschaft, die sich nur durch fortwährende Steigerung und Beschleunigung reproduziert, ihrer Grundlogik nach Gegenspielerinnen von Resonanz sind. Am deutlichsten wird das im Gesundheitswesen: In der Pflege ist menschliche Nähe zwar unabdingbarer Bestandteil der Leistungserbringung, im Hinblick auf die Erfüllung des Organisationszwecks aber dysfunktional: »Resonanz muss ständig unterdrückt werden, weil sie nicht bezahlbar ist.«[132]
Somit darf es nicht verwundern, dass in einem prinzipiell resonanzfeindlichen Kontext versucht wird, Resonanz (künstlich) herzustellen oder – in den Worten von Hartmut Rosa – zu verdinglichen. Etwas weniger abstrakt: In Unternehmen sind verstärkt Bemühungen erkennbar, den sogenannten »weichen Faktoren« einen Raum zu geben.

Neuerdings finden sich mit »Achtsamkeit« und »Glück« sogar spirituelle beziehungsweise fundamentale philosophische Kategorien in Managementprogrammen und Fortbildungsangeboten wieder.

Dabei handelt es sich jedoch um Themen, deren ernsthafte Bearbeitung nicht in »Formate« gepackt werden kann. Sie entziehen sich grundsätzlich einer instrumentellen Logik. Doch genau das wird versucht, wenn im Zuge von Kulturprogrammen die Mitarbeitenden aufgefordert werden, während der Mittagszeit den ansonsten streng getakteten Arbeitstag für eine 15-minütige »Mindfulness Session« zu unterbrechen oder mehrmals am Tag den Wert des aktuellen subjektiven Glücksstatus in die entsprechende »Change-App« einzutragen.
Halten wir fest: Die Unternehmen möchten etwas tun, um den Führungskräften und Mitarbeitenden – auch ohne sie explizit so zu nen-

nen – Resonanzerfahrungen zu ermöglichen. Dies geschieht vor dem Hintergrund der auch von uns oft gemachten Beobachtung, dass sich Menschen in ihrer Arbeit fachlich und menschlich durchaus anerkannt fühlen, aber dennoch das Gefühl vermitteln, sie seien nicht nur in ihrem Unternehmen nicht zu Hause, sondern ihr gesamtes Wirken sei ihnen auf seltsame Weise fremd geworden. Wertschätzung und Anerkennung sind folglich keine hinreichende Bedingung für Resonanz.

»Die Menschen in unserem Unternehmen sind Akteure in einem Feld, in dem sie Getriebene sind. Sie können letztlich gar nicht mehr so frei handeln, wie sie das gerne täten. Ich bin nicht der Typ, der sich mit dem Verweis auf Sachzwänge herausreden möchte. Aber es sind tatsächlich sehr problematische Rahmenbedingungen, die uns durch das politische und das Gesundheitssystem vorgegeben sind.«
Das Unternehmen, von dem hier die Rede ist, beschäftigt mittlerweile fast 7000 Mitarbeitende und ist als kirchliche Stiftung Träger von Krankenhäusern und Hospizen sowie von Werkstätten für Menschen mit Behinderung. Außerdem bietet die kreuznacher diakonie – so der Name der Stiftung – Wohn- und Pflegeplätze für Menschen mit Behinderungen, für alte Menschen, für Kinder, Jugendliche und Familien sowie für Wohnungslose an. Unser Gesprächspartner stand ein Vierteljahrhundert lang als einer von zwei Vorständen an der Spitze des Unternehmens, bevor er in den Ruhestand ging. Pfarrer Dietrich Humrich hat uns zum Gespräch eingeladen.
Als wir von 2007 bis 2012 die kreuznacher diakonie bei der Bottom-up-Umsetzung einer leitbildorientierten Führung begleiten durften, lernten wir den Menschen und die Führungskraft Dietrich Humrich kennen und waren von ihm immer wieder begeistert. Der gebürtige Mülheimer bestätigt ein positives Klischee, das oft mit Menschen aus dem Ruhrgebiet in Verbindung gebracht wird: Er kennt keine Allüren, ist sehr direkt, und wenn er immer wieder mit sonorer Stimme sein »Pass' ma auf« einstreut, hat man nicht das Gefühl, er wolle sein Gegenüber mit Kumpelhaftigkeit vereinnahmen. Er ist jedoch nicht nur ein Mensch mit Herz, sondern er kann auch scharfsinnig und ideenreich Impulse vermitteln – etwa dann, wenn er in der kreuznacher diakonie mehr gemeinsame Denkbewegungen fordert, zum Beispiel in Richtung einer Diskursivität, die institutionalisiert werden müsse. »Wir müssten viel mehr darüber sprechen, unter welchen belastenden Bedingungen unsere Mitarbeitenden Tag für Tag zu

leiden haben. Das findet noch viel zu wenig statt. Als dem christlichen Gedankengut verpflichtete Organisation orientieren wir unsere Dienstleistungen im Außenverhältnis an einem Menschenbild, das vom Prinzip der Nächstenliebe geprägt ist. Ich finde das hervorragend. Aber wir müssen in gleicher Weise auch unsere eigenen Leute lieben. Sie müssen als Mitarbeitende Annahme erfahren. Wenn man den modernen Ausdruck der Inklusion bemühen möchte, könnte man sagen, dass wir diese Inklusion auch im internen Bereich leben müssen. Auch wenn bei uns wie überall über die Angemessenheit der Bezahlung gesprochen wird: Unsere Mitarbeitenden haben noch nie gesagt, sie bekämen zu wenig Geld. Ihr Wunsch ist es vielmehr, als Menschen akzeptiert zu werden. Sie wollen wahrgenommen werden.«

Dietrich Humrich berichtet von einer seiner Führungskräfte, die nicht in der Lage sei, den ihr unterstellten Menschen mit individueller Wertschätzung zu begegnen. Er sei immer wieder konsterniert gewesen, wenn er beobachtet habe, wie diese Leitungskraft der zweiten Ebene über das Gelände gelaufen sei, ohne auch nur einmal einen Mitarbeitenden anzusprechen oder ihm schlicht die Hand zu reichen. »In solchen Fällen denke ich mir immer, dass ein solcher Mensch, insbesondere wenn er eine Machtposition innehat, sich im Grunde an die Stelle Gottes setzen will. Das ist ein ›homo incurvatus in se‹, also ein Mensch, der sich nur um sich selbst dreht. Je mehr Macht ein Mensch hat, desto größer ist die Gefahr, dass diese Macht dazu führt, dass Menschen sich überheben. In der Rückschau muss ich sagen, dass ich meine negativsten Erfahrungen immer dann hatte, wenn Menschen von ihrer eigenen Wichtigkeit ungeheuer überzeugt waren. Mich beschäftigt seit Langem die Frage, wie man Führung leben kann, ohne dass es in Bezug auf die eigene Persönlichkeit zu Übersteigerungen kommt. Vermutlich muss man genau die Menschen in Führungspositionen bringen, die auf Macht keinen Wert legen.«

Humrich versichert uns glaubhaft, dass er nach seiner Pensionierung nicht – wie viele andere Führungskräfte – in ein Loch gefallen sei. Es sei nie seine Art gewesen, sich über die formale Gestaltungsmacht zu definieren. Er habe nach Erleben der repressiven Zeit der 1950er- und 1960er-Jahre und während seines Theologiestudiums eine Grundskepsis gegenüber allem entwickelt, was Macht hieß.

Obwohl er seinen Ruhestand ganz offensichtlich genießt, macht er sich viele Gedanken darüber, wie der zukünftige Weg der kreuznacher diakonie aussehen wird: »Wie können wir ein Unternehmen gestalten, das zukunftsfähig ist? Wie können wir die Verhältnisse so gestalten, dass Menschen gerne bei uns arbeiten und Hilfe suchende Menschen unsere Dienstleistungen weiterhin nachfragen? Ich glaube, dass uns bei der Beantwortung dieser Fragen die stete Besinnung auf unsere christliche Grundhaltung wertvolle Hilfe leisten kann. Außer in den fundamentalen Aussagen des Evangeliums, dieses starken Mythos, und den dadurch bedingten ethischen Verhaltensausprägungen sehe ich vor allem eine besondere Wirkkraft in ritualisierten Werten. Rituale sind immens wichtig: dass wir feste Strukturen haben und dass wir Menschen haben, die solche Rituale leben können. Damit meine ich nicht nur den Gottesdienst. Mir geht es darum, dass wir für Menschen in ihren speziellen Lebens- und Arbeitsbezügen Möglichkeiten des Austauschs schaffen. Sie müssen hinreichend Gelegenheit haben, sich auszusprechen und sich wohlzufühlen. Wir benötigen mehr Gesprächsmöglichkeiten, in denen es weniger um fachliche Themen geht, sondern im Wesentlichen um das Befinden der Menschen.«

Humrichs Aussagen könnten Außenstehende zu Fehlinterpretationen verleiten. Es ist keinesfalls so, dass in der kreuznacher diakonie die von ihm geforderten Rituale fehlen. Aus unserer langjährigen Erfahrung mit diesem Unternehmen können wir sagen, dass es nicht viele Organisationen gibt, die sich derart ernsthaft und mit realistischen Ambitionen der Entwicklung einer Unternehmenskultur verpflichtet haben. So wählte man etwa bei der Umsetzung der leitbildorientierten Führung nicht den üblichen, traditionell zum Scheitern verurteilten Weg der Top-down-Implementierung. Der Vorstand war sich darüber im Klaren, dass die Umsetzung des Bottom-up-Prinzips aufgrund der gewünschten Einbindung aller Mitarbeitenden langwierig und mühsam werden würde – und dass man sich dafür viele Jahre Zeit nehmen müsse. Aber man hat diesen Weg gewählt. In diesem Sinne sind die Überlegungen unseres Gesprächspartners ein Zeichen dafür, dass er keine Erfolgsgeschichte präsentieren möchte, obwohl er allen Grund dazu hätte.

Wir bitten Dietrich Humrich, den Begriff des Befindens, den er ins Spiel bringt, konkreter auszuführen. Er tut dies anhand eines Beispiels: »Ein Freund von mir ließ im Diakonie-Krankenhaus eine umfangreiche Diagnostik vornehmen, weil er sich unerklärlich müde fühlte. Er hatte Schmerzen und war ohne jegliche Energie. Nach umfassenden

Untersuchungen wurde ihm gesagt: ›Sie können sich gratulieren, Sie sind gesund!‹ Das war's. Sein Befinden war aber nach wie vor miserabel, und so wurde er von seiner Hausärztin in die Uniklinik überwiesen. Auch dort blieben alle üblichen Untersuchungen ohne Befund. Aber man teilte ihm mit, dass er vielleicht einen Neurologen aufsuchen sollte. Die Diagnose war erschreckend: Amyotrophe Lateralsklerose, eine grausame irreversible Krankheit, die zum Abbau der Muskulatur und nach einer mehr oder weniger langen Leidenszeit zum Tode führt. Die Angehörigen waren entsetzt und sagten – mit Recht – dem Arzt unseres Krankenhauses, dass sie wenigstens einen konkreteren Rat für den Patienten erwartet hätten, der ihn hätte spüren lassen, dass man sein Befinden ernst nahm. Ich finde diesen Vorfall erschreckend. Wie kann man den nüchternen technischen, mit fachlicher Akribie erhobenen Befund ernster nehmen als das Befinden des Patienten?!
Ich übertrage das jetzt auf Ihr Musterbrecher-Thema. Unsere Mitarbeitenden haben Arbeit, beziehen vernünftige Gehälter, erhalten Sozialleistungen, arbeiten nach festgelegten Zeiten. Aber das ist überhaupt kein Maßstab für ihr Befinden! Ich frage mich: Wie können wir Menschen als Menschen wahrnehmen und nicht als funktionierende Arbeitskräfte? Der Befund ist kein Kriterium für das Wohlbefinden der Mitarbeitenden. Wir müssen die Ebene des Befindens, vielleicht auch der Befindlichkeit, in den Mittelpunkt rücken. Also weg von der technischen Ebene hin zu den persönlichen Gesprächen! Statistisch gut erhobene Befunde sind das eine. Das andere ist das Befinden.«

Die Unterscheidung zwischen Befund und Befinden ist bemerkenswert. An Befunden mangelt es dem modernen Menschen wahrlich nicht. Wer es möchte, wie etwa die Anhänger der sogenannten »Quantified-Self-Bewegung«[133], kann mithilfe der Digitalisierung nahezu alle Körperparameter (zum Beispiel Blutdruck, Puls, Körperfett, Body Mass Index, Schrittanzahl) in Echtzeit erheben und zu einem gewissen Grad auch direkt beeinflussen. Das ist für sich genommen etwas Positives, lassen sich doch auf diese Weise pathologische Entwicklungen rechtzeitig erkennen und Gegenmaßnahmen einleiten. Weniger positiv sind die möglichen unerwünschten Nebenwirkungen: »Auskunft über unseren Körper gibt uns nicht mehr die Befindlichkeit des eigenen Leibes ..., sondern es sind die Parameter der Medizin und der Technik, die uns als äußere Daten entgegentreten, zu denen wir aber kein ›inneres‹, empfindendes Verhältnis haben.«[134]

Aus dieser Erkenntnis heraus lässt sich auch besser nachvollziehen, dass ein Zuwachs an verfügbaren Informationen und eine Vervielfachung von Optionen keinesfalls zu mehr Sicherheitsempfinden führen müssen.

Im Gegenteil: Das Gefühl, etwas falsch machen zu können, nimmt überhand. Anders ist es nicht zu erklären, dass inzwischen Seminare zu fast schon grotesk anmutenden Themen angeboten werden, die früher als ganz selbstverständlich in die Alltagspraxis integriert waren. Wir erinnern uns hier an das Fortbildungsangebot eines Großkonzerns, das allen Ernstes »Richtig gehen im Unternehmen« als Thema hatte.
Solche Kuriositäten (die den Erfordernissen des Gesundheitsmanagements nach natürlich begründet sind) außer Acht gelassen, scheinen sich Unternehmen offenbar auch um das Befinden zu kümmern. Die Ansprüche scheinen hoch zu sein. Denn mit »Glück« beziehungsweise »Happiness« taucht immer häufiger ein Begriff auf, der in den Zeiten der industriellen Moderne eine reine Privatangelegenheit war. Glück hatte im Berufsleben nichts zu suchen, zumindest wurden Organisationen nicht als diejenige Instanz verstanden, die sich mit dem Glück der Beschäftigten zu befassen hätte. Begünstigt durch die Verbreitung der sogenannten »Positiven Psychologie«, in Verbindung mit populär gewordenen neurobiologischen Einsichten, hat sich dies geändert. Unternehmen werden mit der Erwartung konfrontiert oder schreiben sich selbst – es sei dahingestellt, ob aus Überzeugung oder dem Zeitgeist folgend – den Anspruch auf die Fahnen, zu einem Ort der Erfüllung und der Entfaltung individueller Potenziale zu werden. Dagegen ist freilich nichts einzuwenden, schließlich wurde nicht nur unter anderem seitens der Organisationspsychologie, sondern auch von den Praktikern in den Personalbereichen der Unternehmen wiederholt eine nach wie vor dominierende Defizitorientierung beklagt. Doch was bedeutet es, wenn Unternehmen ihren Mitarbeitenden Seminare im Kloster mit sogenannten »Schweige-Retreats« anbieten, ihren Auszubildenden

die Chance geben, gemeinsam eine besondere körperliche Herausforderung zu meistern, um dadurch den »Weg zu sich selbst« und nicht zuletzt »Glück« zu finden?
Es soll hier nicht um eine grundsätzliche Kritik an dieser Trendwende gehen. Dennoch sollten reflektierte Einschätzungen, wie etwa die der israelischen Soziologin Eva Illouz, die vor einem »Diktat des Glücks« warnt, ernst genommen werden.

Es sei, so die Forscherin, zu einem gesellschaftlichen Imperativ geworden, mit allen Mitteln aktiv an der Herstellung persönlichen Glücks zu arbeiten.

In ihrem aktuellen Buch *Das Glücksdiktat* problematisiert sie insbesondere das sich verbreitende Diktum, jede und jeder sei allein für ein glückliches Leben bei voller Entfaltung der Potenziale verantwortlich: »Die Glücksforscherinnen glauben wirklich, der Mensch sei mit einem psychischen Mechanismus oder inneren Muskel ausgestattet, der es ihm erlaubt, sich vollständig selbst zu regieren – insbesondere wenn dieser Muskel durch die richtigen psychologischen Techniken trainiert und entwickelt wird.«[135] Nehmen wir die Konjunktur solch mächtiger Kategorien wie Glück und Erfüllung lediglich als Symptom für ein steigendes Resonanzverlangen zur Kenntnis. Es wäre eine vertiefte Auseinandersetzung nötig, um substanzielle Erkenntnis von Verabsolutierung zu trennen, umso mehr als Philipp Mayring, Professor für psychologische Methodenlehre, kritisch angemerkt hat: »Positive Psychologie trägt einige Merkmale, die sie durchaus in die Nähe einer Ideologie stellen.«[136]
Es war schon die Rede davon, dass Resonanzbeziehungen nicht nur durch Anerkennung entstehen können, sondern auch durch Religion oder ästhetische Erfahrungen, zum Beispiel durch Musik – das erste Popkonzert, das wir als Jugendliche besuchten, das Lieblingslied, das wir während einer Autofahrt in den Urlaub hörten. Das ist die eine Seite, die gehörte Musik, die Resonanz erzeugt. Uns hat die andere Seite interessiert: Welche Bedingungen benötigt die Entstehung von Musik, damit sie diese besondere Erfahrungsqualität erreicht – sowohl bei den Musikern als auch bei den Zuhörenden?

Irgendwann an diesem Nachmittag im Mannheimer Rosengarten lässt Alexander Scheirle beiläufig den Satz fallen: »Demokratie ist einfach schwierig, aber am Ende erreicht man etwas zusammen.« Damit brachte der 51-jährige Executive Director des Orpheus Chamber Orchestra die anspruchsvolle und zugleich lohnende Arbeitsweise dieses Ensembles auf den Punkt. Wir haben Orpheus bereits vor 14 Jahren im Rahmen unserer ersten Musterbrecher-Publikation unter die Lupe genommen, weil uns die Idee eines dirigentenlosen Orchesters faszinierte. Dieses augenfällige Merkmal ist wohl auch der Grund für die Aufmerksamkeit, die Orpheus in den vergangenen 20 Jahren seitens der Führungsforschung und Managementberatung zuteil wurde. Und in der Tat ertappen wir uns bei den Aufführungen in Mannheim und einige Monate später in der Elbphilharmonie dabei, insgeheim auf ihn zu warten, den Maestro mit dem Taktstock. Offenbar ist diese Leerstelle immer noch ungewohnt. Dabei gibt es noch andere Orchester und auch Unternehmen, die klassische Muster der Führung überdenken und mit Alternativen experimentieren.
Der Verzicht auf den Dirigenten bei dem New Yorker Orchester stellt in keiner Weise einen Marketing-Gag dar, sondern hat mit seiner Historie zu tun. »Als Orpheus 1972 von Julian Fifer gegründet wurde«, sagt Scheirle, »wurde in Vietnam Krieg geführt, es gab dieses Anti-Establishment-Gefühl. Aus dieser Stimmung heraus entstand der Wunsch, gleichberechtigt Kammermusik zu machen, ohne dass jemand an der Spitze steht und sagt, was zu tun ist. Dieses Hippie-Gefühl ist heute immer noch vorhanden, obwohl die Musiker natürlich so bürgerliche Dinge tun müssen wie ihre Häuser abzubezahlen und für volle Kühlschränke zu sorgen.«
Das Fehlen einer festen Führungsrolle heißt aber nicht, dass bei Orpheus keine Führung stattfindet. Es gibt sogar auf zwei Ebenen feste Gremien, allerdings in wechselnder Besetzung. So entscheidet eine sechsköpfige »Artistic Planning Group« über die Konzertprogramme, also über den Repertoire-Rahmen der rund 50 weltweit gespielten Konzerte im Jahr. Jedes Jahr wird ein neues Mitglied in diese Gruppe der künstlerischen Direktoren hineingewählt – oder ein bestehendes bestätigt. Und auch innerhalb des Programmrahmens, auf der Ebene der einzelnen Stücke, finden sich Elemente einer rotierenden und gewählten Führung. Eine Kerngruppe, bestehend aus fünf bis sieben Musikern, legt eine Idee für die Interpretation eines Stückes vor und stellt sie dem Orchester vor.

Christof Hübner, Bratschist und seit 2002 festes Mitglied bei Orpheus, betont die Bedeutung dieses Vorgehens: »Wir brauchen diese Kerngruppe unbedingt. Das sind die Stimmführer des jeweiligen Werkes. Wichtig ist, dass die Musiker beschlossen haben, dass diese Kerngruppe rotiert. Das sind nie dieselben. Und das ist entscheidend, denn wenn es dieselben wären, würde sich wieder eine Hierarchie einschleichen. Bei anderen Orchestern, die auch ohne einen Dirigenten arbeiten, gibt es immer einen Konzertmeister. Bei uns nicht. Es bleibt lebendig, denn die Hierarchie in der Kerngruppe ist immer nur zeitlich begrenzt.« Allerdings, so der gebürtige Wiener, der seit 30 Jahren in den USA lebt und dennoch die charmante Sprachmelodie seiner Heimatstadt behalten hat, könne sich die Kerngruppe nicht automatisch durchsetzen. Denn die Musikerinnen und Musiker könnten jederzeit sagen, dass sie mit einem Interpretationsvorschlag nicht einverstanden seien. »Es hört nie auf, und deshalb klingt es auch so, dass es im Moment des Entstehens kreiert wird. Stets bleibt es spontan. Es ist eine intuitive Angelegenheit, die nur dann funktioniert, wenn Sie die richtigen Leute dafür haben, die genau so arbeiten wollen«, so Hübner. »Wir haben alle ein ausgeprägtes Verantwortungsgefühl für das finale Produkt. Man kann niemand anderem die Schuld für etwas geben.«
Es ist wohltuend, dass die beiden mit Begeisterung über den Orpheus-Weg sprechen, andere, konventionell arbeitende Orchester deswegen aber nicht verurteilen. Es soll hier ganz offensichtlich keine Ideologie verkauft werden. So wird uns auch berichtet, dass die meisten Musikerinnen und Musiker parallel auch in »normalen« Projekten, auf Festivals und in anderen Ensembles spielen. Und es wird eingeräumt, dass bei Orpheus Dinge manchmal mehr Energie kosten. So vergeht in der Regel viel Zeit, bis Neuzugänge zu festen Ensemblemitgliedern werden. Alexander Scheirle erläutert: »Die Auswahl neuer Musiker dauert schon ein bisschen länger. Natürlich müssen das exzellente Instrumentalisten sein, das ist Grundvoraussetzung, aber es geht eben auch um die Persönlichkeit. Wir laden dann die Leute öfter ein, fragen, ob Lust besteht, mal eine Konzertmeisterin zu sein. Es ist ein langer Prozess. Musiker bei Orpheus spielen nicht nur ein Instrument, sie sind interessiert an der Geschichte und der Partitur. Es reicht keinesfalls aus, alle Noten perfekt zu spielen.«
Wir fragen Scheirle und Hübner, ob nicht die Gefahr bestehe, dass Orpheus gewissermaßen »profillose« Musik produziere. Schließlich

könnten die Abstimmungsprozesse zu einer Art Minimalkonsens ohne klare Kontur führen, weil das fehle, was man gewöhnlich als die Handschrift des Dirigenten bezeichnet. »Es passiert etwas ganz Interessantes«, führt Hübner aus, »denn obwohl sich die Interpretationsvorschläge der Kerngruppe im ganzen Orchester bewähren müssen, ist keine Aufführung wie die nächste. Dafür sorgt allein schon die Tatsache, dass die Kerngruppe ständig wechselt. Was ihr heute Abend hören werdet, klingt im Herbst in Hamburg wahrscheinlich schon wieder anders. Und dennoch gibt es immer diesen speziellen Orpheus-Sound. Vibrant, sehr direkt, lebendig.« Es ist Probenbeginn, Hübner macht sich auf den Weg in den angrenzenden Konzertsaal und fällt zum Abschied ins Englische, als er strahlend sagt: »We have so much vitality and presence. It's on the edge of the seat!«

Es sei, ergänzt Scheirle, ein Trugschluss zu glauben, die großen klassischen Orchester hätten immer noch einen vollkommen unterschiedlichen Klang: »Früher haben Dirigenten sehr lange und oft exklusiv mit einem Orchester gearbeitet, haben Klangfarben und Phrasierungen geprägt und so dem Orchester einen ganz individuellen Klang verliehen. Heute arbeiten sie mit vier oder fünf Orchestern parallel, sind gleichzeitig ›Chef‹ von anderen Orchestern, und in der Zwischenzeit kommen Gastdirigenten mit anderen Klangvorstellungen. Den ›Münchner Klang‹ oder den ›Wiener Klang‹ so wie früher gibt es heute nicht mehr. Dirigenten heutzutage jetten durch die Welt.«

Scheirle, der als Cellist jahrelang auf höchstem Niveau in verschiedenen Orchestern spielte, bevor er 2004 als Leiter des Crested Butte Music Festival in Colorado auf die Managementseite wechselte, sagt voller Überzeugung: »Orpheus ist eine der wenigen Organisationen in dem Metier, die mich interessiert. Es ist die perfekte Kombination aus Individualismus und Teamarbeit. Ihr müsst euch vorstellen, dass man als Musiker jahrelang übt, weil man einfach die Musik liebt. Es ist eine Passion, die viele Entbehrungen fordert. Und irgendwann, nachdem man unendlich oft vorgespielt hat, findet man seinen Platz in einem großen Orchester. Dort ist man aber nur noch ein Rad im Getriebe. Es gibt einen Chef – und man darf dich nicht mehr heraushören. Den Dialog, so wie er bei uns stattfindet, gibt es in einem normalen Orchester nicht. Das ist völlig undenkbar. Und wenn man dann jahrelang so Musik macht, ist die Frustration groß. Keine Aufstiegsmöglichkeiten. Und wenn man woanders hinwill, muss man wieder vorspielen und konkurriert mit den Jungen, die frisch von der

Uni kommen und viel mehr Zeit zum Üben haben als du, weil du ja neben dem Job auch noch eine Familie hast. Darum versuchen es viele erst gar nicht. Ich habe das alles erlebt als Musiker.«
Wir wollen besser verstehen, worin das Sowohl-als-auch von Individualität und Team genau liegt, und erfahren, dass es für jedes Thema einen Spezialisten gibt, der von den Kollegen konsultiert wird. »Wir haben Experten für unterschiedliche Felder, für Intonation, Dynamik, Balance, für Klangfarben usw. Und wenn deren Kompetenz gefragt ist, werden sie um ihre Expertise gebeten. Ihnen wird zugehört.« Jetzt wird uns klarer, dass es innerhalb des Ganzen, das spätestens am Ende auf Konsens und Gleichklang angewiesen ist, immer auch Inseln gibt, in denen Einzelne ihre Position und ihre Bühne haben.
Niemand nimmt von uns Notiz, als wir der Probe lauschen. Das Orchester ist daran gewöhnt, dass bei fast jeder Probe Gäste anwesend sind. Ein nur scheinbar unwichtiges Strukturelement ist die Sitzordnung des Ensembles. Die Musikerinnen und Musiker ordnen sich in einem Halbkreis an. Auf diese Weise haben alle miteinander Blickkontakt. Während des Spielens entsteht so ein spürbar dynamisches Setting, in dem jede und jeder die gesamte Partitur vor sich hat – und nicht nur die jeweils eigene »Aufgabenbeschreibung«. Wir sind überrascht, dass eine junge Nachwuchsmusikerin sich mitten in den Zuschauerraum stellt, den Klang auf sich wirken lässt und die Musikerinnen und Musiker genau beobachtet. Immer wieder geht sie Richtung Bühne und berichtet den Kollegen von ihren Eindrücken, schlägt vor, was anders gemacht werden könnte. Es sei normal, sagt Scheirle, dass immer jemand von außen mit im Saal ist, manchmal auch Aushilfen: »Diese Leute werden von uns dazu ermutigt, kritisch zuzuhören, Feedback zu geben, etwas zum Gelingen beizutragen. Wir hören ihnen zu und nehmen die Rückmeldungen ernst, egal wie viel Erfahrung sie haben.« Bei allem wird viel gelacht. Man gewinnt den Eindruck, dass sich hier höchste Professionalität mit erfrischender Leichtigkeit verbindet. Zwischendurch erfahren wir, dass alle, die auf der Bühne agieren, dasselbe verdienen. Es hätte uns auch überrascht, wenn es bei Orpheus den Prozess einer Arbeitsbewertung mit anschließender Eingruppierung in eine Gehaltsklasse geben würde.
Als wir dann am Abend und einige Monate später in Hamburg – auf dieser Tour ist der kanadische Pianist Jan Lisiecki engagiert – eher selten aufgeführten Mendelssohn-Sinfonien lauschen, erinnern wir uns an einen Satz von Christof Hübner: »Ich liebe diese Unmittelbar-

keit der Performance. Es fühlt sich nicht so an, dass wir etwas geprobt haben und es dann dem Publikum servieren. Immer noch ist es ein Prozess. It's still boiling!« Wir haben es genau so erlebt.

Bei Orpheus gibt es eine ganze Reihe von Strukturmerkmalen, die dem Entstehen von Resonanzerfahrungen offenbar förderlich sind: rollierende Führung durch das gewählte Kernteam, Mitbestimmung beim Konzertprogramm, keine Unterschiede in der Bezahlung, eine Sitzordnung, die den Augenkontakt »provoziert«, vollständige Partitur für alle Musiker usw. In der Summe dieser Kontextfaktoren – einschließlich der Besonderheit, dass jede Aufführung anders klingt und so wirkt, als sei sie im Moment des Spielens kreiert worden – wird die notwendige Grundbedingung jeglicher Resonanzentstehung greifbar: Es geht um das Moment der Unverfügbarkeit.

Für die Entstehung von Resonanz gibt es keine Garantie, ihr Zustandekommen lässt sich nicht beschleunigen, ja sie verweigert sich sogar gänzlich der Hoffnung auf Machbarkeit.

Sie hat etwas Experimentelles. »Resonanz ist konstitutiv unverfügbar, und es geht uns mit ihr wie beim Einschlafen: Je intensiver wir es wollen, desto weniger gelingt es uns.«[137] Orpheus agiert in einem Setting, das Ergebnisoffenheit in den Grenzen der vorgegebenen Partitur zulässt. Ganz bewusst werden durch die wechselnde Besetzung der Kerngruppe immer andere Freiheitsgrade geschaffen – mit jeweils anderen Unverfügbarkeiten. All dies gibt Resonanz eine Chance, und doch wird es ganz bestimmt so sein, dass auch hier das eine oder andere Konzert als resonanzlos erlebt wird.
Was lässt sich also tun, wenn Unverfügbarkeit als Bedingung für Resonanz einerseits zwingend erforderlich, aber andererseits so ziemlich das Letzte ist, was (insbesondere profitorientierte) Organisationen sich leisten können oder wollen? Zunächst einmal gilt es, diesen Widerspruch anzuerkennen. Resonanz beschreibt Momente, die nur entstehen können, aber nicht instrumentell herzustellen und zugleich auf nicht ökonomische Kategorien für das Funktionieren des Ökonomischen angewiesen sind.

Ein guter Anfang wäre es, wenn Organisationen Menschen die Gelegenheit und die Zeit gäben, sich mit Themen wirklich auseinanderzusetzen, sich in Probleme wirklich zu vertiefen – und wie bei Orpheus in Kauf nähmen, dass Prozesse länger dauern. Doch in Zeiten, in denen in engerer Vernetzung alles immer schneller wird, ist der Aufruf zur kollektiven Entschleunigung mehr als naiv. Wir verstehen die Manager eines Automobilkonzerns, die ein Experiment zur Begrenzung des E-Mail-Austausches nach kürzester Zeit abbrachen. »Was haben wir davon, wenn wir uns in unserer Einheit disziplinieren und so viel wie möglich im persönlichen Austausch besprechen? Die anderen Abteilungen und unsere Lieferanten schicken uns trotzdem 150 Mails pro Tag. Wenn ich die eine Woche liegen lasse, muss ich am Montag fast 1000 Nachrichten sichten«, so ein Teamleiter in der Fertigungsplanung. Den Beteiligten wurde klar, dass Entschleunigung im großen Stil eine Utopie ist. Es kann nicht darum gehen, sich gegen den beschleunigten Lauf der Dinge zu stemmen.

Das aus einem solch sinnlosen Unterfangen resultierende Ohnmachtsgefühl wäre vermutlich selbst eine Form der Entfremdung.

Interessanterweise haben die Experimentatoren nach dem missglückten, aber mit Erkenntnis verbundenen Entschleunigungsversuch nicht aufgegeben, sondern sich ein Anschlussexperiment ausgedacht. Ab sofort pflegten sie das Ritual, Kolleginnen und Kollegen, die innerhalb eines imaginären Radius von 50 Metern um den eigenen Arbeitsplatz arbeiteten, nur noch persönlich zu kontaktieren. Durch den Verzicht auf Mail und Telefon wurde eine fast schon verlernte Praxis reaktiviert: das persönliche Gespräch als Basis für das Entstehen einer horizontalen Resonanzachse.
Unternehmen stehen vor einer neuen, gleichermaßen entscheidenden wie nahezu unlösbaren Aufgabe. Sie müssten – obwohl nicht darauf ausgelegt – Unverfügbarkeiten zulassen und sogar fördern, damit Resonanz eine Chance hat und das Befinden nicht in unterkomplexer Weise auf Befunde reduziert wird. Und sie müssten gewissermaßen in sich über das Gegenmittel zur Beschleunigung verfügen, die sie als Subjekte der Ökonomie selbst im globalen Rahmen vorantreiben, ja

sogar vorantreiben müssen, solange man im gegebenen Wirtschaftsrahmen denkt.
Eine Organisation, die es geschafft hat, ihre Geschwindigkeit so auszutarieren, dass eine »Antwortbeziehung« zwischen ihr und ihrem Umfeld – also Resonanz – entstehen kann, haben wir in Bremen gefunden.

»Wenn man zu schnell ist, schafft man es nicht, in Resonanz mit der Umgebung zu sein. Dann erzielt man auch keine Wirkung. Ich habe gelernt, dass es für das Managen sehr wichtig ist, auf das Tempo zu achten.« Albert Schmitt, seit 1988 Managing Director der Deutschen Kammerphilharmonie Bremen, kommt gleich von sich aus – ohne dass wir danach gefragt hätten – auf den Resonanzbegriff zu sprechen. Er blickt in die Gründungszeit des Orchesters zurück, um uns den Zusammenhang zwischen Resonanz und Geschwindigkeit klarzumachen. Vor 40 Jahren hatten sich Musikstudenten – damals noch unter dem Namen »Kammerorchester der Jungen Deutschen Philharmonie« – zusammengetan, um selbst organisiert und basisdemokratisch Musik zu machen. »Ein ganz klarer Musterbruch!«, sagt Schmitt, »aber der blieb lange Jahre folgenlos, weil kaum jemand bemerkte, dass etwas Bahnbrechendes passierte. Die Welt war noch nicht bereit. Wenn man Brüche wirksam werden lassen will, muss man resonanzfähig sein – und das war damals nicht der Fall. Es ging einfach zu schnell für die Umgebung.«
Schmitt, früher selbst als Kontrabassist auf höchstem Niveau aktiv, spricht sehr präzise, wechselt angenehm zwischen intellektuell anspruchsvoller und bildhafter Alltagssprache. Man merkt, dass er sich reflektiert und kritisch mit vielen Managementansätzen befasst. Als er den Geschäftsführerposten übernahm, musste er zunächst einmal Sanierungsarbeit leisten. Es hatten sich 1,5 Millionen D-Mark Schulden angehäuft, die Insolvenz des damals als Gesellschaft bürgerlichen Rechts organisierten Orchesters schien kaum noch abzuwenden. Nach zweieinhalb Jahren gelang den Musikern – gemanagt von Albert Schmitt – der Neustart in Form einer gGmbH. Wie schon zuvor agierten die Musiker weiterhin als Unternehmer, denn es gab und gibt nur eine sehr begrenzte Finanzierung durch die öffentliche Hand, nicht wie bei staatlichen Ensembles üblich eine volle. Und auch die Idee der Selbstorganisation wurde nicht angetastet, nur das basisdemokratische Konzept wich einer repräsentativen Demokratie. »Seit der Neugründung der Kammerphilharmonie haben wir immer wieder erlebt, wie

wichtig es ist, Tempo herauszunehmen, um resonanzfähig zu sein. Es gibt diesen alten Satz, dass eine gute Idee zehn Jahre braucht, bis sie endgültig angekommen ist. Dieser Satz stimmt absolut.«
Jüngste Idee dieser Art ist das 2007 ins Leben gerufene Zukunftslabor, das sich als Motor für gesellschaftliche Veränderung versteht. In diesem Labor verbinden sich zwei Welten, die gegensätzlicher nicht sein könnten: Auf der einen Seite gibt es die Gesamtschule im Bremer Stadtteil Osterholz-Tenever, den man als sozialen Brennpunkt bezeichnen kann, auf der anderen Seite die Deutsche Kammerphilharmonie als eine Institution der Hochkultur von Weltrang. Seit 13 Jahren finden die Proben des Orchesters im Komplex der Schule statt. Es hat sich eine außergewöhnliche »Wohngemeinschaft« gebildet. Die ehemalige Schulleiterin Annette Rüggeberg erinnert sich an die Anfangszeit: »Ab 2002 wurde die Schule von Grund auf über fünf Jahre renoviert. Während dieser Zeit hat die Kammerphilharmonie neue Proberäume gesucht. Und als die Behörde uns gefragt hat, ob wir dazu bereit wären, Räume zu vermieten, habe ich sofort gesagt: ›Lasst uns das probieren!‹ Es waren zwar nicht alle im Kollegium begeistert, aber da wir schon ein paar Jahre zuvor Erfahrungen mit Musikklassen gesammelt hatten, gab es durchaus Interesse an diesem Thema.«
Die Pensionärin wirkt eher wie die Gründerin eines Start-ups als eine Schulleiterin im Ruhestand. Sie ist extra für dieses Gespräch in ihre alte Schule gekommen und berichtet mit Freude von den Anfängen und Besonderheiten der ungewöhnlichen Konstellation, die von Beginn an weit mehr ist als eine aus der Not geborene Koexistenz. »Wir haben damals nicht im Kollegium darüber abstimmen lassen, ob die Kammerphilharmonie bei uns einziehen soll oder nicht. Es wurde nur darüber informiert. Basisdemokratie wäre an dieser Stelle ziemlich unsinnig gewesen. Wir haben aktiv gehandelt und nicht um Genehmigung bei der Behörde gefragt. Man wird ja nicht rausgeschmissen, nur weil man ein Projekt macht. Aber Lehrer sind nun einmal eher vorsichtige Menschen«, sagt Rüggeberg, und man merkt genau, dass sie damit keinen billigen Klischeepunkt setzen möchte.
Sie berichtet von einem Stadtviertel, in dem alles, was nicht von der Schule komme, in den Familien nicht existiere. Sehr viele Schüler seien – wir hören den Begriff zum ersten Mal – mangelversorgt, bekämen kein Frühstück, keinerlei Aufmerksamkeit. Umso bemerkenswerter ist es, dass unter diesen Startvoraussetzungen das Projekt

»Stadtteiloper«, in der die Schule gemeinsam mit der Kammerphilharmonie Faust II *zur Aufführung brachte, zu einem Erfolg wurde. Rüggeberg hebt hervor, wie wichtig Planung und eindeutige Festlegungen seien: »Das Ganze fand auf freiwilliger Basis statt. Es hatten sich 23 Klassen beworben, eine wurde ausgewählt. Wir hatten festgelegt, dass die ganze Klasse involviert werden muss. Sobald man nur einzelne Schüler nimmt, hat man wieder nur diejenigen, deren Eltern bildungsbürgerlich interessiert sind. Es ging aber darum, dass alle Schüler aus einer Klasse ihren Teil dazu beitragen. Natürlich sind die Talente unterschiedlich, aber wichtig ist es, dass jede und jeder das tut, was den Fähigkeiten entspricht. Dann ist es ein Miteinander. Dieses und andere Projekte haben unseren Schülern Erfolge in der Gemeinschaft gebracht, ihnen zu Stärke und Selbstbewusstsein verholfen. Sie stehen auf einer Bühne und halten es aus, machen keine Grimassen. Das können sie, wenn sie ein halbes Jahr ernsthaft geprobt haben.«*

Die Erfolge dieser Projekte seien schwer zu messen, räumt Rüggeberg ein, die Evaluationslogik laufe ins Leere, weshalb die Behörde sich bei offiziellen Anlässen zwar gerne publikumswirksam mit den Erfolgen der Schule schmücke, aber ansonsten zurückhaltend sei.

Wir stellen uns die Frage, wie sich die Musikerinnen und Musiker – mittendrin im Schulgeschehen – in diesem speziellen Umfeld fühlen. Ist das nicht eine einseitige Beziehung, profitieren letztlich nicht nur die Schüler? Beate Weis, Violinistin, langjähriges Orchestermitglied und im Vorstand, sieht das ganz und gar nicht so: »Wir sind ein verlässlicher Faktor für die Schüler. Und es erdet uns sehr. Wenn wir gemeinsam Projekte machen, kann es vorkommen, dass die Schüler einfach auch mal keinen Bock haben, oder die Fingernägel sind zu lang oder sie haben ein falsches Instrument. Aber sie wollen grundsätzlich dabei sein. Wir helfen, dass etwas entsteht. Und es bleibt immer etwas hängen. Man kennt dann die Gesichter, trifft sich in der Mensa beim Essen.

Durch die Gegend zu fliegen, Konzerte zu spielen und Preise abzuräumen, das ist natürlich super. Aber ich brauche die Arbeit mit den Schülern als Gegengewicht. Es erdet, und das tut mir gut.«

Ulrich König, ein Orchesterkollege von Beate Weis, wird noch emotionaler, wenn er von der Zusammenarbeit mit den Schülerinnen und Schülern erzählt. Er erinnert sich an das Format »Melodie des Lebens«. Hier arbeiten die Schüler mit einem Komponisten zusammen, mit dem sie Musik und Text gemeinsam erarbeiten und vortragen. »Da

entstehen Momente, in denen ich nicht fassen kann, dass so etwas überhaupt möglich ist. Nicht weil es musikalisch perfekt und hochwertig ist, sondern weil es eins zu eins aus diesen Schülerherzen herauskommt. Sie holen sich den Applaus ihres Lebens ab. Da hat man schon das Gefühl, dass sich eine Weiche für diese jungen Menschen stellt. Sie sind dann vielleicht nicht mehr die Außenseiter, sondern fangen an zu singen, obwohl sie es ja eigentlich auch nicht können. Und sie stehen da und bekommen Applaus, und alle fangen an zu weinen. Das sind die tollsten Momente.«
Wenn man diese Erzählungen hört, ist es kaum zu glauben, dass Projekte wie die »Stadtteiloper« oder »Die Melodie des Lebens« nicht von Beginn an für große Aufmerksamkeit gesorgt haben. Vielmehr blieb, so Albert Schmitt, die erste Opernaufführung nahezu ohne Resonanz: »Ich erwartete alles Mögliche, aber am allerwenigsten, dass gar nichts passiert. Es gab kaum eine Reaktion, geladene Gäste waren nicht erschienen. Ich war fassungslos!« Inzwischen kann davon keine Rede mehr sein. Die Idee ist in der Gesellschaft angekommen, das Zukunftslabor zum international beachteten Vorzeigeprojekt geworden. Offensichtlich muss man abwarten können, damit Schwingungen entstehen. Andrea Katzmarczyk, Kommunikationschefin des Orchesters, die uns diesen erkenntnisreichen Tag ermöglicht und sich erfreulicherweise nicht auf die Rolle der Gastgeberin beschränkt hat, gibt ein gutes Beispiel für diese Haltung: »Wir lassen uns auch mit Einspielungen des Kernrepertoires sehr viel Zeit. Andere Orchester spielen zwei oder drei Konzerte und werfen dann schnell eine CD auf den Markt. Wir setzen uns intensiv mit einem Komponisten auseinander, gehen in Klausur, laden Experten ein und erarbeiten uns ein Thema von Grund auf – erst dann veröffentlichen wir einen Tonträger.«
Hartmut Rosa hätte sicherlich seine Freude an der Kammerphilharmonie, wird doch hier an den richtigen Stellen der Beschleunigung Einhalt geboten, damit Resonanz eine Chance bekommt. Bevor wir der Orchesterprobe lauschen, lässt es sich Albert Schmitt nicht nehmen, uns noch mit einem interessanten Gedanken zu irritieren: »Je resonanzfähiger und wirksamer eine Idee wird, desto weniger kann man von einem Experiment sprechen, weil Solidität und Beständigkeit entstehen.«

Es lässt sich für die Ermöglichung von Resonanz viel lernen – sowohl von der Theorie als aber auch von unseren »Spieldrehern«.

- Musterbrecher wissen, dass Wertschätzung nicht unbedingt auch Resonanz bedeutet.
- Musterbrecher versuchen, das Tempo herauszunehmen, obwohl sich das große Hamsterrad nicht bremsen lässt.
- Musterbrecher kennen und beachten den Unterschied zwischen Befund und Befinden.
- Musterbrecher fördern Zonen der Unverfügbarkeit, auch wenn es der Organisationslogik zuwiderläuft.
- Musterbrecher fragen sich, wodurch Resonanz verhindert wird – und verwechseln Resonanz nicht mit instrumentellen Beziehungen.

FAHRLÄSSIG ZUTRAUEN

Warum sich die Arbeit am Menschen lohnt

Im Rahmen eines Führungsseminars erläutert die Personalchefin einer großen Bundesbehörde das kurz vor der Einführung stehende Konzept der Vertrauensarbeitszeit. Zukünftig sollen Mitarbeitende ihre Arbeit flexibel und eigenverantwortlich organisieren. Nach reiflicher Überlegung hat die Geschäftsleitung entschieden, die Vertrauensarbeitszeit für Mitarbeitende ab Lohnklasse 15 einzuführen. Den Beschluss begründet die Personalchefin wie folgt: »Bis Lohnklasse 14 wollen Mitarbeitende ihre Stunden aufschreiben. Die Freiheit überfordert, sie benötigen diesen Rahmen.«

Bei Vorträgen und Workshops erleben wir immer wieder ähnliche Reaktionen: Teilnehmende Führungskräfte beteuern, dass sie gerne mehr delegieren würden, doch leider seien die Mitarbeiter nicht in der Lage, mit den zugestandenen Freiheiten sinnvoll umzugehen. Stattdessen benötigten sie – zumindest manche, die angeblich »noch nicht so weit seien« – klare Vorgaben, sie wollten geführt, motiviert und manchmal auch kontrolliert werden. Diese unter Führungskräften verbreitete Haltung ist unter anderem dafür verantwortlich, dass Organisationen misstrauensorientiert gestaltet und Mitarbeitende bevormundet werden. Dies muss ursächlich gar nicht unbedingt vom Management ausgehen, denn häufig erzeugen schon gesetzliche oder behördlich festgelegte Rahmenbedingungen ein Klima des Misstrauens. Wie im Folgenden zu sehen, bedarf es daher eines gewissen Maßes an Souveränität seitens der Führung, um diesem kontraproduktiv wirkenden Klima etwas entgegenzusetzen.

»Wir haben in der Branche inzwischen die Situation, dass die Daten mehr gepflegt werden als die Menschen.« Dieser Satz stammt von Jutta Klarmann, Geschäftsführerin einiger Gesellschaften der Azurit-Hansa-Gruppe, und beschreibt eine Entwicklung, die nicht nur für den Gesundheits- und Pflegesektor zutrifft. Oft genug jedoch ziehen die unter dem Stichwort »Entbürokratisierung« geführten Gegeninitiativen, die den überbordenden Dokumentationspflichten Einhalt gebieten wollen, nur neue Bürokratie nach sich. Nicht so in der beeindruckenden Geschichte, die uns Jutta Klarmann erzählt.
Sie berichtet von einem der wenigen Fälle, in dem eine Initiative aus der Politik – gemeint ist das Strukturmodell in der Pflege – durch konsequente und gleichzeitig mutige Umsetzung wirklich zum gewünschten Erfolg führt. »Sie müssen sich vorstellen, dass die Pflegeakte für eine einzelne pflegebedürftige Person aus etwa 30 bis 50 DIN-A4-Blättern besteht. Darin werden alle Tätigkeiten und Teilleistungen, die von Pflegekräften erbracht werden, bis zum letzten Schritt dokumentiert und handschriftlich abgezeichnet. Es geht also beispielsweise nicht nur ums Zähneputzen als solches, sondern um die Dauer, die Bewegungsrichtung etc. Dazu kommen die permanente Überprüfung und Dokumentation der Einstufung in sogenannte »AEDL-Klassen«, in denen ›Aktivitäten und existenzielle Erfahrungen des Lebens‹, wie etwa Essen oder Kommunizieren erfasst werden, aber auch ›der Umgang mit wichtigen Lebenserfahrungen‹. Wenn man so haarklein dokumentiert, wie es den Pflegebehörden am liebsten wäre, kann keine gute Pflege dabei herauskommen!«
Jutta Klarmann ist vom Fach. Sie hat Pflege von der Pike auf gelernt und genießt daher auch bei den Mitarbeitenden an der Basis hohen Respekt und breite Anerkennung. Es komme nicht häufig vor, dass

das Topmanagement in Pflegeunternehmen mit dieser Kompetenz ausgestattet sei, sagt Klarmann: »Die können alle rechnen, aber sie haben sich noch nie mit den Qualitätskriterien von Windeln beschäftigt. Ich weiß, worum es geht und was Pflege schwer macht.« Auf Klarmanns Bestreben hin wurde in den Jahren 2016 bis 2019 die Dokumentationslogik radikal umgestellt. Früher galt der Grundsatz, dass eine Leistung nur dann als erbracht galt, wenn sie auch handschriftlich abgezeichnet war. Damit einher ging die mindestens latente Unterstellung, dass Pflegekräfte ohne diese Kontrolle die Leistung eventuell nicht erbringen würden. »Und genau diese Prämisse haben wir anders gesetzt. Jetzt gehen wir im Grundsatz davon aus, dass alles Nötige getan wird. Dokumentiert wird selbstverständlich auch, aber nur hinsichtlich der Abweichungen zur festgelegten Tagesstruktur. Es ist ein immenser Unterschied, ob du alles oder nur die Abweichungen festhältst. 2019 waren wir nach drei Jahren dann so weit und hatten die Akten von etwa 6000 Bewohnerinnen und Bewohnern in unseren 80 Einrichtungen im Sinne des neuen Dokumentationsstils verschlankt. Natürlich mussten wir auch die Mitarbeiter schulen, das war schon Arbeit. Aber es hat sich gelohnt, denn wir ersparen uns seitdem Tag für Tag unwahrscheinlich viele handschriftliche Abzeichnungsschritte.«
Jutta Klarmann haben wir im Jahr 2017 im Rahmen eines Musterbrecher-Workshops mit den Azurit-Führungskräften kennengelernt. In ihrer lebendig-fröhlichen Art zu erzählen und die Dinge bescheiden und locker zusammenzufassen, ist das Mutige an ihrem Vorgehen kaum zu erkennen, erscheint im Gegenteil als Selbstverständlichkeit. Deshalb fragen wir nach, wie viele andere Pflegedienstleister die Steilvorlage aus der Politik ebenso dankbar aufgegriffen hätten. »Tatsächlich ist mir nicht bekannt, dass außer uns jemand diesen Schritt ebenfalls gegangen wäre.« Die Managerin ahnt unsere Anschlussfrage nach dem Grund und erläutert, dass viele Träger die Auseinandersetzung mit den Aufsichtsbehörden scheuten. »Pflege ist nicht mutig. Ganz im Gegenteil: Man ist sehr hierarchiegläubig. Jetzt hat man sogar eine Pflegekammer gegründet und eine Pflichtmitgliedschaft eingeführt. Die anderen Unternehmen wollen bei den Prüfbehörden eine gute Figur machen. Darauf kommt es mir gar nicht an. Ich will einfach nur keinen Ärger. Natürlich haben wir uns exponiert, ich muss viel mit den Behörden diskutieren. Und der Medizinische Dienst der Krankenkassen war auch nicht begeistert, dass wir

keine Assessments mehr machen. Wieso sollen wir anhand von 25 Kriterien die Sturzwahrscheinlichkeit bemessen, wenn diese nur eine Scheinsicherheit erzeugen? Das Gute ist aber: Ich kann immer auf das Strukturmodell verweisen und sagen, dass es die Politik genau so gewollt hat.«

Nicht nur für die Klientinnen und Klienten, sondern vor allem für die Mitarbeitenden hat sich die einmalige Mühe mit der Umstellung auf das neue Modell gelohnt. »Der Stellenschlüssel hat sich ja nicht verändert. Das heißt, wir haben dieselbe Anzahl von Pflegekräften für die Bewohner wie zuvor. Endlich gibt es aber mehr Zeit für das, was im Zentrum stehen soll: die eigentliche Pflege«, freut sich Klarmann.

Übrigens wurde der Abschied von der alten Dokumentationslogik gebührend zelebriert. In manchen Einrichtungen wurden die alten Akten auf Wäscheleinen gehängt oder sogar rituell verbrannt, an allen Standorten gab es einen Kick-off in das neue Zeitalter, in dem man den Pflegeprofis konsequent zutraut, nicht mit Mikrodokumentationen gegängelt werden zu müssen, damit sie ihre Aufgaben erfüllen; eine Aufgabe, derentwegen sie einst ihren Beruf gewählt haben.

Natürlich ist Jutta Klarmann Managerin genug, um den Blick für das System nicht zu verlieren: »Wir haben das neue Vorgehen mit unseren Versicherern abgesprochen. Es hat im Übrigen noch keinen einzigen Haftungs- oder sonstigen Zwischenfall in den letzten drei Jahren gegeben. Und die Pflegequalität hat sich nachweislich nicht verschlechtert – im Gegenteil.«

Für Jutta Klarmann ist das alles ganz selbstverständlich.

Götz Werner, der Gründer von dm-drogerie markt, auf den wir später noch zurückkommen werden, spricht oft davon, dass bei der Gestaltung von Organisationen meist zwei unterschiedliche Menschenbilder zugrunde gelegt werden. Wer seine Kollegen oder Chefs fragt, ob diese sich selbst für motiviert oder vertrauenswürdig halten, wird als Antwort ein uneingeschränktes »Ja« hören. Die Antwort auf die Anschlussfrage, ob der Gesprächspartner nicht eine ganze Reihe von Menschen kenne, die letztlich doch eine strikte Führung benötigten und diese auch einforderten, dürfte gleichwohl ebenfalls bejaht werden. Im Fall von Jutta Klarmann verhält es sich anders. Die Führungskraft tritt aktiv dafür ein, dass für die Profis an der Basis, die so dringend mehr Zeit für die so wichtige Arbeit am Menschen benötigen, der Maßstab eines vorbehaltlos positiven Menschenbildes angelegt wird. Es geht nicht um eine theologische oder philosophische Diskussion des Menschenbildes, sondern um die ganz pragmatische und fast alltäglich immer wieder auftretende Frage:

Wie begegne ich meinem Gegenüber?

Untersuchungen zeigen, dass 90 Prozent der Autofahrer glauben, überdurchschnittlich gut zu fahren. Die Tendenz, sich selbst eine überhöhte Leistungsfähigkeit zuzuschreiben, ist in der Psychologie unter dem »Above-Average-Effekt«[138] bekannt. Man trifft ihn auch in Organisationen an, wenn Führungskräfte die Selbstorganisationsfähigkeit ihrer Mitarbeitenden unterschätzen und daraus ableiten, selbst planen, messen, organisieren, beurteilen und kontrollieren zu müssen.
Im Alltag werden wir immer wieder von Mitmenschen enttäuscht. Zum Beispiel von Arbeitskollegen, die aus Opportunismus ihre Überzeugungen unvermittelt aufgeben, sich etwa von der zugesagten Unterstützung eines Vorhabens distanzieren. Oder von guten Freunden, die sich dann zurückziehen, wenn wir ihrer Hilfe am nötigsten bedürfen. Doch diese Enttäuschungen gehören zum Leben, die Art, wie wir mit ihnen umgehen, ist geprägt durch unsere individuellen Sozialisationserfahrungen. Bin ich in einem von Vertrauen geprägten Umfeld aufgewachsen, werde ich solche Enttäuschungen als Einzelfälle einzuordnen wissen, sie als solche verarbeiten können und mein positives Bild von Mitmenschen nicht irritieren lassen. Anders Menschen mit einem von Misstrauen geprägten Erfahrungshintergrund: Sie fühlen sich durch das Erlebte in ihrer grundsätzlich eher negativen Einstellung anderen gegenüber bestätigt.

Die Frage, ob unsere Persönlichkeit das Produkt einer genetischen Disposition oder von Umwelteinflüssen und Erfahrungen geformt ist, beschäftigt die Wissenschaft schon sehr lange.

In der Wirtschaftswissenschaft kennen wir den Nutzenmaximierer und Selbstoptimierer in Form des »Homo oeconomicus« genauso wie den Menschen als sozial motiviertes Gruppenwesen aus der Human-Rela-

tions-Bewegung. Das Pendel schlägt also mal in die eine, mal in die andere Richtung aus.
»Von welcher Grunddisposition des Menschen können wir ausgehen? Ist der Mensch gut oder schlecht?« Mit diesen Fragen konfrontierten wir den Neurobiologen, Arzt und Psychiater Joachim Bauer im Rahmen eines Interviews in Freiburg im Breisgau. Seine Antwort: »Es darf auf keinen Fall blauäugig Altruismus unterstellt werden. Menschen haben einen biologischen Sinn für Gerechtigkeit. Altruismus ist zwar tief in uns verankert, er wird aber durch den realen Kampf um Ressourcen in Mitleidenschaft gezogen.«
Nach Bauer lassen sich drei zentrale Aussagen treffen. Erstens: Der Mensch ist ein in seinen neurobiologischen Antrieben und Motivationen auf zwischenmenschliche Akzeptanz ausgerichtetes Wesen. »Nichts aktiviert die Motivationssysteme im Gehirn so sehr wie der Wunsch, von anderen gesehen zu werden, die Aussicht auf soziale Anerkennung, das Erleben positiver Zuwendungen und die Erfahrung von Liebe.«[139] Zweitens: Soziale Ausgrenzung oder Demütigung wird vom menschlichen Gehirn ähnlich wie körperlich zugefügter Schmerz erlebt und mit Aggression beantwortet. Zum Überleben benötigen wir außer Nahrung auch soziale Anerkennung. Drittens: »Menschen haben ein neurobiologisch verankertes Gefühl für soziale Fairness.«[140] Die Evolution hat Kooperation entstehen lassen, bevor Letztere sich – nach ökonomischen Maßstäben – zu lohnen begann. »Experimente zeigen, dass bei psychisch durchschnittlich gesunden Leuten die Glückssysteme des Gehirns anspringen, wenn sie eine altruistische Entscheidung getroffen haben.«[141] Vielleicht müsste man im Hinblick auf die Gestaltung von Organisationen das oben Erwähnte hinzufügen: sofern der Altruismus im Kampf um harte Ressourcen nicht auf eine allzu harte Bewährungsprobe gestellt wird.
In interdisziplinären Experimenten konnte der Fairness-Forscher Ernst Fehr, Chairman am Department of Economics an der Universität Zürich, zeigen, dass Menschen viel seltener von egoistischen Motiven getrieben sind als in der Ökonomie gemeinhin angenommen. Fairness spielt dagegen eine weitaus größere Rolle. Der Mensch ist von Natur aus nicht nur auf Rivalität angelegt, sondern auch – und in weit stärkerem Maße – auf Kooperation. Anlässlich der Verleihung des Gottlieb-Duttweiler-Preises am 9. April 2013 in Rüschlikon sprach der Preisträger Fehr von einem irregeleiteten Bild, das die Ökonomie lange Zeit vom Menschen gehabt habe. Er betonte, dass weder Märkte noch Unterneh-

men funktionieren könnten, wenn alle nur egoistisch wären. »Wir würden als Menschen nicht existieren, wenn die Zellen nicht kooperieren würden: ... Kooperation ist also ein Grundprinzip von Biologie und Gesellschaften. Firmen, die Zehntausende Arbeitskräfte beschäftigen, sind ein Uhrwerk der Kooperation.«[142]

Die Annahme, Menschen ließen sich auf ein rational ökonomisches Verhalten reduzieren, führt also in die Irre.

Wir lassen uns auch von anderen Motiven, besonders von Gerechtigkeit oder Empathie, leiten. Die Fähigkeit des Menschen zu moralischem Empfinden und Handeln ist jedem gesunden Menschen gegeben – in Reichweite und Zuschnitt allerdings unterschiedlich ausgeprägt.

Dan Ariely, Professor am Massachusetts Institute of Technology, hat in Experimenten zum Wirtschaftsbetrug herausgefunden, dass von 30 000 Versuchsteilnehmern, die die Möglichkeit bekamen zu betrügen, zwölf Probanden im großen Stil und 18 000 in geringerem Maße betrogen haben.[143] In einem anderen Versuch stellte Ariely fest, dass zwar viele ehrliche Menschen betrügen, wenn man ihnen die Gelegenheit dazu gibt.[144] Aber jeder der an seinem Experiment beteiligten Harvard-Studenten hatte eine moralische Hürde, die er nicht überschritt.

In der Gesellschaft bestehen also nicht ganz unbegründet eine Grundangst vor dem Schlechten und ein entsprechendes Sicherheitsdenken.

Es werden Verträge abgeschlossen, um sich abzusichern, gewählte Telefonnummern und Gesprächszeiten der Mitarbeiter werden erfasst; stichprobenartig kontrolliert der Werksschutz die Taschen der Arbeitnehmer beim Verlassen des Gebäudes; und manchmal geht das Misstrauen so weit, dass die Toiletten und Aufenthaltsräume der Angestellten kameraüberwacht werden. Alles aus der Furcht heraus, dass man betrogen werden könnte, wenn man nur die Gelegenheit dazu lässt. Ursache dafür sind die einseitigen oder gar fehlenden wechsel-

seitigen Beziehungserfahrungen in Organisationen, die Vertrauen voraussetzen und Vertrauen schaffen sollten.[145]
Durch Nutzung von Synergien und von Größenvorteilen werden unsere Institutionen immer gigantischer – und gleichzeitig räumlich verteilter. Zur Beherrschung der Schnittstellen und zur Bewältigung des Koordinationsbedarfs glauben wir, Beziehungen mehr und mehr durch Instrumente ersetzen zu müssen. Reale Erfahrungen mit Menschen fehlen, und unsere Erlebniswelt wird immer enger. Die arbeitsteilige und komplexere Organisation führt also zu Beziehungsverlust. Kommunikation über elektronische Medien, Telearbeitsplätze, globale Kunden-Lieferanten-Beziehungen, ständig wechselnde Teamzusammensetzungen etc. lassen es schwieriger werden, echte Beziehungen aufzubauen. Und für diesen Verlust scheinen auch die sozialen Medien keinen wirklichen Ersatz zu bieten. Andererseits schaffen insbesondere die Steuerungs- und Kontrollinstrumente handlungsleitende Realitäten, die unser Bild von der Kollegin, vom Mitarbeiter, aber auch von der Führungskraft offenbaren und verfestigen. Diese misstrauensorientiert ausgelegten Instrumente und Managementarchitekturen sind wiederum dafür verantwortlich, dass neue Tools entstehen. Es dreht sich eine Negativspirale, die das Bild vom Menschen erzeugt, das wir technokratisch zu bekämpfen versuchen. Wie aber lässt sich dieser Teufelskreis durchbrechen?

Götz W. Werner, Gründer und Aufsichtsrat von dm-drogerie markt, ist – obwohl er sich vor einigen Jahren aus der operativen Führung des 46 000 Mitarbeiter starken Unternehmens zurückgezogen hat – ein viel beschäftigter Mann: Entweder er hält Vorträge über Führung, versucht Menschen für das bedingungslose Grundeinkommen zu begeistern, oder er berichtet über sein unternehmerisches Leben erst als Drogist, dann als Erbauer des größten deutschen Drogeriemarktunternehmens mit mittlerweile über 2800 Läden von der Nordsee bis zum Schwarzen Meer.
Unser Interviewtermin mit Götz W. Werner ist etwas ungewöhnlich: Wir fahren mit ihm im Zug von Stuttgart nach München. Zwei Stunden und 30 Minuten im IC. Treffpunkt ist das reservierte Abteil. Dort sitzen wir uns zu dritt bei Filterkaffee und Tee aus Pappbechern in den rot gemusterten Veloursitzen gegenüber.
Werner war am Abend zuvor in der Oper Don Giovanni *in Baden-Baden, vermutlich wurde es spät, denn er gähnt ab und zu. Nach kurzer*

Vorstellung steigen wir in das Thema ein. Wir hatten ihn vor drei Jahren auf einem Symposium in Berlin, auf dem wir selbst vortrugen, das erste Mal persönlich gehört. Damals hatte er den Teilnehmern eine Frage gestellt, die uns nachhaltig beeindruckte: »Warum haben wir Menschen immer zwei Menschenbilder? Das von uns und das vom anderen!« Als wir darauf zu sprechen kommen, erzählt er uns, dass er kürzlich einen Vortrag bei der Jahrestagung der Hochschullehrer für Betriebswirtschaft gehalten habe. Dort habe er gesagt: »Wenn Sie mich als Autodidakten einladen, dann müssen Sie auch mit meinen Ansichten vorliebnehmen. Darum sage ich Ihnen: ›Das Schlimmste, was Sie machen können, ist, Ihren Studenten immer wieder zu erzählen, dass der Mensch Mittel sei.‹« Er habe festgestellt, dass jedes Jahr Tausende von Studenten aus den Universitäten kämen, denen das ganze Studium über gesagt worden sei, der Mensch sei Kosten-, Nutz-, Konsumfaktor und Humanressource. Das sei ein komplett falsches Bild. Der Mensch sei nie Mittel, sondern immer Zweck. »Wenn man die Menschen als Mittel betrachtet, dann wird man dem anderen nicht gerecht. Dann wird man unmenschlich. Das ist mir in den letzten 20 Jahren richtig klar geworden. Sie können eine noch so soziale Gesinnung haben, Sie können eine noch so gute Absicht verfolgen, wenn Sie an dieser Stelle die Weiche falsch stellen, dann ist es nur eine Frage der Zeit, bis Sie ins Gegenteil – ins Unmenschliche – abrutschen. Es ist schwierig, den Verantwortlichen in Unternehmen klarzumachen, dass es nicht ihre primäre Aufgabe ist, erstklassige Autos zu verkaufen oder gute Zahnpasta, sondern dass sie Rahmenbedingungen schaffen müssen, die es den Menschen ermöglichen, ihre Biografien zu leben.

Damit das gelingen kann, verkaufen wir bei dm zum Beispiel Zahnpasta. Das müssen wir gut und auch immer besser machen. Aber das ist immer das Mittel, und der Mensch ist der Zweck. Der Mensch muss im Unternehmen einen Platz finden, an dem er sagen kann: ›Hier bin ich Mensch.‹«

Er trinkt einen Schluck grünen Tee, schaut kurz aus dem Fenster und zeigt uns das neu entstandene Logistikcenter eines großen Konkurrenten, das wir gerade passieren. Dann kommt er sofort wieder zum Thema: »Was Menschen erreichen können, ist doch immer suboptimal. Der Mensch ist unvollkommen – kann sich aber entwickeln. Wir werden als Menschen ständig in Situationen geworfen, in denen wir wachsen können. Im Gegensatz zum Tier, das determiniert, aber

perfekt auf die Welt kommt. Wenn ein Hund oder eine Katze auf die Welt kommt, dann stirbt er oder sie auch als Hund oder Katze. Als was wir einmal sterben werden, ist völlig offen.«
Uns interessiert, wie er als Unternehmer mit dieser Erkenntnis umgegangen ist. »Zuerst einmal müssen Sie den Menschen etwas zutrauen. Das ist nicht zu verwechseln mit Vertrauen. Zutrauen ist eine Bringschuld, Vertrauen ist die Resultante«, erklärt er uns. »Sie haben mir zugetraut, dass ich zu Ihrem Buch etwas beitragen kann. Ohne dieses Zutrauen würden Sie nicht mit mir von Stuttgart nach München fahren. Und das gilt genauso für das Unternehmen: Man muss den Menschen also erst einmal etwas zutrauen, erst einmal eine Teilhabe gewähren, damit sie teilnehmen können.« Mit dieser Philosophie hat Werner dm aufgebaut.
»Ein entscheidendes Schlüsselerlebnis hatte ich auf der Rückfahrt von Saarbrücken nach Karlsruhe. Ich hatte damals den Anspruch, an jedem dm-Markt anzuhalten, der auf dem Weg lag. So kam ich kurz vor Ladenschluss in Pirmasens an einer Filiale vorbei und hielt. Es war nur noch eine Mitarbeiterin im Laden. Wir kamen ins Gespräch, und ich fragte sie: ›Als was sind Sie denn bei uns tätig?‹ Worauf die Kollegin antwortete, sie sei nur eine geringfügig Beschäftigte. Das war für mich wie ein Schlag vor den Kopf. Auf der Rückfahrt nach Karlsruhe fragte ich mich die ganze Zeit, was machen wir eigentlich falsch, dass jemand denkt, er sei bei uns nur geringfügig beschäftigt? Und da ist mir klar geworden, das ist eine Frage der Wertschätzung.«
Götz Werner redet schnell mit leicht badischem Akzent, doch als er den folgenden Satz spricht, betont er bewusst und laut: »Wenn diese Mitarbeiterin kurz vor 18.30 Uhr die Einzige ist, die in dem Laden steht, dann ist sie für einen Kunden die wichtigste Mitarbeiterin im gesamten Unternehmen!«
Die Aufgabe von Unternehmen und natürlich von Führungskräften sei es, Verhältnisse zu schaffen, in denen die Mitarbeiter sagen können, dass die Arbeit für sie Sinn ergebe. Jeder, der für andere arbeite – und das treffe für nahezu jeden zu –, müsse das Gefühl haben, dass das, was er tue, einen Wert für die anderen habe. »Wenn wir also wollen, dass andere etwas für uns tun, dann ist Wertschätzung der Schlüsselbegriff. Wertschätzung motiviert andere, etwas für mich zu tun.«
Wir stellen ihm die Frage, wie man das konkret bei dm lebe. »Zuerst einmal werden die Mitarbeiter Ihnen sagen, dass es bei dm ganz an-

ders ist.« Mit dieser Antwort sind wir nicht ganz zufrieden. Wir wollen wissen, was anders ist. »Jeder muss sich die prinzipielle Frage stellen, ob er im Leben etwas erreichen kann, wenn er Druck aufbaut. Und viele Menschen meinen, das tun zu müssen. Ich bin der Überzeugung, dass man nur durch Sog etwas erreicht. Sie müssen alles im Unternehmen verhindern, was Druck erzeugt. Sie dürfen sich keinem Wachstumszwang aussetzen, denn das erzeugt Druck. Sie sollten keine leistungsorientierte Bezahlung einführen. Das ist der absolute Sargnagel für die Kultur in Unternehmen, denn dadurch entsteht wieder Druck. Gerade im letzten Fall entlohnt man Menschen für erreichte Zielvorgaben, für die geleistete Arbeit – und entlohnt sie nicht, damit sie sich das Arbeiten für andere leisten können.« Götz Werner zitiert Theodor Storm, um zu veranschaulichen, was er meint. »Der eine fragt: Was kommt danach? Der andere fragt nur: Ist es recht? Und also unterscheidet sich der Freie von dem Knecht.« Der Freie würde nach den Folgen seines Handelns fragen, der andere schaue nach oben zu seinem Vorgesetzten, der den Bonus gewähre. Und immer, wenn er nach oben zu seinem Vorgesetzten schaue, verliere er den Kunden aus dem Auge.

Werner erklärt uns, dass jeder im Wertschöpfungsprozess gleich wichtig sei. Darum sei die Anzahl der Vorgaben und Anweisungen bei dm auf ein Mindestmaß reduziert. Die Mitarbeitenden bestimmten mit, ob noch jemand eingestellt werden solle. Sie hätten ein Mitspracherecht bei der Auswahl des Sortiments und erhielten lückenlosen Einblick in die Geschäftszahlen. Man kenne die Gehälter der Filialleiterinnen und -leiter und wisse, welche Projekte liefen, auf die man sich bewerben könne. Konsequent werde auf eine Kostenrechnung verzichtet. Der Kostenbegriff ist aus Werners Sicht negativ belegt. Stattdessen bilde man Leistungen über eine sogenannte »Wertbildungsrechnung« ab. Darum spreche man bei dm nicht von »Personalkosten«, sondern von »Mitarbeitereinkommen«. Jeder Mitarbeitende könne so nachvollziehen, welche Fremdleistungen zugekauft würden und welche Eigenleistungen zum Erfolg beigetragen hätten. So komme sein Grundsatz zum Tragen: »Das einzig legitime Ziel der Führung ist Selbstführung.«

»Wir kommen aus einer Zeit, in der es einen gab, der es besser wusste. Das war der Meister. Diese Haltung hat sehr lange gut funktioniert, als die Gesellschaft noch auf sozialer Nähe aufbaute. Und so war es am Anfang auch bei dm. Ich war der Älteste, der Erfahrenste. Der erste

Laden, den ich eröffnet hatte, konnte die besten Zahlen vorweisen. Darum haben sich die Menschen auch ständig an mich gewandt und wollten Antworten von mir. dm wurde größer, aber meine 24 Stunden blieben die gleichen. Ich war damals Mitte 30, und egal, in welche Filiale ich kam, es hieß immer: ›Herr Werner, Sie müssen da und dort anrufen.‹
Ich befasste mich damals mit geisteswissenschaftlichen Themen und hatte gelesen, dass in jeder Frage bereits die Antwort stecke. Ich begann, darauf genau zu achten. Und dann stellte ich fest: Das ist ja tatsächlich so. Die Mitarbeiter wollten sich mit den Fragen nur rückversichern. Damit sie, falls es schieflief, sagen konnten: ›Herr Werner, Sie hatten das ja so entschieden.‹ Was zu tun war, das wussten sie schon längst. Darum habe ich mir angewöhnt, keine Antworten mehr zu geben – das war schwer. Wenn jemand wieder mit einer Frage kam, habe ich mit drei Fragen geantwortet. Möglichst solche, deren Beantwortung aufwendig war. Nach kürzester Zeit fragte mich niemand mehr. Die Mitarbeiter entschieden selbst.
Mir ist klar geworden: Eine Führungsperson ist nicht jemand, der alles weiß und besser kann, sondern der, der die notwendigen Fragen stellt. Wer Fragen stellt, eröffnet Bewusstsein. Die Zukunft gestaltet man nicht mit Antworten, sondern mit Fragen. Heute kann man keine Menschen mehr führen, indem man Fragen beantwortet, sondern indem man Fragen stellt. Das ist aus meiner Sicht die ›kopernikanische Wende‹ in der Führung.
Politiker stellen fast nie Fragen, weil sie glauben, dass die Menschen Antworten brauchen. Weil immer noch in unserer Gesellschaft die Haltung herrscht: Ich weiß es – und die anderen nicht. Das ist ein Kulturproblem. Wir sollten, wenn wir es mit Menschen zu tun haben, gedanklich die Arbeit an der Materie von der am Menschen stets trennen. Wenn wir an der Materie, also in der Produktion, arbeiten, sollten wir versuchen, sehr sparsam zu sein, sollten wir uns Gedanken um die Effizienz machen. Wenn wir es aber mit Menschen zu tun haben, dann müssen wir verschwenderisch und großzügig mit der Zuwendung umgehen.«

Götz W. Werner hat Selbstverständlichkeiten hinterfragt. Er hat die klassische Vorstellung, Menschen würden arbeiten, um Geld zu verdienen, anders interpretiert und damit eine neue Prämisse geschaffen: Menschen müssen die Chance – in der Regel in Form eines (Grund-)Einkommens – erhalten, arbeiten zu können und nicht um der Entlohnung willen arbeiten zu müssen. Werner nahm den Wachstumsdruck von dm, fragte nicht mehr nach den Kosten, sondern bildete Leistungsströme ab. Versuchte nicht, die Humanressource als Mittel auszubeuten, sondern Rahmenbedingungen dafür zu schaffen, dass Menschen ihre Potenziale für das Unternehmen entfalten können. Für ihn sind alle, die bei dm mitarbeiten, gleich wichtig. Aus seiner Sicht gibt es keine »geringfügig Beschäftigten«. Er setzt der von Effizienz geprägten Arbeit an Produkten eine von Großzügigkeit bestimmte Arbeit am Menschen entgegen.

Die Auslegung der Unternehmen ist von den Bildern geprägt, die sich seit Jahrhunderten in unseren Köpfen verfestigt haben.

In Tomàš Sedláčeks *Die Ökonomie von Gut und Böse*[146] kann man die Entstehung dieser Bilder vom Gilgamesch-Epos bis zu den Finanz- und Wirtschaftskrisen unserer Zeit nachvollziehen. Diese Bilder prägen natürlich auch unseren Umgang mit den Menschen. Sie prägen vor allem die Methoden und Techniken, mit denen wir unsere Organisationen ausrüsten.

Und genau hier können wir ansetzen. Überlegen wir uns doch einfach, welche Nebenwirkungen professionelle Managementmethoden haben, die wir anwenden. Sobald der Verdacht aufkeimt, sie könnten entmündigen, sollten sie auf den Prüfstand gestellt werden. Wenn wir an ihnen – aus welchen Gründen auch immer – festhalten wollen oder müssen, dann sollten diese Gründe den Mitarbeitenden erklärt werden. Weil das das Mindeste ist, was mündige Menschen erwarten dürfen.

Die Arbeit am Menschen kann aber auch bedeuten, mithilfe von Experimenten neue Erfahrungen im Umgang mit Menschen zu machen. Wissenschaftliche Studien machen zu derartigen Experimenten Mut. Sie belegen, dass Nutzenkalkül, Rücksichtslosigkeit und Gier nicht die Haupttriebkräfte des Menschen, sondern eher Ergebnis einer fehlgesteuerten »Selbstzüchtung« sind. Es gibt nicht in allen, aber doch in vielen Menschen die Neigung, sich fair zu verhalten. Oder in den Worten von Ernst Fehr: »Sie können Umgebungen schaffen, die Menschen in ihren altruistischen Anlagen bestärken – oder die diese abtöten.«[147]

Wenn genetische Programme nicht festlegen, was wir sind, sondern bestenfalls, was aus uns werden könnte,[148] sind Führungskräfte gut beraten, ihr Augenmerk konsequent auf das Schaffen von Umgebungen zu legen, in denen Menschen ihren sozialen Anlagen entsprechend handeln können.
Schule, so zeigt das folgende Beispiel, ist wohl einer der prägendsten Orte für das, was aus Menschen werden kann.

»Meine Schulzeit war eigentlich katastrophal. Und nach dem qualifizierenden Mittelschulabschluss in der neunten Klasse stand ich ohne Ausbildung da. Deshalb war ich froh, dass ich noch die zehnte Klasse besuchen konnte. Hier habe ich zum ersten Mal in meiner Schulzeit gemerkt, dass mir etwas zugetraut wurde und dass ich etwas kann. Und dass ich es schaffe, etwas nach vorne zu bringen. Ich habe zu mir gesagt: ›Du punktest zwar nicht großartig in Mathe oder Deutsch, aber du bist eine Macherin.‹«
Magdalena Adinolfi erinnert sich an ihre Zeit an der Pauline-Thoma-Mittelschule im oberbayerischen Kolbermoor. Gemeinsam mit ihrem ehemaligen Klassenkameraden Murat Harmanda ist sie – fast zehn Jahre nach ihrem Abschluss – an den vielfach immer noch als Brennpunktschule bezeichneten Ort zurückgekommen. Sieht man die Entwicklung der Schule in den letzten Jahren, wird klar, dass die Bezeichnung längst nicht mehr angemessen ist. Im Gespräch mit dem Leitungsteam der Schule, bestehend aus dem Rektor Markus Rinner und der Konrektorin Susanne Jägerbauer, wird uns über bemerkenswerte Veränderungen berichtet, die bereits kurz nach Gründung der Schule im Jahr 2004 in die Wege geleitet wurden. Markus Rinner erinnert sich: »Wir nahmen 2006 am Modellprojekt ›Sozialwirksame Schule‹ teil. Es wurden Formate wie Schulvollversammlung, Klassenrat und Jugendarbeit an Schule (JAS) etabliert. Und wir haben mit neuen Methoden experimentiert, beispielsweise mit gruppendynamischen Übungen. Begleitet und unterstützt wurden diese Formate und Methoden durch einen externen Partner.« Susanne Jägerbauer, die 2018 von einer benachbarten Schule nach Kolbermoor wechselte, ergänzt: »Wichtig waren für uns immer die Werte. Aber eben nicht als leere Begriffe im Schulprogramm, sondern in ihrer Konkretisierung in Form von Regeln. So ordnen wir den Werten ›Toleranz‹ und ›Respekt‹ ganz basale soziale Umgangsformen zu, die für alle verbindlich sind: Wir grüßen einander, und zwar nicht nur die

Schüler die Lehrer, sondern auch die Schüler untereinander müssen das tun. Es werden in der Schule keine Caps getragen, Kaugummis im Unterricht sind tabu, und um 7.55 Uhr müssen alle im Klassenzimmer sein.«

Auf den ersten Blick würde man diesen Verhaltenskodex wohl als Rückbesinnung auf alte Zeiten interpretieren. Doch diese Einschätzung trifft in zweierlei Hinsicht nicht zu. Zum einen, so Rinner, dürfe man das dringende Bedürfnis der Schülerinnen und Schüler nach Orientierung keinesfalls unterschätzen. Dies gelte insbesondere für die Schülerschaft an Mittelschulen – traditionell geprägt von einem sozial schwachen und eher bildungsfernen Milieu. Zum anderen, so führt die Konrektorin weiter aus, richte sich die »Disziplinierung« nicht nur an die Schüler, sondern gleichermaßen an die Lehrer, und zwar mit überraschenden Effekten: »Unsere Schüler ärgern sich zum Teil sehr, wenn die Lehrer sich nicht an die Regeln halten. Es ist interessant zu sehen, welcher Druck von den Schülern ausgeübt wird, wenn um 7.55 Uhr alle da sind – nur nicht die Lehrkraft. Durch genau solche Verbindlichkeiten wird Schule zu einem berechenbaren und sicheren Raum.« Im Vergleich zu den Anfangszeiten vor 15 Jahren seien inzwischen deutlich weniger Problemfälle (Vandalismus etc.) zu verzeichnen, wenngleich es diese immer noch gebe.

An der Pauline-Thoma-Mittelschule wird der Begriff der Orientierung aber auch jenseits des erwähnten Werte- und Regelgerüsts in den Schulalltag integriert. Den wesentlichen Impuls hierfür setzte die Lehrerin Susanna Klein, die als ehemalige Unternehmerin im Einzelhandel seit 2008 neue Inhalte und Methoden mit wirtschaftlichem Bezug in den Schulalltag bringt. Damals testete sie das Projekt »Schülerfirma«, das bereits seit 1997 Bestandteil des bayerischen Lehrplans ist, aber bis heute von den meisten Schulen nur halbherzig umgesetzt wird. Oder, wie Markus Rinner schmunzelnd sagt: »Es wird von 75 Prozent der Schulen ganz gut ignoriert.« Aufgabe einer Schülerfirma ist es, dass die jeweils verantwortlichen Teams alle Aufgaben für die Erstellung eines Produkts oder die Erbringung einer Dienstleistung erfüllen. Im Ergebnis entsteht dann eine reale Firma, die Umsätze erwirtschaftet und idealerweise auch Gewinn macht, der dann etwa für die Finanzierung der Abschlussfahrt verwendet wird. Susanna Klein blickt zurück: »Die Schülerfirma war nur der Anfang. Im Schuljahr 2009 kam dann zusätzlich NFTE ins Spiel. Das ist die Abkürzung für ›Network for Teaching Entrepreurship‹. Auch hier sol-

len Schülerinnen und Schüler eine eigene Geschäftsidee entwickeln und diese wie Unternehmer in die Tat umsetzen. Der Unterschied zur Schülerfirma ist der, dass bei NFTE jede und jeder ein eigenes Projekt startet, die Geschäftsidee in Form eines Businessplans formuliert – und dann sowohl den Plan als auch eventuelle Produkte vor einer Expertenjury aus der Wirtschaft präsentiert. Im Rahmen des im März stattfindenden Businesstags werden dann die Sieger prämiert.«
NFTE ist eine aus den USA stammende Initiative, die inzwischen mit einer Zentrale in Berlin und sechs Regionalbüros auch in zwölf deutschen Bundesländern vertreten ist. Susanna Klein ist eine von bundesweit 2200 zertifizierten Lehrkräften und engagiert sich – neben ihrer vollen Lehrtätigkeit – als Landesmanagerin für NFTE Bayern. Die Idee dahinter, so Klein, sei es keinesfalls, wie Kritiker immer wieder unterstellten, Schüler zu ›kleinen egoistischen Kapitalisten‹ zu erziehen. Vielmehr gehe es darum, Begabungen junger Menschen zu erkennen, ihre Stärken zu fördern und einen Beitrag zu ihrer Persönlichkeitsentwicklung zu leisten. Unternehmerisch zu denken heiße auch, den Blick auf das eigene Leben zu richten und sich die Frage zu stellen: »Was unternehme ich, damit ich mein Leben selbst gestalten kann?« Guido Neumann, Geschäftsführer von NFTE Deutschland und ebenfalls an diesem Tag in Kolbermoor, sagt: »Unternehmer und Manager werden in der Öffentlichkeit gleichgesetzt, was dazu führt, dass ›Unternehmertum‹ und damit ›unternehmerisches Denken‹ eher negativ besetzt sind. Bei uns stehen Alltagskompetenzen und Lebensökonomie im Vordergrund – nicht das Denken in wirtschaftlichem Profit.«
Davon können wir uns im Februar 2019 bei der Präsentation der Businesspläne in den achten Klassen und wenige Wochen später beim jährlichen Businesstag überzeugen. Ein zurückhaltender, fast schüchterner Junge schiebt einen Fahrradanhänger in die Klasse, der die Aufschrift »Mangfallschutz Kolbermoor« trägt. Die Idee des 15-jährigen Niklas Romanski: Entsorgung von Hausmüll, eingebunden in ein Konzept zur Bewahrung des Gebietes an der Mangfall, dem Fluss, der durch Kolbermoor fließt. Hochkonzentriert trägt er seine Geschäftsidee vor. Man merkt, dass es ihn Überwindung kostet, vor der Jury und seiner eigenen Klasse zu sprechen. Anlässlich des Businesstags im März erfährt er, dass er mit seiner Idee den zweiten Platz belegt hat. Körperspannung und Mimik verraten, dass dies ein Tag ist, der den Jungen – pathetisch formuliert – als einen der

bislang selten erlebten Momente des persönlichen Wachsens prägen wird. Ganz bestimmt auch deshalb, weil er die neidlose Anerkennung durch seine Schulkameraden erfährt.
Erfahrungen wie diese bewirkten, dass Madgalena Adinolfi und Murat Harmanda, die Ehemaligen des Jahrgangs 2010, auch heute noch jedes Detail aus ihrer Zeit mit Schülerfirma und NFTE kennen. Sie kehren jedes Jahr wieder an ihre alte Schule zurück – inzwischen als Juroren für die Businesspläne. Fast zwei Stunden lang erzählen die beiden, inzwischen längst als Teamassistentin beziehungsweise Automobilverkäufer erfolgreich im Berufsleben verankert, von ihren Erinnerungen mit allen Höhen und Tiefen. Adinolfi spricht mit Respekt und Dankbarkeit von ihrer damaligen Lehrerin Susanna Klein: »Sie hat immer nur gesagt: ›Ihr könnt das, macht einfach, legt los! Ich kümmere mich um den Background.‹ Sie war wie eine Löwenmutter, fordernd und anstrengend, aber sie hat uns immer geschützt.« Harmanda fügt hinzu: »Ich wäre sofort dabei, wenn mich Susanna jetzt fragen würde, ob ich ein Schulprojekt unterstütze. Es ist super, wenn aus einer Idee so viel entsteht.« Auf die Frage, woran sie es konkret festmachen, dass ihnen die damalige Zeit in der Schülerunternehmerrolle persönlich etwas gebracht habe, antwortet Adinolfi: »Ich kann jetzt gut vor Leuten sprechen. Das hilft mir auch in meinem Nebenjob als Fitnesstrainerin, wenn ich Kurse gebe. Ich bin belastbarer, kenne aber auch meine Grenzen besser als früher.« Harmanda wird fast schon philosophisch: »Der Umgang mit Konflikten gelingt mir besser. Ich reflektiere mehr. Und ich denke mir im Kontakt mit Kunden immer, dass es auch andere Perspektiven als meine gibt.«
Die Erlebnisse in Kolbermoor beschäftigen uns noch lange. Denn die dortige Schule ist keine Privatschule mit hohem Budget und vielen Freiheiten, sondern eine ganz normale Regelschule innerhalb des klassischen dreigliedrigen Schulsystems – mit all seinen Begrenzungen und Regularien. Und sie gehört zu einem Schultyp, den manche mit dem despektierlichen Etikett »Restschule« belegen. Wenn jedoch Lehrerinnen und Lehrer wie Jägerbauer, Klein und Rinner am Werk sind, kann auch in einem solchen Kontext etwas entstehen, was mit großem Zutrauen beginnt, von verbindlichen Regeln begleitet wird und letztlich in lebensprägende Erfahrungen mündet.

Szenenwechsel. Wir bleiben im öffentlichen Bereich, wechseln aber von der Bildung in die Verwaltung.

Man würde es vielleicht nicht unbedingt erwarten, dass ausgerechnet eine Körperschaft des öffentlichen Rechts wie die Stadt Schorndorf mit neuen Organisationsansätzen experimentiert. Zumindest dann nicht, wenn man das gängige – aber oft genug auch falsche – Bild von der mutigen »freien Wirtschaft« auf der einen und der rückständigen öffentlichen Verwaltung auf der anderen Seite vor Augen hat. Auf Initiative von Cornelia Dietrich, der Fachbereichsleiterin Personal, und Hanna Oesterle, ihrer Stellvertreterin, probiert man in der »Daimler-Stadt« viele kleine Ansätze aus, mit denen das »neue Arbeiten« erprobt werden soll. Auslöser war einerseits der Wunsch des Oberbürgermeisters Klopfer, der beste Arbeitgeber in Schorndorf zu werden, andererseits die Auseinandersetzung mit einschlägigen Publikationen zu New Work und neueren Führungsansätzen sowie mit unserer Dokumentation Musterbrecher – Der Film.

Den beiden Personalerinnen ist es wichtig, die Energie an den richtigen Stellen zum Einsatz zu bringen. Cornelia Dietrich sagt: »Eigentlich wollten wir immer ein Leitbild haben. Doch bei Umfragen haben wir festgestellt, dass Leitbilder bei 95 Prozent derer, die diese erstellt haben, sofort in der Schublade verschwinden und dass die allermeisten sich noch nicht einmal im Ansatz damit auseinandersetzen. Und genau das wollten wir nicht.« Stattdessen wolle man mit kleineren Experimenten langfristig eine Verbesserung als Arbeitgeber erreichen und die formulierten Werte zum Leben erwecken.

Eines dieser Experimente bezieht sich – ein durchaus leidiges Thema – auf die leistungsorientierte Bezahlung. Anders, als es bei den üblichen, zum energieraubenden Schauspiel führenden Vorgehensweisen der Fall ist, wird ab 1. Januar 2020 allen Mitarbeiterinnen und Mitarbeitern zugetraut, dass sie am besten wissen, wer im vergangenen Jahr Besonderes geleistet hat. Cornelia Dietrich erläutert die Hintergründe: »Es gibt bei uns – wie überall im öffentlichen Dienst – ein Budget, das man gemäß Tarifvertrag verteilen muss. Es stellte sich immer die Frage, wie man das unter die Leute bringt. Ich sag's mal etwas flapsig: Wenn man über 3,3 lag, gab's Geld, aber da man bereits ab 3,01 auf der Sechser-Skala über dem Durchschnitt lag, war völlig unklar, weshalb es im Bereich dazwischen nichts gab. Eine interne Ideenwerkstatt hat das radikal vereinfacht. Es gibt jetzt zwei Töpfe. Der erste wird kopfproportional verteilt, alle Mitarbeitenden erhalten denselben Betrag. Mit dem zweiten Topf gehen wir kreativ und sehr unkompliziert um. Das Verfahren passt auf einen

Bierdeckel.« Wir denken spontan an einen berühmten Vorschlag zur Steuerreform, der 2003 in Deutschland für Aufregung sorgte. Und tatsächlich zieht Hanna Oesterle einen Bierdeckel aus ihrer Schreibtischschublade: »Das ganze Verfahren zur neuen LOB passt hier drauf. LOB steht natürlich für leistungsorientierte Bezahlung. Sobald jemandem auffällt, dass eine Kollegin oder ein Kollege etwas besonders Gutes geleistet hat, kann man dieser Person eine LOB-Karte zukommen lassen. Die Summe der Karten bestimmt am Ende die Höhe des leistungsorientierten Gehaltsanteils. Wir geben die ohnehin nur vorgebliche Objektivität des alten Verfahrens auf – und trauen den Menschen zu, dass sie selbst am besten über die Qualität von Leistungsbeiträgen urteilen können.«

Wir erfahren, dass man – um nicht den Verdacht der Beliebigkeit aufkommen zu lassen – drei Kriterien festgelegt hat, die eine Leistung zu einer belohnungswürdigen machen. Erstens müsse, so Dietrich, ein Mehrwert für die Bürgerschaft von Schorndorf oder für die Stadtverwaltung hervorgebracht worden sein. Zweitens dürfe die Leistung nicht zu erwarten gewesen sein – und müsse über die eigentliche Tätigkeit hinausgehen. Und drittens müsse die Aktion auffallend und sichtbar sein. »Wir legen damit jetzt einfach los. Es kann auch jedes Team für sich entscheiden, ob die Karten offen oder verdeckt überreicht werden. Bislang landen sie aber alle noch beim jeweiligen Vorgesetzten, der ein Vetorecht hat«, sagt Oesterle mit einem Schmunzeln, das fast wie eine Entschuldigung wirkt. Aber das sei eben nur der Anfang. Man müsse sich langsam vorantasten in einer Welt, in der es einer Revolution gleichkomme, wenn – wie in Schorndorf seit einiger Zeit möglich – Teambesprechungen wie selbstverständlich in einem Café am Marktplatz stattfinden könnten: »Früher hätte es geheißen: ›Schau, die gehen zum Bäcker und bescheißen mit der Arbeitszeit.‹ Heute ist die Reaktion, dass man es positiv wertet, wenn jemand rausgeht und frische Luft schnappt«, sagt Dietrich.

Es sind viele kleine Schritte auf dem Weg zu neuen gelebten Werten, für den sich die beiden Herzblutpersonalerinnen, die seit 2014 zusammenarbeiten, zehn Jahre Zeit nehmen wollen. Eine realistische Einschätzung, wie man sie in der »freien Wirtschaft« nur sehr selten zu hören bekäme!

- Musterbrecher weigern sich, mehr als nötig zu dokumentieren.
- Musterbrecher bevormunden keine Menschen.
- Musterbrecher räumen alles aus dem Weg, was Menschen unter Druck setzen könnte.
- Musterbrecher unterstützen junge Menschen dabei, gestärkt in das »Unternehmen Leben« zu starten.
- Musterbrecher trauen Menschen zu, kompetent über die eigenen und die Leistungen von Kolleginnen und Kollegen zu urteilen.

EHRLICH VERBUNDEN

Warum Kunden sich nicht fesseln lassen

Sommersemester 1994. Hörsaal 101, Ludwig-Maximilians-Universität in München. An einem heißen Tag im Juni hatte ich mich in letzter Minute gegen den Biergartenbesuch und für die Marketingvorlesung entschieden. Ein vergleichsweise junger Professor, dynamisch und eloquent, behandelte im Rahmen des Marketingmanagements die Aspekte der Kundenorientierung. Es war eine Zeit, in der alle, die etwas auf sich hielten, auf die Servicewüste Deutschland schimpften.
Die Standardargumentation, 25 Jahre später perfektioniert zum ungebrochen populären »Bahn-Bashing«, ging damals so: Kundenorientierung sei in Deutschland ein Fremdwort, woanders, vorzugsweise in den USA, sei der Kunde König, und es sei allerhöchste Zeit, dass man endlich die Zeichen der Zeit erkenne und Dienstleister ihre Rolle begriffen, schließlich würden sie dafür bezahlt. Der Professor, er hatte einige Jahre in den USA gelebt und geforscht, sagte: »Es ist mir lieber, jemand packt mir mit einem nicht ernst gemeinten Lächeln den

Einkauf in die Tüten, als wenn die Kassiererin mir das Gefühl gibt, ich könne froh sein, hier einkaufen zu dürfen.«

Die Lektionen wurden offenbar gelernt. Es ist heutzutage kaum noch möglich, sich den Freundlichkeitsritualen zu entziehen. Ständig freut sich ein Dienstleister darüber, was er anzubieten in der Lage ist.

An einem durchschnittlichen Geschäftsreisetag wird einem unentwegt ein schöner Aufenthalt oder eine angenehme und sichere Weiterreise gewünscht. Das kann man als Fortschritt ansehen oder nicht.

Auf jeden Fall gibt es kaum noch Überraschungen. Oder doch?

»Heute ist nicht ganz unser Tag. Wegen einer Baustelle haben wir leider zehn Minuten Verspätung. Ich wünsche uns trotzdem eine gute Fahrt!« Bei dieser Ansage greift Bernhard Dickmann nicht auf eine Textvorlage zurück. Der Kundenbetreuer im Nahverkehr arbeitet auf der Emsland-Linie, die zur Region Nord der DB Regio AG gehört. Früher hätte Dickmann die Fahrgäste noch mit ermüdendem Amtsdeutsch »beglücken« müssen – nun entscheidet er alleine darüber, wann er welche Ansagen macht, ohne irgendwelche Vorgaben beachten zu müssen.
Dickmann und seine Kollegen in den Zügen der Emsland-Linie verfügten im Jahr 2013 über diesen Freiraum. Zwei Jahre zuvor hatten sich die Führungskräfte der DB Regio Nord in Hamburg getroffen. Wir waren zu dieser Tagung eingeladen und sollten den Musterbrecher-Gedanken in einem Workshop vermitteln. Eine der vielen Experimentierideen, die an diesem Tag von den Teilnehmern entwickelt wurden, betraf das Thema »freie Ansagen im Zug«. Torsten Funke, als Teilnetzmanager verantwortlich für die Emsland-Linie, erinnert sich, wie es nach dem Workshop weiterging: »Wir wollten an dem Thema dranbleiben. Deswegen riefen wir alle 80 Mitarbeiter zusammen, führten Gruppengespräche mit den Teamleitern, den Lokführern und den Kundenbetreuern. Ergebnis: Es wurde vereinbart, versuchsweise auf sämtliche Serviceregelungen zu verzichten. Alles wurde ›entregelt‹ – natürlich mit Ausnahme der sicherheitsrelevanten Vorgaben. Wir

haben einfach gesagt: ›Ihr Kundenbetreuer und Lokführer seid die Gastgeber im Zug. Wir geben euch Verantwortung. Macht etwas daraus!‹ Die Mitarbeiter sollten also dazu ermutigt werden, auf ihre eigene Weise die Kundenzufriedenheit zu erhöhen.«
Funke berichtet uns, dass manche Mitarbeiter sogar außerhalb ihrer Arbeitszeit aktiv geworden seien und sich darüber Gedanken gemacht hätten, welchen Beitrag sie ganz persönlich im Sinne der Kundenorientierung leisten könnten. Manuela Herbort, Vorsitzende der Regionalleitung Nord, freut sich über die Experimentierfreude der Emsländer. Sie sei über die Initiative der Mitarbeiter positiv überrascht gewesen, allerdings hätten nicht alle den neu zugestandenen Freiraum genutzt: »Natürlich gibt es einige Kundenbetreuer, die ihre Ansagen immer noch so machen, wie es früher vorgeschrieben war. Aber es gibt eben eine ganze Reihe von Leuten, die das Angebot aktiv nutzen. Und das freut mich. Das Experiment läuft weiter. Es bleibt übrigens auch in dem Sinne offen, dass für die freien Ansagen nie eine Regel formuliert wurde. Das wäre ja auch widersinnig.«
Frank Berlin, der Leiter des Betriebsmanagements und somit der Chef aller Kundenbetreuer und Lokführer auf der Emsland-Strecke, erzählt uns, dass neben den frei gestalteten Ansagen weitere Experimente gestartet worden seien: »Wir geben seit längerer Zeit viermal im Jahr eine Kundenzeitschrift für die gesamte Region heraus. Nun sagten einige Mitarbeiter, dass es doch gut wäre, zusätzlich spezielle Themen für die Kunden aus dem Emsland anzubieten. Gesagt, getan! Seit über einem Jahr gibt es eine Art Zusatzrubrik, die teilweise von den Mitarbeitern selbst geschrieben wird. Wir helfen fallweise bei der Umsetzung der Texte, aber sonst machen sie es alleine.« Außerdem sei, so Frank Berlin, auf Initiative der Mitarbeiter hin ein Minifragebogen für die Fahrgäste entwickelt worden, der ausgefüllt bei jedem Kundenbetreuer abgegeben werden konnte. Auf diese Weise habe man eine direkte Beziehung zu den Kunden aufbauen können.
Während ich über dieses Erlebnis schreibe, sitze ich im ICE von Köln nach München. Am Bahnhof in Mannheim wird durchgesagt: »Bitte beachten Sie folgende Durchsage. Wegen Anschlussaufnahme von Reisenden des Zuges aus Leipzig verzögert sich die Weiterfahrt um wenige Minuten.« Vielleicht hätte sich der ICE-Kundenbetreuer einmal mit Christian Schubert, seinem Kollegen von der Emsland-Linie, unterhalten sollen. Der verzichtet nämlich auf solche unverdaulichen Wortungetüme. Denn als kürzlich der Regionalexpress nach Emden

an einem noch nicht zweigleisig ausgebauten Abschnitt warten musste, gab er schlicht durch: »Da die Strecke eingleisig ist, müssen wir noch auf den entgegenkommenden Zug warten.«
Einige Wochen später im Flieger: »Einen schönen guten Abend, meine Damen und Herren. Ich begrüße Sie auf unserem Flug von München nach Hamburg. Das liegt wirklich nicht weit weg von meiner schönen Heimatstadt Bremen, die auf jeden Fall einen Besuch wert ist.«
Die versammelte »Meilenelite« hielt für einen Moment inne. Irgendetwas war an dieser Ansage anders. Hatte hier jemand so etwas wie Spontaneität gewagt, zumindest eine Abweichung von der üblichen Prozedur? Auch im weiteren Verlauf des Fluges begeisterte mich die Kabinenchefin mit ihrer sympathischen und unaufdringlichen Art. Sie befand sich glücklicherweise nicht im sonst üblichen Modus der überhöflichen Plastikfreundlichkeit, war sogar dazu in der Lage, auf ein »Danke« ein schlichtes »Bitte« zu entgegen – was für eine Wohltat im »Sehr-gerne-Zeitalter«.
Dieser Flug ist mir bis heute in Erinnerung geblieben, auch wenn – es scheint zwischenzeitlich Schulungen in puncto »überraschende Ansagen« gegeben zu haben – die Anzahl der Standardbegrüßungen stark abnimmt.

Die Gestaltung von Kundenbeziehungen ist heutzutage eine heikle Angelegenheit. Die Marktbearbeitung alter Schule konnte sich noch ganz gut mit der Annahme begnügen, dass es eindeutig abgrenzbare Gruppen von Menschen gibt, die sich durch ähnliche Interessen und Konsumstile auszeichnen. Inzwischen verfolgen die Menschen so offenkundig ihre höchst individuellen Lebens- und Konsumschemata, dass man wie der Soziologe und Journalist Jürgen Kaube in seinem gleichlautenden Buch vom *Otto Normalabweicher*[149] sprechen kann.

Der unberechenbare und multioptionale Verbraucher ist keine Erfindung der Wissenschaft, sondern Alltag.

Je stärker die Marketingabteilungen die Normalabweichung der Kunden einerseits und die Austauschbarkeit ihrer Produkte und Dienstleistungen andererseits verinnerlicht haben, desto mehr wird Beziehungsmanagement zum Thema. Kundenorientierung, Kundennähe und Kundenbindung werden in einer speziellen Qualität gefordert und gehen in ihrem Anspruch weit über professionellen Service und kompetente Beratung hinaus. Es geht um aktive Beziehungsarbeit am Kunden, die ganz bewusst die emotionale Ebene einschließen soll. Die Unternehmensbroschüren verraten, dass ein lediglich zufriedener Kunde schon lange nicht mehr ausreicht. Man will mehr: Erlebnisse schaffen, Begeisterung auslösen, Fans gewinnen. Nun lässt sich darüber streiten, ob diese Ziele – für sich genommen – nicht doch ein wenig zu hoch gegriffen sind. Wahrscheinlich wollen Kunden gar nicht permanent mit »Erlebnissen« oder dem, was Marktstrategen darunter verstehen, konfrontiert werden. Schließlich soll der Erwerb einer Tonerkartusche lediglich das problemlose Weiterarbeiten ermöglichen und keinesfalls ein Eintauchen in die fantastischen Farberlebniswelten moderner Druckertechnologien mit ihren »smarten« Zusatzservices.

In Zeiten sogenannter »Systemlösungen« und »Paketschnürungen« darf kaum noch laut gesagt werden, dass ab und an der problemlos getätigte Kauf eines Produktes vollkommen ausreicht.

Doch die Annäherungsversuche der Unternehmen erreichen begrifflich eine neue Dimension. Kunden sollen im Zuge von Customer-Centricity-Initiativen sogar geliebt werden. Vielleicht ist es nur eine stumpfe Adaption aus dem Amerikanischen in Verbindung mit einer fortschreitenden Inflationierung von Superlativen. Man hat sich inzwischen fast daran gewöhnt, dass »sensationell« oder »awesome« das neue »gut« beziehungsweise »nice« ist. Hier handelt es sich eben um Zeitgeisterscheinungen, und ob vor allem der Begriff der Liebe angemessen ist oder nicht, bleibt eine Frage des subjektiven Geschmacks. Interessant ist aber folgende Frage: Sind sich die Unternehmen, die ihre Kunden lieben wollen, eigentlich sicher, dass der Kunde überhaupt geliebt werden möchte – oder beispielsweise einfach nur hochgradig zuverlässig sein Paket transportiert haben, einen guten Film sehen oder frische Lebensmittel kaufen will?

Wo sind die Grenzen der Emotionalisierung? Wo beginnt die Überdosis der gefühlsbetonten Aufladung von Produkten und Dienstleistungen? Welche Auswirkungen ergeben sich für die »Beziehungsarbeiter«?

Das Grundproblem jeglicher Art von Beziehungsgestaltung im ökonomischen Kontext ist in ihrer Asymmetrie begründet. Der Dienstleister bietet permanent und routiniert eine Leistung an, die für den Kunden in diesem Moment eine besondere Bedeutung hat. Im Durchschnitt kauft ein deutscher Konsument alle sieben Jahre ein Auto. Für die meisten ist dieser Kauf ein besonderes Ereignis. Ein guter Autoverkäufer kann pro Woche sieben Fahrzeuge an den Mann oder die Frau bringen. Eine Ärztin stellt täglich zahlreiche Diagnosen, die für die einzelnen Patienten dramatisch und lebensverändernd sein können oder beruhigend, weil ohne Befund. In jedem Fall wird bei ihnen eine emotionale Reaktionen hervorgerufen. Wir sehen auf der einen Seite die Routine, die Regel, das eingeübte Alltagsgeschäft – auf der anderen Seite das Besondere, die Ausnahme, das individuelle Ereignis.
Diese einfache Überlegung macht deutlich, wie anspruchsvoll es ist, mit dieser ungleich verteilten persönlichen Betroffenheit umzugehen. Die US-amerikanische Soziologin Arlie Hochschild beschrieb in ihrem Klassiker *Das gekaufte Herz*[150] verschiedene Formen von »Emotionsarbeit«. Das war 1983, zu einer Zeit, in der noch niemand von Emotionsmanagement sprach. In ihrer Studie traf sie eine interessante Unterscheidung zwischen der alltäglichen Gefühlsarbeit im Privaten und der von arbeitsteilig organisierten Unternehmen geforderten Gefühlsarbeit. Beide Formen unterliegen bestimmten Regeln. So orientieren wir uns zugunsten der sozialen Harmonie auch im Privaten an einer emotionalen Codierung, die gewissermaßen alltäglichen Gebrauchswert hat. Ein lachender Trauergast bei einer Beerdigung ist ebenso unvorstellbar wie ein Vater, der ein von seiner dreijährigen Tochter gemaltes Bild mit der Bemerkung zurückweist, es sei schlecht gezeichnet. Mit dieser Art von Emotionsarbeit im Privaten können Menschen gut umgehen.

Im Berufsleben hingegen verhält es sich anders. Dort sind Menschen eingebettet in marktförmige Beziehungen.

Emotionsarbeit im Wirtschaftskontext lässt sich definieren »als das Management des Fühlens mit dem Ziel, im Tausch für Lohn eine öffentlich sichtbare Darstellung von Gefühlen zu präsentieren«.[151] Das bedeutet, Mitarbeiter haben häufig Gefühle zu zeigen, die sie nicht empfinden. Nun liegt es in der Natur der Sache, dass die verschiedenen Rollen, die ein Individuum einnimmt, unterschiedliches Verhalten erfordern. Der Gast hat zu Recht kein Verständnis dafür, wenn der Kellner eine Bestellung aufgrund seiner privaten Probleme als Zumutung betrachtet und dies auch zum Ausdruck bringt. Erwartet wird ein freundlicher Service, der dem Tausch »Geld gegen Espresso« angemessen erscheint. Folglich erwarten und erleben wir häufig das sogenannte »Oberflächenhandeln« (surface acting): Der Ausdruck folgt der Norm, auch wenn er gespielt werden muss und beim Lächeln die Augen einfach nicht mitmachen wollen.
Heutzutage erwarten Unternehmen jedoch nicht nur einen gequält hochgezogenen Mundwinkel. Sie fordern im Sinne der Kundenorientierung das, was Experten als Tiefenhandeln (deep acting) bezeichnen. Das eigene Gefühlsleben soll so verändert werden, dass die Norm quasi von selbst erreicht wird.

Das Gefühl der Begeisterung soll echt sein. Im Grunde ist dies eine paradoxe Forderung: »Empfinden Sie bitte jetzt echte Begeisterung und strahlen Sie diese auch wahrhaftig aus!«

Natürlich wissen wir aus der Alltagserfahrung, dass Menschen Gefühle zeigen können, die sie faktisch nicht erleben. Durch »Lächeltraining« und andere umstrittene Methoden lässt sich durchaus etwas erreichen. Die Selbstkontrolle der Menschen, die diese Dienstleistung zu erbringen haben, wird dabei allerdings auf eine harte Probe gestellt. Der Anspruch, Gefühle zum erforderlichen Zeitpunkt nicht nur zu zeigen, sondern tatsächlich auch zu empfinden, ist prinzipiell – wenngleich in Grenzen – durch Selbstbeeinflussung zu erreichen. Dazu die Hamburger Forscherinnen Anna Mucha und Daniela Rastetter: »So tritt der Flugbegleiter, der vom geringschätzend-respektlosen Passagier angegriffen wird, diesem möglicherweise auch nach einem zehnstündigen Flug entspannt lächelnd und freundlich gegenüber, und er fühlt dies tatsächlich – nachdem er autosuggestiv dafür gesorgt hat. Etwa durch die Erinnerung an den eigenen letzten Urlaub, oder mit Hilfe starker Empathie für sein Gegenüber. Bei dieser Strategie wird also am Gefühl selbst angesetzt: Das Ausagieren der entsprechend manipulierten Emotion ist dann ein Selbstläufer.«[152]

Strategien wie diese sind einen Versuch wert, doch unabhängig von ihrem Erfolg hat die antrainierte Emotionalisierung von Tauschprozessen ihren Preis – zunächst einmal unmittelbar für die Dienstleister. Psychologen sprechen hier von emotionalen Dissonanzen, die immer dann auftreten, wenn die vom Unternehmen geforderten »Darstellungsregeln« das Individuum überfordern. Vor allem dann, wenn versucht wird, durch noch ausgefeiltere Pflichtroutinen die Gefühlswelten der Mitarbeitenden vollends zu instrumentalisieren. Die Forschung zur Emotionsarbeit zeigt, dass sich mit steigender Anzahl und Dauer der Kundenkontakte die »emotionale Dissonanz« für die Dienstleister erhöht. Zudem, und das kann nicht überraschen, verstärkt sich diese Belastung durch standardisierte Darbietungsregeln sowie durch geringe Handlungsspielräume.

Lernen die Unternehmen daraus? Es sieht nicht danach aus. Denn es wird immer mehr auf die strikte Einhaltung von Emotionsstandards gepocht, und dies angesichts einer Entwicklung, die von Vermarktlichung und Versachlichung von Arbeitsbeziehungen geprägt ist.

Die Unternehmen treiben die Kommerzialisierung der Gefühle voran, während sich die Arbeitnehmer immer mehr dagegen wehren.

Und in je höherem Maße dies geschieht, desto stärker werden die instrumentellen Bemühungen seitens der Wirtschaft. Doch wie sehr unterscheiden sich Unternehmen noch voneinander, die auf dieselbe Incentivierungslogik, dieselben Prozesse, dieselben Worthülsen in den

Leitbildern, die im Kern identischen CRM-Strategien und dieselben Callcenter setzen?
Ein Interview mit dem Trainer eines führenden Callcenter-Dienstleisters über Darbietungsregeln zeigt, was wir damit meinen.[153]

Wie sieht ein perfektes Telefonat aus, so, wie es sich Ihre Auftraggeber vorstellen?
»Jede Firma hat andere Wünsche: Die eine will, dass wir Kunden mindestens dreimal mit Namen ansprechen, die andere, dass die Kundenbetreuer ein bisschen flirten. Wir bekommen je nach Profil der Firma Kataloge mit Kommunikationsregeln. Natürlich wollen die Firmen auch, dass wir Tarife optimieren und Zusatzpakete verkaufen. Auch die Gesprächsdauer spielt eine Rolle, eine Hotline ist ein Kostenfaktor: Gespräche bei kaufmännischen Hotlines sollen, wenn möglich, nicht länger als 300 Sekunden dauern, bei Technik-Hotlines 500 bis 600.«

Dann müssen die Callcenter-Mitarbeiter ganze Bücher mit den Wünschen ihrer Auftraggeber auswendig lernen?
»Ja, und das wird von vielen Menschen unterschätzt. Mal sind die Vorgaben nur grob, wie etwa ›Das Gespräch sollte charmant sein‹, mal bis ins kleinste Detail geregelt. Ein Auftraggeber etwa wollte, dass unsere Mitarbeiter zu Gesprächsbeginn immer ihr Bedauern über ein Problem ausdrücken sollten. Hatte der Kunde sein Anliegen geschildert, durften sie darauf aber nicht sagen ›Oh, das ist bedauerlich‹, stattdessen sollte es heißen ›Oh, das bedauere ich sehr‹.«

Unternehmen wären gut beraten, sich zunächst darum zu kümmern, dass ihre Mitarbeiter selbst eine starke Bindung an ihr Unternehmen erleben, bevor sie ihr Personal für fragwürdige Beziehungssimulationen im Außenverhältnis aufrüsten. Angefangen mit den angesprochenen, keinesfalls revolutionären Erkenntnissen, die von Unternehmen aber konsequent ignoriert werden: Wenige Handlungsspielräume für die Interpretation der Darbietungsregeln und Kundenkontakte in hoher Anzahl und Dauer führen zu emotionaler Dissonanz. Sie durch die Schaffung entsprechender Bedingungen zu verhindern, ist allein schon, wie die Beispiele oben gezeigt haben, von positiver Wirkung für die handelnden Dienstleister und Kunden.

Es dürfte sich lohnen, den Blick zu wenden, und zwar weg von der Frage, wie man Beziehungen noch systematischer von außen mit Gefühlen »aufladen« kann.

Denn sobald der Kunde spürt, dass die Emotionalität nur ein Programmbaustein eines offiziellen Managementprozesses ist, gerät eine soeben erfolgreich aufgenommene Kundenbeziehung bestenfalls noch zu einer gewöhnlichen Verkaufsveranstaltung.

Diese Problematik verweist auf Grundsätzlicheres. Es hat mit dem sinnlosen Bemühen zu tun, Dinge managen zu wollen, die üblicherweise von selbst entstehen, wenn man ihnen den Raum dazu gibt. Sie also einfach entstehen lässt. Davon sind sämtliche Prozesse in der Wirtschaft betroffen, die zunächst auf nicht ökonomische Qualitäten angewiesen sind. Als Beispiel lässt sich das populäre Vertrauensthema anführen. Hier sind die Möglichkeiten einer gezielten Gestaltung begrenzt. Die einzige Chance eines Akteurs besteht darin, sich offen und sensibel zu zeigen. Unter allen Umständen wird jedoch Zeit benötigt. Wie beim Aufbau von Beziehungen handelt es sich beim »Vertrauensmanagement« um ein äußerst fragiles Projekt. Belastbare und vertrauensvolle Beziehungen entstehen niemals auf der Grundlage eines vordergründigen Kalküls.

Zu dieser Einsicht passt eine Studie dreier Marketingforscher. Sie untersuchten, ob es Verkäufern möglich ist, gegenüber als unsympathisch empfundenen Kunden erfolgreich Sympathie vorzutäuschen. Das Ergebnis ist ein Plädoyer für »Echtheit«; denn Kunden erkennen in der Regel »Täuschungsversuche«.[154]

Um Missverständnissen vorzubeugen: Selbstverständlich kann man bis zu einem gewissen Grad den Beziehungsaufbau zu den Kunden systematisieren und dadurch verbessern. Man kann sein Zustandekommen wahrscheinlicher machen. Und zweifellos ist es sinnvoll, Prozesse der Kundenansprache und Kundenbindung zu optimieren. Allerdings besitzen diese Aktivitäten inzwischen nicht mehr als den Charakter eines Pflichtenheftes, das zuverlässig und professionell befolgt werden muss.

Es geht immer um eine ehrliche Auseinandersetzung mit den grundsätzlichen Rahmenbedingungen des Beziehungsgeschäfts.

Letzteres wird im direkten Verkauf noch anspruchsvoller. Während das Servicepersonal (wie etwa Flugbegleiter) eine bereits getätigte Kaufentscheidung »lediglich« emotional orchestriert und dadurch zur Kundenbindung sowie idealerweise zum wiederholten Kauf des Kunden beiträgt, müssen Verkäufer eine unmittelbar auf den Vertragsabschluss ausgerichtete Emotionsarbeit verrichten. Eine Purserette trägt durch ihr Verhalten – gemäß entsprechenden Vorgaben – zum Entstehen und zur Festigung der Kundenbeziehung bei, ein Modeberater muss durch sein empathisches Geschick aus jedem Kundenkontakt ein umsatzwirksames Ereignis machen. Demzufolge hat Verkaufen zwei verschiedenen Forderungen zu genügen, die nicht immer widerspruchsfrei sind: den zahlenmäßigen Ergebniserwartungen einerseits und den emotionalen Darbietungserwartungen andererseits. Je rigider Erstere formuliert sind, desto geringer ist die Wahrscheinlichkeit, dass das so prominent geäußerte Versprechen »Wir wollen zufriedene und begeisterte Kunden« eingelöst werden kann. Dies ist vor allem dann der Fall, wenn Kundenbeziehungen für das Schließen von »Zwangsehen« aufs Spiel gesetzt werden.

Klaus R. arbeitet in der Vertriebssteuerung eines international aufgestellten Telekommunikationsunternehmens. Er entwickelt und optimiert die Bonus- und Incentive-Systeme für die Mitarbeiter in den knapp 1000 Shops in Deutschland. Im Anschluss an einen unserer Vorträge sagte er, ihn habe unsere Frage beschäftigt: »Wie viel Beziehungslosigkeit wird durch Kundenbindungsmanagement erzeugt?«
R. berichtet von der üblichen Praxis, die seines Wissens für alle, ausnahmslos alle, Mitbewerber der Branche gelte: »Die Mitarbeiter bekommen einen Bonus für die verkauften Verträge. Und das aktive Verkaufen zielt natürlich auf möglichst lange Vertragslaufzeiten ab. Je besser die langfristige Bindung des Kunden an unsere Produkte gelingt, desto höher der Bonus. So einfach ist das.« Es gehe wirklich um nichts anderes, so der Incentivierungsexperte, substanzielle Beratung sei nicht das Ziel. Im Mittelpunkt stehe letztlich nicht die

beste Lösung für den Kunden, sondern dessen vertraglich abgesicherte Zwangsbindung. »Wir ködern mit kostenlosen Datenpaketen oder irgendwelchen Services, die aber häufig sowieso in bereits vom Kunden gebuchten Diensten enthalten sind. Es gibt nur ein Ziel: Die in der Werbung angepriesene freie Wahl, jederzeit zu wechseln, faktisch unmöglich zu machen. Natürlich haben wir kein Interesse daran, dass Kunden leicht abspringen können.«
So in etwa hatte man sich das als nicht ganz naiver Kunde schon immer vorgestellt. Und dennoch wundert es, dass eine Branche, die sich ob ihrer echten oder scheinbaren Innovationen häufig selbst feiert, kaum über das Entwicklungsniveau von Drückerkolonnen hinausgekommen ist. Man fragt sich, wie wertvoll die Kundenbindung sein kann, wenn sie nur wegen eines Vertrags durchgehalten wird. Klaus R. sieht das Problem nicht in den Programmen zur Kundenbindung als solchen, sondern bereits einen Schritt davor. Seine überraschend klare Botschaft: »Solange wir Verkäufer durch Boni incentivieren, wird uns keine echte Kundenbindung gelingen!« R. bat uns übrigens dringend, seine Geschichte zu anonymisieren. Anders als ein Handyvertrag lasse sich sein Arbeitsvertrag durchaus auflösen.

Wie, so fragt man sich, will eine Verkäuferin zu seinen Kunden glaubwürdige Beziehungen aufbauen, wenn sie selbst ihre Firma nur als Transaktionspartnerin für den Tauschvorgang »Bonus gegen Abschluss« sieht? Vermutlich wird dies kaum gelingen. Zumal die standardisierten und eng getakteten Verkaufsprozesse zusätzlich kontraproduktive Wirkungen entfalten, weil sie ja keine echten und somit zeitintensiven Beratungsleistungen beinhalten. In dem von R. beschriebenen Fall verlieren letzten Endes alle, zumindest dann, wenn man auch nur einen Tag über den Vertragsabschluss hinauszudenkt: Kunden, Mitarbeiter, Unternehmen, sie alle gehen als Verlierer aus der Situation.

Kundenbindungsprogramme werden von Organisationen so ausgelegt, dass Kunden an das Unternehmen gefesselt werden.

Begeisterung oder gar Loyalität können aus diesen Bemühungen nicht entstehen. Was war zuerst? Reagieren Unternehmen mit Einfallslosigkeit und unfairen »Fesselspielchen«, weil wir Kunden alle so schrecklich unberechenbar geworden sind? Oder werden wir durch fantasielose Bindungsversuche buchstäblich zu sprunghaften Schnäppchenjägern erzogen? Man kann die Frage umgehen, indem man überhaupt von dem Gedanken abrückt, Kunden aktiv an sich binden zu müssen. Der Gegenentwurf könnte eine Art Partnerschaft auf Augenhöhe sein, eine Beziehung, die sich zufällig ergibt, die sich behutsam entwickelt, die alle Beteiligten über den einzelnen Geschäftsabschluss hinaus trägt – und ohne den Einsatz von »Bindungsinstrumenten« auskommt. Wenn man echte Partnerschaft möchte, prüft man genau, wen man überhaupt an sich binden will. Und dann wäre es auch kein Zeichen von Arroganz, wenn auch derjenige, der etwas verkaufen will, zeigt, dass er nicht jeden zum Partner haben möchte.

Gleich zu Beginn unseres Gesprächs sagt er, ihn treibe eigentlich Kreativität an, und er sei dennoch ein ewig mahnender Erbsenzähler. Seine beiden Gehirnhälften würden manchmal gegeneinander kämpfen, sie vertrügen sich nicht immer, kämen aber insgesamt ganz gut miteinander aus, so Nils Holger Moormann, der nach eigener Aussage einen an der Waffel haben muss, um das zu tun, was er tut.
Der gebürtige Schwabe und Wahl-Chiemgauer ist Inhaber einer sympathisch seltsamen Möbelfirma mit Sitz in Aschau. Dort in der oberbayerischen Geranien-Beschaulichkeit würde man alles andere erwarten, nur keinen Möbelhersteller, den die Branche anerkennend als »Anarchisten« oder »Querkopf« bezeichnet. Wollte man Moormann ein Label verpassen, eignete sich am besten »Autodidakt« und Vertreter des »Neuen Deutschen Designs«. Seine Regale »Insert Coin« und »Buchstabler« sowie das Sitzmöbel »Bookinist« sind zu festen Größen in der Welt des Wohndesigns geworden. Das Attribut »Kultobjekt« für seine von jungen, unbekannten Designern entworfenen Erfolgsstücke würde er sich vermutlich verbitten.
Moormann kann Geschichten erzählen, anregende und spannende Geschichten, seine Geschichte und die seiner Firma. Er entschuldigt sich fast schon, als er die drei Prinzipien seines Unternehmens erläutert, zu gewöhnlich seien sie, zu abgegriffen. »An erster Stelle steht Konsequenz. Denn sie ist die große Schwester der Qualität. Ohne Konsequenz ist Qualität nicht zu erreichen. Und dann geht es mir um Haltung, so altmodisch das klingen mag. Damit meine ich, dass ich es genieße, mit Menschen zu tun zu haben – und nicht mit

Systemen. Wenn man das wirklich beherzigt, laufen viele Sachen anders. Ich liebe es, wenn man sagen kann ›Das gehört sich nicht‹. Schließlich lebe ich Transparenz. Sehr konsequent. Ich öffne so viel wie möglich vom eigenen Tun. Wir bewegen beispielsweise seit über 20 Jahren Millionenumsätze mit einem Lieferanten, ohne dass wir mit ihm einen Vertrag geschlossen haben. Und ich fordere auch unsere Lieferanten auf, nicht von uns abhängig zu werden. Sie sollen sich nicht auf uns konzentrieren. Das wäre gefährlich.«

Wenn Moormann – da kommt die Erbsenzähler-Gehirnhälfte zum Tragen – auf Messen oder zu seinen Handelspartnern fährt, dann übernachtet er in seinem Auto. Ein vielleicht standesgemäßes Sternehotel ist nicht seine Welt. »Ich war immer nur getrieben von Ideen und Produkten, vom Wunsch nach Freiheit, niemals von Kommerz und Wachstum«, sagt Moormann, der sich jedes Jahr für sechs bis acht Wochen eine Auszeit nimmt, um irgendwo in der Welt mit dem Liegerad herumzufahren. In Zeiten, in denen zur Entschleunigung gemahnt und der Materialismus gescholten wird, könnte so eine Einstellung als Modebekenntnis wirken. Nicht so bei Moormann. Man nimmt es ihm ab, wenn er sagt, dass er vor vielen Jahren, als ihn ein abgelehnter Minikredit in Schwierigkeiten brachte, den Entschluss fasste, nie mehr abhängig zu sein. Er habe seinen Betrieb, ein Team von 20 Mitarbeitern, bewusst sehr langsam entwickelt. Er sei dem alten Grundsatz gefolgt, nie mehr Geld auszugeben, als man hat. Mit wenigen Ausnahmen packe er nichts an, was nicht ohne Finanzierung funktioniere.

Besonders bemerkenswert ist Moormanns Verständnis von einer Kundenbeziehung. Letztlich wolle er keine Kunden, sondern mündige Partner, sowohl im Handel als auch bei den Nutzern seiner Möbelstücke. Da man den Partnerbegriff derzeit häufiger hört, haken wir nach, was er damit meine. »Ich will den Kunden betören und will, dass der Funke überspringt. Kunden sollen unsere Ware verstehen. Sie sollen unsere Produkte förmlich verteidigen und eine Beziehung mit ihnen eingehen. Dann akzeptieren sie auch unsere Fehlleistungen. Sie müssen ganz klar wissen, was wir können – und was nicht. Unsere Kunden sollen alles durchkneten, sich auf die Materialien einlassen. Ich habe schon unseren allergrößten Kunden gekündigt, weil die ›Schweinkram‹ machten. Mein Gefühl war, dass ich in dieser Kundenbeziehung unglücklich geworden wäre. Also habe ich sie beendet.« Moormann beherrscht das Wechselspiel zwischen bildhafter, *manchmal flapsiger Sprache und klarer Analyse. »Wir haben mehr Fans als Kunden. Wenn es nicht so wäre, würde ich das auch nicht mehr machen wollen.«*

In Moormanns Gebäude, der alten Festhalle von Aschau von 1904, sucht man vergeblich nach einem Türschild mit dem Aufdruck »Außendienst«. Früher habe er zwei Vertriebsleute gehabt, die – nicht nur für die Möbelbranche untypisch – ohne Provision arbeiteten. Vor einigen Jahren habe er auf sie verzichtet und stattdessen den Innendienst verstärkt. Hier arbeite nun ein hochkompetentes Team, das jede Kleinigkeit der Produkte verstehe – und erklären könne. »Den Vertrieb mache ich selbst. Ich höre nicht nur das Gras wachsen, wenn ich draußen bin, ich rieche es. Der Partnergedanke ist mir heilig. In der Schweiz habe ich auf ein Drittel der Handelspartner verzichtet. Ich gehe tatsächlich in die Läden, in denen ich unsere Produkte sehen will, und sage: ›Ich will, dass ihr meine Partner seid. Mit euch habe ich ein gutes Gefühl.‹ So habe ich das in Zürich gemacht. Unsere Produkte sind nicht ›Kauf mich!‹. Deshalb handle ich nach dem Grundsatz: ›So wenig Handelspartner wie möglich.‹«

Jetzt wird auch klar, was Moormann damit meint, wenn er sagt, dass er ein wenig den Zeiten nachtrauere, als es noch mehr »beherzte Einzelhändler« gegeben habe. Heute werde diese Spezies in die Enge getrieben. »Bei den großen Firmen arbeiten vorwiegend gute Kaufleute. Da sitzen zehn Leute am Tisch, und alles wird zerredet.« Doch davon lässt sich Moormann nicht beirren. Noch immer treffe er auf ausreichend »Beherzte«, mit denen er nach seinem Verständnis von Partnerschaft zusammenarbeite könne.

Vermutlich erntet Moormann jetzt auch die Früchte des frühen Entschlusses, ausschließlich mit Lieferanten und Produzenten aus der Region zusammenzuarbeiten. Dies tut er seit Anfang der 1990er-Jahre, als er Teile für einen Tisch im Ausland fertigen ließ und dann die Tischbeine nicht richtig montiert werden konnten. »Heute passen wir genau in das große Regionalthema. Damals war das aber kein Businessplan und kein Marketingschachzug. Das entstand aus Überzeugung. Ich verstehe Zulieferer in erster Linie als Menschen, mit denen ich gerne zusammenarbeite. Meine Produkte sollen nicht Teil einer Logistikkette sein, die irgendwie entseelt ist.«

Über die Frage, was Führungskräfte eines Großunternehmens bei ihm lernen könnten, muss Moormann einen Moment nachdenken. »Sie könnten hier Passion erleben, eine wirkliche Ganzheitlichkeit und eine Kraft, die von innen kommt. Nicht ›Kauf mich!‹ und ›Billiger!‹, sondern eine Strahlkraft, die den Nutzer erreicht. Sie könnten eine Haltung spüren, die zum Ausdruck bringt, dass man nur dann etwas verkaufen will, wenn man weiß, dass es nichts Besseres gibt. Ich habe dafür meine Mosaiktheorie. Es ist einfach, irgendwo einen guten Strahler aufzustellen. Aber wenn das Licht ausfällt, wird es dunkel. Ich brauche also viele kleine Lichtlein, die ein scharfes Bild geben: tolle Produkte, großartigen Service usw. Es muss alles durchdrungen sein von der Freude, das Produkt sehr gut zu machen. Wir stellen maximal zwei bis drei neue Sachen pro Jahr her – aber die richtig.«

Der Möbelmann mit den zwei widerstreitenden Gehirnhälften wird auch nach zwei Stunden nicht müde, seine Geschichte zu erzählen. Damit erübrigen sich unsere für das Interview vorgesehenen Fragen – und wir lassen seine abschließende Aussage noch lange nachwirken: »Wir sind inzwischen alle in einem Marketingstrudel gefangen, der sich nur durch Geschmacksverstärker immer weiterdreht. Und daran beteilige ich mich nicht.«

Seltsamerweise besteht modernes Management oft schlicht und einfach darin, Menschen mehr zuzutrauen als Systemen und Prozessen.

Cali Ressler, eine der Protagonistinnen der ROWE-Idee (Results-Only Work Environment) und bekannt geworden durch ihren gemeinsam mit Jody Thompson verfassten Bestseller *Why Work Sucks – and how to fix it* bringt es in ihrem Buch auf den Punkt: »When you treat people like adults, they act like adults. When people are treated like children, they act out.«[155]

Wenn man die Überzeugung von Cali Ressler zusammenbringt mit der wahrlich nicht weltfremden Grundannahme, dass niemand absichtlich gegen den Kunden arbeitet, ergibt sich daraus ein Verständnis von Beziehungsarbeit, wie sie von Handelsbanken praktiziert wird. Wir hatten dieses schwedische Unternehmen bereits im vierten Kapitel kennengelernt und blicken nun noch einmal mit einem anderen Fokus darauf.

Beim Betreten der Handelsbanken-Filiale im Strandvägen in Stockholm schauen wir uns etwas irritiert an, so schmucklos und fast schon behördenhaft wirkt das Ambiente. Wir befinden uns immerhin in der besten Innenstadtlage, die Stockholm zu bieten hat. Inzwischen hat sich das Auge offenbar sehr an die sonst üblichen Glas- und Stahlkonstruktionen mit Flagship-Store-Anmutung gewöhnt.
Hier arbeiten 15 Menschen, das sind etwas mehr, als es dem Durchschnitt aller Filialen entspricht; sechs dieser Mitarbeiter kümmern sich ausschließlich um Firmenkunden. Wir treffen zunächst Mats Ernborg, den Filialleiter, später erweitert sich die Runde um die Teamleiterinnen Josefine Hansson und Anna Elfsson.
Der 48-jährige Ernborg lässt keinen Zweifel daran aufkommen, dass es die Filialen sind, auf die es bei Handelsbanken ankommt: »Das hier ist sozusagen meine eigene Firma, mit der wir uns um den lokalen Markt kümmern. Es liegt alles an uns, was wir unseren Kunden anbieten und wie wir mit ihnen zusammenarbeiten. Von der Zentrale bekomme ich nicht gesagt, welche Produkte ich zu welchem Preis zu verkaufen habe. Es gibt keinerlei Vorgaben.« Es könne also durchaus sein, ergänzt Emborg schmunzelnd, dass seine Chefin, die alle 88 Filialen der Region Stockholm verantwortet, ab und an das Gefühl verspüre, eingreifen zu müssen. Aber letztlich sei sie sehr entspannt, weil sie nicht die lokalen Marktkenntnisse habe und genau wisse, dass er es sei, der das lokale Business verantworten müsse.
Wir erfahren, dass Ernborg erst seit acht Jahren für Handelsbanken arbeitet und daher – fast eine Ausnahme – kein Eigengewächs der Handelsbanken ist. In seiner alten Bank sei er nur eine Nummer gewesen, die möglichst profitable Produkte verkaufen sollte. Hier müsse er seine eigenen Entscheidungen treffen, das sei für ihn ebenso erfüllend wie herausfordernd: »Wenn du gerne jeden Tag Instruktionen bekommst, ist es wahrlich keine gute Idee, bei Handelsbanken zu arbeiten«, sagt Ernborg etwas verschmitzt. »Mit einem Budget wäre es vielleicht leichter und man könnte Verantwortung rückdelegieren, so aber liegt es an mir.«
Der Filialmanager betont, dass man grundsätzlich auf jegliche Aufdringlichkeit in der Kundenansprache und -betreuung verzichte.
Die Kunden würden niemals bedrängt, es gebe keine nervigen Direktansprachen und keine Promotions; stattdessen gehe es immer und ausschließlich um die langfristige Kundenbeziehung und um den nachhaltigen Profit. Diese Zurückhaltung wird von den Kun-

den offensichtlich sehr geschätzt, wie die vierteljährlichen Kundenzufriedenheitsanalysen eines externen Dienstleisters ein ums andere Mal zeigen.
Die dezentralisierte Verantwortung wird sehr konsequent betrieben. So hat jede Filiale im Grunde ihre eigene Website mit lokalen spezifischen Inhalten und Angeboten. Die technische Pflege wird von der Zentrale übernommen. Zudem, und das ist nur folgerichtig, ist allein die Filiale für die Rekrutierung und Auswahl neuer Kolleginnen und Kollegen zuständig. Das HR-Department unterstützt und berät, es gibt sogar einen Einstellungsprozess, aber die Filialleitung trifft die endgültige Entscheidung. Ernborg sagt: »Natürlich habe ich das letzte Wort, ich trage ja auch die strategische Verantwortung.«
Aus der Vorbereitung wussten wir, dass jede Filiale für ein klar definiertes Gebiet verantwortlich ist. Doch wie funktioniert das Zusammenspiel mit anderen Filialen? Besteht die Gefahr, dass man in fremden Gebieten »wildert« und am Ende vielleicht doch nicht immer im Sinne des Kunden agiert? Schließlich legt Handelsbanken, wie wir schon im vierten Kapitel gesehen haben, eine durchaus kompetitive Haltung an den Tag. Ernborg erklärt: »Es gibt klar abgegrenzte Regionen, aber es gibt keine Regeln, was passieren würde, wenn jemand die Abgrenzungen missachten würde. Warum nicht? Weil wir es in unserer Kultur niemals tun würden. Es gibt Fälle, in denen man einen Kunden behält, wenn er zum Beispiel in einen anderen Stadtteil zieht und zuvor eine persönliche Beziehung zu einer bestimmten Filiale bestand. Das Ganze wird nicht strikt gehandhabt, aber niemand würde jemals in einer anderen Region Kunden werben.« Richard Winder, unser Gastgeber, der die Gespräche in der Zentrale und der Filiale organisiert hat, fügt hinzu: »Wir mögen Wettbewerb und Herausforderungen. Aber wir sind dennoch Freunde, machen viele Dinge zusammen, finden gemeinsam Lösungen, was etwa Personal anbelangt. Und auch wenn wir konkurrieren, denken wir in der Handelsbanken-Dimension. It's friendly competition!«
Mit Josefine Hansson und Anna Elfsson erweitert sich unsere Gesprächsrunde um zwei Entscheiderinnen. Denn Mitarbeiterinnen wie sie sind vollverantwortliche Ansprechpartnerinnen für die Kunden. »Unsere Kunden sitzen nie mit jemandem zusammen, der nicht entscheiden kann. In meiner Funktion als Teamleiterin kann ich über die Vergabe von Krediten in beträchtlicher Höhe verfügen. Auch wenn du keine Teamleiterrolle hast, aber etwas länger dabei bist,

entscheidest du hier bis zu gewissen Volumina selbst«, sagt Hansson. Mit Blick auf den Filialleiter ergänzt ihre Kollegin Elfsson: »Mats würde uns nie irgendwelche Zahlen vorgeben. In anderen Banken würden sie dir sagen: ›Geht raus und macht zehn Millionen!‹ Wir entscheiden immer nur danach, was die Kundenzufriedenheit steigert.«

Wie schon im Gespräch mit Anders Bouvin wird auch hier deutlich, dass es selbstverständlich auch um den Profit geht. Kundenorientierung ist kein Selbstzweck. Allerdings erhalten die Mitarbeitenden von Handelsbanken die Möglichkeit, kompetent über das zu urteilen, was den Kunden den meisten Nutzen bringt. Natürlich wird auch der langfristige Profit für die Bank ins Kalkül gezogen. Bisher hat sich dieser durch die starke Kundenorientierung fast automatisch eingestellt. Die gelebte Eigenverantwortung bringt Abwechslung im Job: »Bei anderen Banken muss man Ziele verfolgen, die man nicht versteht. Das ist alles andere als ein gutes Gefühl. Wir sind verantwortlich für alles, was mit dem Kunden zu tun hat. Und deshalb wird es nie langweilig«, betont Hansson. Von ihren Freunden, die bei anderen Firmen arbeiten, werde sie schon ein bisschen beneidet, sagt Elfsson: »Weil wir die Werte leben, von denen andere nur reden.«

Zum Abschluss kommen wir noch einmal auf das Thema der Digitalisierung zu sprechen. Wir fragen nach, ob sich denn nicht auch die Kundengewohnheiten ändern und das Verlangen nach persönlichem Kontakt eventuell überschätzt wird. Elfsson und Hansson haben eine klare, allerdings differenzierte Position: »Natürlich haben die Kunden die Möglichkeit, im Internet ihre Anliegen in die Wege zu leiten, und das meiste können sie digital abwickeln. Und das passiert auch. Wir halten aber daran fest, dass die Kunden die Wahl haben sollen. Dabei wissen wir ganz genau: Wenn es ein bisschen komplizierter wird, mögen es die Menschen, wenn sie mit einer Betreuerin sprechen können. Und zwar mit ihrer Betreuerin. Es gibt am Ende nämlich immer noch ein paar Fragen, die nicht standardisiert über digitale Angebote zu klären sind. Das Dümmste wäre es zu versuchen, die Digitalisierung gegen die Filialen auszuspielen – und umgekehrt.«

Handelsbanken widersteht so manchem Zeitgeistmuster – ohne dabei aus der Zeit zu fallen. Im Gegenteil: Insbesondere die Generation Y hält sie für einen sehr modernen und attraktiven Arbeitgeber, obwohl die Bezahlung zwar gut ist, aber nicht das Niveau anderer internationaler Großbanken erreicht. Und obwohl die Filialen keine

Glaspaläste sind. Und, wie Mats Ernborg mit gespielter Verlegenheit sagt, obwohl das Ziel immer noch sei, Arbeitgeberin für die gesamte Lebensarbeitszeit eines Menschen zu sein. Offensichtlich bewirken die genannten Methoden einen effektiven Aufbau echter Kundenbeziehungen.
Die Qualität dieser Beziehungen leidet im Übrigen auch nicht durch so manche rustikale Vorgehensweise. Als vor einigen Jahren neue nickelfreie Münzen in Umlauf gebracht wurden, stellte ein Filialmanager fest, dass diese nicht mehr in die Spardosen, die an Kunden verteilt werden sollten, passten. Die Münzen waren schlicht zu dick. Kurzerhand wurden Feilen aus dem Baumarkt besorgt. Man machte sich einen Spaß aus der Sache und legte selbst Hand an, um den Einwurfschlitz passend zu machen. Andere Filialleiter nahmen die Idee auf. Vermutlich wollte man das so eingesparte Geld sinnvoller im Sinne des Kunden ausgeben, als es in einen »Spardosen-Relaunch« zu investieren.
Woanders startet man Kampagnen, in denen beteuert wird, wie sehr man den Kunden liebe oder ihn zukünftig lieben wolle – und meint damit lediglich einfallsloses Push-Marketing. Hier im Strandvägen spricht man nicht von Liebe, aber es fühlt sich – vielleicht genau deshalb – fast danach an.

- Musterbrecher sprechen nicht von »Anschlussaufnahme«, wenn sie Menschen meinen, die umsteigen sollen.
- Musterbrecher wissen, dass »Plastikfreundlichkeit« sehr gerne (!) an Kunden abperlt.
- Musterbrecher binden ihre Mitarbeiter nicht an fixe Darbietungsregeln. Sie vertrauen darauf, dass ihr Personal die adäquate Form der Ansprache selbst findet.
- Musterbrecher verwechseln eine erzwungene Kundenfesselung nicht mit freiwilliger Partnerschaft.
- Musterbrecher feilen an der besten Lösung für den Kunden – und stehen bereit, wenn nur noch die persönliche Beziehung weiterhilft.

GENIAL DANEBEN

Warum Optionen die besseren Ziele sind

»Wer weiß, wo er ist, kann sein, wo er will.«

Wir wissen nicht, auf wen das Zitat zurückgeht, aber hin und wieder bekommen Soldaten der Bundeswehr bei der Ausbildung mit Karte und Kompass den Satz zu hören: »Es kommt nicht darauf an, zu wissen, wohin man will, Orientierung gelingt, wenn man weiß, wo man sich befindet.« Nicht das Ziel wird fokussiert, sondern der momentane Standort. Ganz anders in Wirtschaft und Gesellschaft, wo hartnäckig an Zielen und Zielbildungsprozessen festgehalten wird.

Oft ist es allein die bloße Anzahl der Ziele, vielfach aber auch deren unrealistische, überhöhte und unklare Formulierung, die eine ablehnende Haltung bei denen hervorrufen, die sie erreichen sollen. Die Zielerreichung wird dann nicht ernst genommen, die dahinter stehende Erwartungshaltung nur sarkastisch kommentiert. Mehr oder weniger hilfreiche Versuche also, mit dem zunehmenden »Zielfetischismus« in Wirtschaft und Gesellschaft umzugehen.

Ziele und ihre Definition verbunden mit der Forderung, sich an ihnen auszurichten, sind zunächst positiv zu sehen: Ziele sollen Sicherheit geben, lenken und für Vergleichbarkeit sorgen.

Wer professionell führen will, kommt an Zielen nicht vorbei. Bereits 1955 hat Peter Drucker mit seinem Management-by-Objectives-Ansatz (MbO) das Führen mit Zielen zum Maßstab erklärt.[156] Doch leider hat sich dieses im Folgenden erläuterte Modell wie auch andere Prinzipien der Betriebswirtschaftslehre in eine ungute Richtung entwickelt.

Wolfgang W. war knapp zwei Jahrzehnte bei einem großen internationalen Konzern beschäftigt, zuletzt in der regionalen Geschäftsführung. Er hat sich intensiv mit den konzerninternen Zielsetzungen und Budgetierungsprozessen auseinandergesetzt. Im Interview reflektiert er die Erfahrungen und bringt ein Erlebnis zur Sprache, das ihn fassungslos machte – kurz bevor er unfreiwillig und von jetzt auf gleich das Unternehmen verließ. Es ging um einen Budgetierungsprozess, in dem hart um die Erreichung vorgegebener Kostenziele gerungen wurde. Wochenlang hatte er mit seinen Leuten die Instandhaltungsmaßnahmen für die großen Anlagen auf seinem Werksgelände bis in atomare Einzelschritte zerlegt. Sein Team hatte selbst dann noch Einsparpotenziale gefunden, als andere nur noch die Augen verdrehten.
Am Ende der Analysen konnte sich Wolfgang W. sicher sein, dass jedes kleinste Detail durchleuchtet, jeder Stein zweimal umgedreht und nichts außer Acht gelassen worden war. Dann machte er sich auf den Weg zum Vorstand nach Frankfurt. Er präsentierte seine ambitionierten Zahlen und hatte dabei ein sicheres Gefühl. Zurück in seinem heimatlichen Werk, erfuhr er, dass seine Werte vom Vorstand noch weiter nach unten gekürzt worden waren. Rigoros, ohne Begründung. Und als Geschäftsführer musste er die neuen Ziele seinen Mitarbeitenden mitteilen – authentisch und leidenschaftlich –, das war der Anspruch seitens der Konzernführung. Wolfgang W. verstand diese Vorgehensweise nicht. Er hatte zunehmend Mühe, derartige Ziele weiterzugeben, geschweige denn, sie mit Überzeugung zu vertreten. Kurze Zeit später kam es in einem ähnlichen Zusammenhang zur abrupten Trennung von dem »rebellischen« Produktionsgeschäftsführer.

Ursprünglich wollte Drucker mit der gemeinsamen Zielbildung Freiräume schaffen, in denen die Beteiligten ihre Ziele individuell erreichen können. Er argumentierte mit einer Steigerung der Selbstverantwortung, die sich vor allem positiv auf die Motivation auswirken sollte.[157]

In den letzten Jahren hat die Anzahl der Fachartikel mit kritischen Stimmen zur MbO-Praxis in ihrer verfremdeten Form deutlich zugenommen.

Der Grundtenor lautet: Zielvereinbarungen haben gänzlich ihre Wirkung verloren. Sie verfehlen ihr Ziel.[158] Mehr und mehr Mitarbeitende fühlen sich durch Ziele massiv unter Druck gesetzt. Die Flut der Zielvorgaben und deren faktische Unerreichbarkeit werden als Grund für Überlastungssymptome gesehen, vorzugsweise in den Vertriebsabteilungen. Auch Führungskräfte zweifeln immer mehr: Sind Zielvereinbarungen tatsächlich noch ein adäquates Mittel zur Steuerung von Organisationen?[159] Und mehr noch: »Unrealistische Ziele und ein striktes Controlling sorgen in erster Linie für mehr Stress und erhöhten Leistungsdruck.«[160] Untermauert wird die Kritik durch repräsentative Studien, die in verschiedenen Kontexten die Funktionsweisen und Nebenwirkungen prominenter Managementmethoden untersuchen. Die Ergebnisse werden leider oft ignoriert. Vielleicht auch deshalb, weil sie so klar zum Ausdruck bringen, was vielerorts unterschwellig spürbar ist, unternehmenspolitisch jedoch (noch) nicht gespürt werden darf.

So kommen die beiden Forscher Nick Kratzer und Wolfgang Dunkel vom Münchner Institut für Sozialwissenschaftliche Forschung (ISF) zu dem Schluss, dass die Methode des Führens mit Zielen anstelle der erhofften Freiheit und Motivation im Berufsalltag Stress, Leistungsdruck und seelische Belastung hervorruft.[161] Wolfgang Saaman wiederum befragte Ende 2010 im Rahmen einer großangelegten Studie rund 700 Mitarbeiter und Führungskräfte aus mittelständischen Unternehmen und Großkonzernen zum Thema »Führen mit Zielen«. Neben ernüchternden Ergebnissen wie beispielsweise dem, dass nur die Hälfte der Führungskräfte und weniger als ein Drittel der Mitarbeitenden ohne Führungsverantwortung überhaupt Kenntnis ihrer Individualziele haben, ist die Antwort auf die folgende Frage höchst interessant: »Was denken Sie, würde in Ihrem Arbeitsbereich/Unternehmen passieren, wenn es morgen keine Zielvereinbarungen mehr gäbe?« Hier zeigt die Studie ganz deutlich: Den Mitarbeitern würde vermutlich nichts fehlen, dagegen hätten die Führungskräfte deutlich Angst vor Kontrollverlust.[162]

Der Zielfixiertheit mit ihrer Logik des »Höher, schneller, weiter« kam in der Geschichte nicht immer dieselbe Bedeutung zu wie heute.

In der Antike hatte die »schöpferische Muße« – bei den Römern »otium«, bei den Griechen »scholé« – als die von Beschäftigung freie Zeit einen besonders hohen Stellenwert. Der Idealzustand war die reine Muße als ein Leben ohne Zwänge. Was die Griechen und Römer als Ideal verehrten, ist in der heutigen dynamischen Wirtschaftswelt vollständig verloren gegangen.

Ziele begleiten uns unser ganzes Leben – im Grunde von Kindheit an. Eltern haben das Ziel, durch eine adäquate Erziehung ihre Kinder für die bestmögliche Zukunft zu rüsten. Kindergärten assistieren ihnen dabei oder leisten gar den Großteil der Erziehung. In der Schule kommen zu den Erziehungszielen noch die Bildungsziele hinzu, das heißt, die Schülerinnen und Schüler streben Abschlüsse an, die sie durch das Erfüllen festgelegter Leistungsanforderungen erreichen können. Auf dem Wege dahin müssen sie sich immer wieder einer Vielzahl von Leistungsprüfungen unterziehen, deren Ergebnisse in Noten ausgedrückt werden. Die genannten Ziele sollen durch den persönlichen Einsatz des Kindes erreicht werden, der im Idealfall große Freude machen und nicht etwa zur Qual werden soll. Hier bedarf es der Kunst der Lehrkräfte, durch geeignete pädagogische Mittel zum Erfolg zu verhelfen. Hilfe durch die Eltern sollte nicht zum Alltag gehören, und teure Nachhilfestunden, für deren Erteilung heute in Deutschland circa 900 Millionen Euro im Jahr ausgegeben werden,[163] dürften eigentlich nur als Ultima Ratio für eine begrenzte Zeit vonnöten sein.

Dass »gymnasialwillige« Kinder des vierten Grundschuljahres generell unter Leistungsdruck stehen, liegt auf der Hand; erst recht, wenn sie nicht zu den lernstarken Schülern zählen. Aber muss das Ziel – eine Durchschnittsnote von 2,33 in den Kernfächern, wie sie etwa in Bayern als Voraussetzung für den Erhalt der Schullaufbahnempfehlung »Gymnasium« vorgegeben ist – mit zwei Stellen hinter dem Komma angegeben werden? Die *Süddeutsche Zeitung* titelte dazu: »Die gefürchtete

Zahl: 2,33«. Offensichtlich dreht sich alles nur noch um die Erreichung dieses Notendurchschnitts. Inhaltliche Aspekte der Bildung rücken dadurch in den Hintergrund, der Stress für Schüler und Eltern dominiert. Mittlerweise spricht man in Bayern vom »kleinen Abitur«.[164] Wohlgemerkt: Es geht hier um zehnjährige Kinder! Der Vorwurf eines sinnfreien Perfektionismus scheint hier gerechtfertigt. Das Ziel zählt offensichtlich mehr als der Stoff selbst.

Im gesamten Bildungsbereich gibt es im Sinne der Qualitätssicherung und -steigerung Zielorientierung und Kontrolle. Schulen, Hochschulen und zum Beispiel MBA-Programme haben ein gemeinsames Ziel: die Zertifizierung hin zur Akkreditierung als qualitativ hochwertige Bildungseinrichtung. Diesen Weg aber gehen nicht alle Fachleute mit.

Wir treffen Walter Krämer. Unser Gesprächspartner ist uns durch seine provokanten und entlarvenden Bücher, wie beispielsweise Wie lügt man mit Statistik?, Lexikon der populären Irrtümer *oder auch* Die Angst der Woche, *aufgefallen. Er deckt Irrtümer auf, die beispielsweise aus falsch verstandenen Statistiken resultieren. Walter Krämer empfängt uns an seinem Lehrstuhl für Wirtschafts- und Sozialstatistik. Er berichtet von seinem aktuellen Forschungsvorhaben, das im Verbund mit einer Reihe von Wissenschaftlern entsteht. »Wie führt man Wissenschaftler?«, fragen wir als Erstes. Krämer antwortet schnell und kommt gleich auf den Punkt: »Sie müssen auf die intrinsische Motivation der Kollegen vertrauen, müssen sie laufen lassen. Keine Ziele setzen. In der Wissenschaft sind alle großen Entdeckungen durch Zufall entstanden. Otto Hahn und Lise Meitner konnten nicht planen: ›Morgen werden wir als erste ein Atom spalten!‹ Oder Röntgen hat sich auch nicht das Ziel gesetzt: ›Jetzt entdecke ich die Röntgenstrahlen!‹ Man muss den Menschen Freiraum geben und schauen, was dabei herauskommt.« Wirtschaft läuft leider anders, das konstatiert auch Krämer.*

Dann kommen wir auf die Zielsetzung der Zertifizierung der Lehre an Universitäten zu sprechen und staunen nicht schlecht, als Krämer uns erzählt, dass er diesen Wahnsinn nicht mitgemacht habe: »Ich halte das gesamte Zertifizierungsunwesen für Blödsinn. Es wird ja gemeinhin so getan, als ob mit der Zertifizierung die Qualität eines Studienganges aus dem Modulhandbuch abgelesen werden kann. Das ist schlichtweg der Gipfel des Wahnsinns. Die Fähigkeiten des Dozenten sind doch entscheidend. Die Qualität der Lehre und deren Vermittlung sind hochgradig personenabhängig. Es gibt manche, die

können unterrichten, und andere, die können es nicht. Da kann im Handbuch stehen, was will. Als wir hier akkreditiert worden sind, habe ich gesagt: ›Da mache ich nicht mit!‹ Ich habe mich geweigert.« Auf unsere Frage nach den Folgen seines Entschlusses antwortet Krämer sichtlich erfreut: »Unsere Studiengänge sind auch ohne mich akkreditiert worden. Ich habe weder Fragen der Agentur beantwortet, noch irgendwelche Daten geliefert. Da ich Sprecher des Sonderforschungsbereiches bin und wohl einen guten Ruf habe, hat die Univerwaltung gesagt: ›Lass den Krämer mal machen!‹ Ich habe aber auch bei meinen Kollegen dafür geworben, dass wir uns nicht akkreditieren lassen. Einer unserer Kollegen war Gastprofessor in Oxford und hat dort gefragt: ›Wie lasst ihr euch akkreditieren?‹ Er wurde angeschaut, als käme er vom Mond. Die Antwort war: ›We are Oxford.‹ Das genügt als Akkreditierung. Wir lassen uns von niemandem akkreditieren. Ich bin davon überzeugt, dass wir hier an der Universität in Dortmund und an der Fakultät gut sind, und dies müssen wir durch die Qualität der Ausbildung beweisen. Richtig gute Fakultäten haben eine Akkreditierung nicht nötig. Drittklassige brauchen das. Es fehlt eben manchmal schlichtweg der Mut, es mal darauf ankommen zu lassen. Der deutschen Hochschullehrerschaft fehlt diese Eigenschaft.«
Was ist die Alternative? Krämer ist nicht einfach nur dagegen. Er hat sich mit der Bewertung von Qualität und deren statistischen Abbildungen seit über 40 Jahren befasst und kommt zu dem Schluss: »Wenn Sie wissen wollen, wer gut ist, dann fragen Sie die Menschen, die einen Einblick in die Thematik haben. Fragen Sie, wen sie für den Besten halten. Fast immer ist die Meinung einhellig. Denn Menschen können andere dann gut beurteilen, wenn sie mit ihnen interagiert haben. In meinem Umfeld zum Beispiel, wenn sie andere auf Konferenzen gehört, mit ihnen gesprochen oder bei ihnen studiert haben.«

Qualität entsteht nicht dadurch, dass man abstrakten Zielgrößen folgt. Sie kann dann entstehen, wenn man Menschen fragt, die wissen, wovon sie reden, auf deren individuelle Urteilskraft man vertrauen kann.

Wir sollten lernen, uns nicht mehr so sehr an Ziele zu klammern, sondern stattdessen Menschen zu folgen, die eine Vision haben und eine Richtung geben können.

Denn natürlich hatten Röntgen, Hahn und Meitner eine ungefähre Vorstellung von der Richtung, in die sie gehen wollten, aber eben kein fixes, klar definiertes Ziel. Der 2010 verstorbene Johann Tikart, ein Musterbrecher, der in den 1980er-Jahren die Produktion des Waagenherstellers *Mettler Toledo* revolutionierte,[165] erklärte den Unterschied zwischen Ziel und Vision: »Ein Ziel ist etwas, auf das ich glaube zugehen zu wollen. Eine Vision ist etwas, das in der Ferne steht und mich anzieht, fast magisch begeistert, das übergeordnet trägt.«[166] Während eine Vision trägt, geht von einem Ziel Druck aus.
Doch Visionen sind nicht (so) einfach machbar. Häufig besteht die naive Meinung, man könne durch einen klugen Visionsbildungsprozess oder in einem Visionsworkshop eine Vision erarbeiten. Doch Visionen brauchen Visionäre. Menschen wie die hier beschriebenen Musterbrecher und Musterbrecherinnen: der Bürgermeister einer brasilianischen Großstadt, der eine klare Vision von einer lebenswerten und ökologischen Stadt hat; der Geschäftsführer, der ein Unternehmen ohne Abteilungen schaffen will; eine Schulleiterin, die davon überzeugt ist, dass Schule neu gedacht werden muss; ein Bankvorstand, der mit seiner Bank dem Gemeinwohl dienen will – die Liste ließe sich fortführen. Die Visionen dieser Menschen hatten eine Gemeinsamkeit: Sie waren »ansteckend«.[167]

»Wir müssen alle Kontrolle abgeben«, so lautete die Überschrift eines Interviews, das Antje von Dewitz der Thales-Akademie für Wirtschaft und Philosophie gab. Wir besuchen die Unternehmerin, die 2009 die Geschäftsführung von VAUDE von ihrem Vater übernahm, an einem heißen Freitagnachmittag im Juni. Der Firmensitz liegt in Obereisenach bei Tettnang, in der grünen hügeligen Landschaft des Bodenseekreises. VAUDE hat sich einen Namen in der Outdoor-Branche gemacht. Auf der Website findet sich eine lange Liste mit Awards und Preisen zu Nachhaltigkeit, Unternehmensethik und Ökologie. Zu den renommiertesten zählen der »Deutsche Nachhaltigkeitspreis 2015« und der »European Business Award 2017: Best in Class for Environ-

mental and Corporate Sustainability«. Als wir das Unternehmen betreten, sehen wir, dass VAUDE seine nachhaltige Philosophie auch bei der Gestaltung des Firmensitzes umgesetzt hat. Die etwa 500 Mitarbeitenden arbeiten hier in einem ökozertifizierten und klimaneutralen Gebäude zusammen.
Antje von Dewitz ist sportlich gekleidet, sie trägt T-Shirt und Shorts – selbstverständlich aus eigener Produktion. Wir haben nur knapp zwei Stunden Zeit, da sie noch einen privaten Termin hat. Uns interessiert, ob es ein spezielles Erlebnis gab, das sie dazu veranlasste, VAUDE zu einem nachhaltigen Unternehmen umzubauen. Sie habe immer schon sehr umweltbewusst gedacht, so die Unternehmerin, habe in einigen NGOs gearbeitet und immer Verantwortung auch für die Welt übernehmen wollen, die sich gerade in einer beängstigenden Degenerationsphase befinde. In einer immer zynischer werdenden Welt sei sie gerne jemand, die einer falschen Entwicklung aufrichtig etwas entgegenzusetzen habe. Sie berichtet davon, dass die Mitarbeitenden bei VAUDE »grünes Blut« hätten und sich diese Tatsache gerade als vorteilhaft erweise. Antje von Dewitz spricht schnell. Man merkt, dass sie häufig über ihr Unternehmen und die nachhaltige Philosophie berichtet.
Wir wollen wissen, wie sie Führung versteht. »Es geht darum, die Menschen mit Herz und Verstand mitzunehmen. Das ist der Schlüssel. Darum ist die hierarchische Rolle auch nicht so wichtig. Als ich von meinem Vater die Geschäftsführung übernahm, hatte ich bereits vier Kinder und wollte als Mutter nicht so stark vom Unternehmen vereinnahmt werden, wie ich es bei meinem Vater erlebt hatte. Also habe ich damals zunächst begonnen, zusätzliche Hierarchien einzuziehen, um von der starken Fokussierung auf die Spitze wegzukommen. Gleichzeitig haben wir versucht, übergreifende und hierarchieunabhängige Netzwerkstrukturen zu schaffen, in denen diejenigen mit den entsprechenden Kompetenzen und Potenzialen Verantwortung übernehmen können. Das konnten wir nur umsetzen, weil wir bereits auf einer guten Kultur aufbauen konnten«, so von Dewitz.
Ihre große Vision war es, ein ökologisches Unternehmen zu schaffen, in das man frei hineinschauen kann – und überall nur »Gutes« sehen soll. Heute, vor dem Hintergrund von Fridays for Future und des gestiegenen ökologischen Bewusstseins, klingt das vielleicht nicht mehr ganz so außergewöhnlich, doch vor zehn Jahren war ihre Haltung – insbesondere in dieser Branche – absolut visionär. Aber hat diese

Vision alle Mitarbeitenden mitgerissen? Antje von Dewitz erlebte zwar auf der Geschäftsleitungsebene große Zustimmung, viele Mitarbeitende waren aber erst einmal skeptisch; denn insbesondere zu Anfang führte die Umsetzung der Vision zu Mehraufwand und Kosten. VAUDE setzte sich mit Herausforderungen auseinander, die bis dahin in der Branche kaum Beachtung fanden. Die Geschäftsführerin berichtet von Standards, zum Beispiel für die Daunenproduktion, die erst einmal geschaffen werden mussten. Bei VAUDE analysierte man die gesamte Logistikkette etc. »Als wir parallel dazu viele kleine Dinge umgesetzt haben, die für die Mitarbeiterinnen und Mitarbeiter schnell sichtbar wurden, merkten alle, dass wir es ernst meinen. Wir haben einen E-Bike-Pool mit Ladestationen, überdachte Fahrradständer und Duschen für alle Mitarbeiter gebaut. Oder es gab ab einem gewissen Zeitpunkt nur noch Fair-Trade-Kaffee im gesamten Unternehmen«, beschreibt von Dewitz das erste Jahr. »Wir haben den Elefanten in Scheiben geschnitten, um die Komplexität irgendwie zu handhaben.«

Seitdem ist sehr viel passiert. VAUDE ist als erstes Outdoor-Unternehmen nach EMAS ökozertifiziert. Das Unternehmen hat mit Green Shape ein eigenes, strenges Bewertungssystem für Produkte aus nachhaltigen Materialien und fairer Herstellung eingeführt – 97 Prozent der Bekleidungskollektion tragen bereits dieses Label. Für den Großteil der VAUDE-Produktpalette gilt auch das staatliche Siegel »Grüner Knopf«, das sozial und ökologisch produzierte Textilien kennzeichnet. Für sein weltweites Engagement für faire Arbeitsbedingungen hat VAUDE den Leader-Status bei der unabhängigen Fair Wear erlangt. Für die gesamte textile Wertschöpfungskette gelten hohe ökologische und soziale Standards. Die am Standort Deutschland produzierten Fahrradtaschen, urbane Taschen etc. werden klimaneutral in der eigenen Manufaktur hergestellt. In vielen Produkten werden Garne aus recycelten Fischernetzen, Kaffeesatz und PET-Flaschen verarbeitet. Und seit Sommer 2019 werden alle Schlafsäcke zu 100 Prozent mit Recyclingdaunen befüllt. In einem Produktvideo bringt es Antje von Dewitz auf den Punkt: »Früher dachte ich, irgendwann sind wir dann die Nachhaltigsten, stehen auf einer Art Gipfel und schauen runter – aber vergiss es. Es ist Teamsport und eine Reise.«

Auch wenn die Vision von Antje von Dewitz nicht die »Ansteckungskraft« besaß, um die Mitarbeitenden sofort mitzureißen, mit einem klassischen

Zielbildungsprozess wäre dieses Ergebnis nicht erreichbar gewesen. Im Managementalltag wird leider immer noch enorm viel Energie für den Zielbildungsprozess aufgewendet, und alle Budgetierungsprozesse basieren nach wie vor auf dieser Logik.
Wenige aber hinterfragen dabei die Prämissen. Als wir uns zwischen 2001 und 2006 zum ersten Mal mit musterbrechender Führung befasst haben, war der Beyond-Budgeting-Prozess gerade in aller Munde. Eine ganze Reihe von vielversprechenden Beispielen wurde aufgeführt. Selbst die UBS, die größte Bank der Schweiz, wollte diesen Weg gehen. Doch leider ist es zwischenzeitlich um diese Bewegung sehr ruhig geworden. Franz Röösli, der Repräsentant des Beyond Budgeting Institute im deutschsprachigen Raum, glaubt, dass der Begriff »Beyond Budgeting« zu kurz greife. Es gehe um weitaus mehr, als nur um den Verzicht auf Budgets; denn letztlich setze das Verzichten eine bestimmte Haltung voraus. Und diese Haltung erlebten wir sehr deutlich bei der bereits in den vorangegangenen Kapiteln beschriebenen Handelsbanken in Stockholm. Entscheidender als die Kategorisierung war die faktisch umgesetzte Richtungsänderung, die von einer klaren Vision und einer Kultur der Eigenverantwortung getragen war: weg von absoluten hin zu relationalen Zielen.
Vermutlich haben aber sowohl die Finanzkrise und der Ruf nach Regulierung als auch die Digitalisierung Ziele als zentrale Größe für Planung, Steuerung und Kontrolle aktueller werden lassen denn je. Nach Luhmann bedeutet zu planen und zu steuern, den Unterschied zwischen Ziel und Realität zu verringern. Dabei bleibt offen, ob Ziele an die Realität angepasst werden oder die Realität an die Ziele.[168] Genau Letzteres scheint in unserer Gesellschaft der Fall zu sein. Qualität ist dann erreicht, wenn ein Zertifizierungsprozess erfolgreich war. Führungskräfte sind zufrieden, wenn die Schlüsselkennzahlen stimmen. Egal wie!

Ziele eignen sich im Kontext der Ungewissheit immer weniger zur Steuerung.

Wir können festhalten, dass es sehr wenige Bereiche geben dürfte, die ohne irgendeine Art von Zielen auskommen. In Wirtschaft, Politik und Gesellschaft treffen wir allerdings auf mannigfaltige Auswüchse der als professionell geltenden Zielbildung und -verfolgung. Wir stellen auch an uns fest, dass es wenige Situationen gibt, in denen wir nicht irgendein Ziel zumindest grob zu erreichen versuchen. Wir könnten aber damit beginnen, Ziele und Vorgaben in unserer Umgebung kritisch zu reflektieren: Wo werden wir mit Zielen konfrontiert – ohne dass es auf den ersten Blick ersichtlich ist?

Es geht nicht darum, Ziele zu verteufeln, sondern vielmehr darum, einen vom Grundsatz her angemessenen Umgang mit ihnen zu finden. In diesem Sinne versuchen alternative Ansätze, das exakte Festlegen und sklavische Verfolgen von Zielen zu vermeiden. Nicht Planung auf ein Ziel hin ist die Aufgabe, sondern das Vorbereitet-Sein auf Eventualitäten. Wir halten es mit dem Wissenschaftstheoretiker Karl R. Popper, der es zu seiner Prämisse machte, dass jeder Organismus ständig damit beschäftigt ist, Probleme zu lösen.[169] Das beschreibt vermutlich das beste und allgemeinste Ziel, das wir alle verfolgen. Man könnte auch sagen, das Ziel aller Ziele ist: »Probleme zu lösen«. Wir stellen in vielen Organisationen fest, dass das Verfolgen von Zielen dazu führt, dass das, was eigentlich zählt, nämlich das Lösen der wirklichen Probleme, aus dem Blick gerät. Gerhard Wohland beschreibt Ziele als »Hoffnungen auf zukünftige Zustände, die durch eigene Aktivitäten erreicht werden sollen«.[170] Auf jeden Fall sind Ziele nur dann sinnvoll, wenn sie zumindest für eine gewisse Zeit Bestand haben. In einem von Ungewissheit und Überraschungen geprägten Umfeld müssen Ziele überprüft und angepasst werden. Darum sind nach Wohland Optionen ein Vorrat an durchdachten Möglichkeiten. Und diese Möglichkeiten haben naturgemäß einen experimentellen Charakter.

»Management by Options« nennt es Wolfgang Vieweg, Professor an der Fachhochschule Würzburg-Schweinfurt. Für ihn haben Ziele etwas von einer Fata Morgana; denn selbst wenn sich die Welt ohne schlagartige Änderungen unserer Planungsbedingungen weiterentwickelte, würden insbesondere große Unternehmen, die der Zielmethode folgen, chronisch dieser Entwicklung »hinterhersteuern«.[171]

»Finanzen sind keine zu planende, sondern eine resultierende Größe«, sagt Wolfgang Vieweg im Interview und argumentiert, dass mit Zahlen als Zielen in unserer heutigen schnelllebigen Zeit kein Unternehmen nachhaltig zu steuern sei. Vielmehr taugten dazu in viel höherem Maße beispielsweise die Einflussmöglichkeiten des Managements auf die richtige Produktpalette und die Art und Weise, wie Mitarbeitende geführt würden. »Wenn Sie alles richtig machen, dann resultieren daraus gute Finanzkennzahlen, nicht andersherum, sagt er. In

seinem Werk Management by Options[172] *propagiert er die Abkehr von der tief verinnerlichten und in den Unternehmen ritualisierten Zielorientierung und damit die Hinwendung zur flexiblen Realisierung sich bietender Optionen.*

Zu einer komplexen und unsicheren Umwelt passen seiner Überzeugung nach keine starr fixierten Ziele. Er erzählt von seiner Managementkarriere bei der Lufthansa und von der in einer schwierigen Phase von ihm maßgeblich mitverantworteten Umgestaltung der Ferien-Airline Condor. »Die Ziellogik scheitert gerade dann, wenn vorher definierte Wegmarken ihre Geltung verloren haben. Dennoch streben viele Manager danach, mit Zielen zu führen, und sie stellen die unbedingte Zielerreichung an erste Stelle.« Wolfgang Vieweg spricht in diesem Zusammenhang viel über das Streben nach Ordnung und Einfachheit, das aber nicht adäquat sei. »Man wird angeblich schon deswegen zu einem besseren Menschen, weil man angibt, ein Ziel zu haben«, sagt er ironisch. »Regelmäßig erzeugen Unordnung und Chaos ein Unwohlsein bei den Menschen, geradezu eine Angst davor, etwas nicht mehr kontrollieren zu können. In der Reaktion darauf werden Ziele akribisch geplant und oftmals rigoros verfolgt. Die Nebenwirkungen werden allerdings übersehen – nämlich das Nichtbeachten und damit das Nutzen sich bietender Möglichkeiten, die außerhalb der Zielkorridore liegen. Komplexität ist keineswegs unser Feind, den es zu bekämpfen gilt. Wir brauchen andere, geschmeidigere Denkmodelle. Deswegen sind Ziele out und Optionen in. Und im Nachhinein fällt es in der Regel schwer, die wirklichen Treiber für Erfolg oder Misserfolg zu benennen.« Unternehmen wenden sehr viel Energie dafür auf, Zielabweichungen zu ermitteln und zu plausibilisieren – sie befinden sich damit in einer regelrechten Rechtfertigungsfalle, ausgelöst durch die an Bedeutung alles überragende Ausrichtung an Zielen. Wie viel Potenzial wird da verbrannt, das eigentlich für das Verfolgen nicht realisierter Möglichkeiten und damit für bessere Geschäfte zu nutzen wäre?

Die Geschichte von Wolfgang W., über den wir zu Beginn dieses Kapitels berichtet haben, geht zum Glück gut weiter. Heute arbeitet er als regionaler Vertriebsleiter bei einem inhabergeführten mittelständischen Maschinenbauunternehmen und berichtet von einer völlig anderen Welt. »Das Budget, das wir machen, passt auf einen Bierdeckel.« Er erzählt sichtlich entspannt und zufrieden, dass es kein formalisiertes Zielvereinbarungs- oder Leistungsbeurteilungs-

system gebe. »Wir haben keine individuellen Zielvereinbarungen im Vertrieb – die Zahlen stimmen jedoch trotzdem.« Entscheidend, so Wolfgang W., seien der Spaßfaktor und der Sinn der Tätigkeit. Nicht das sture Festhalten an Zielen und die Beharrlichkeit, mit der man sie verfolge. »Das ist doch sinnlos und hat mit Passion nichts zu tun«, fährt er fort, »auch noch den fünften Kundentermin an einem Tag abzuarbeiten, nur weil die Aufschlüsselung eines Zielsystems dies verlangt.« Nein, in seiner neuen Vertriebstätigkeit werde er nicht an der Anzahl der Kundenkontakte und auch nicht an der Einhaltung von Umsatzzielen gemessen. Wir wollen wissen, ob er Reise- oder Tätigkeitsberichte abzugeben habe, da er ja weit entfernt von der Unternehmenszentrale tätig sei. Wolfgang W. antwortet einmal mehr mit spürbarer Gelassenheit: »Der größte Anteil meiner Kundenbesuche besteht darin, Daten vor Ort aufzunehmen, mit dem Kunden entsprechende Lösungen zu erarbeiten und das Ganze in dokumentierter Form in die Zentrale zu schicken, in der daraus die Angebote erstellt werden. Nicht jeder Besuch endet indes mit einer für den Kunden zufriedenstellenden Lösung – und inwieweit ich über derartige Termine einen Bericht verfasse, bleibt mir überlassen. Eine grundsätzliche Forderung besteht nicht – über die Sinnhaftigkeit einer Berichterstellung entscheide ich selbst.«
Abschließend erzählt er uns, dass er gemeinsam mit dem Unternehmensinhaber in der kommenden Woche zu einigen Kunden reisen werde. Auf den direkten Austausch mit den Kunden und die Möglichkeit, voneinander zu lernen, freue er sich schon jetzt.

Die Frage nach dem Grad der Zielerreichung kann bei kritischer Überprüfung dazu führen, dass man in eine Art Vakuum gerät. Mitunter erweist sich der zuvor eisern verfolgte Weg mit einem Schlag als falsch, da er nicht zielführend ist, und es stellt sich sofort die Frage nach neuen Zielen. Für Wolfgang W. kann dieses Vakuum in seiner neuen Tätigkeit gar nicht erst entstehen, da er nicht krampfhaft versuchen muss, vorgegebene Vertriebsziele zu erreichen.

Bei der Verfolgung von Zielen entsteht Druck.

Und dieser Druck kann sich kontraproduktiv auswirken – wie es auch Wolfgang Vieweg treffend formuliert hat: Durch die krampfhafte Zielverfolgung werden vielleicht günstigere Optionen rechts und links des Zielweges gar nicht erst gesehen. Im Fall einer musterbrechenden Vertriebssteuerung wie im genannten Beispiel öffnet sich dann der Blick für das Unkonventionelle. Denn sie orientiert sich an Möglichkeiten und nicht an Zielen. Es lohnt sich, den Mut aufzubringen, auf starre Zielverfolgung zu verzichten, wenn man davon überzeugt ist, dass es bessere Steuerungsgrößen gibt, die nicht festlegbar und gerade deswegen besonders wertvoll sind.

Peter Geyer, staatlich geprüfter Profibergführer mit über 45 Jahren Berufserfahrung, erzählt uns von seiner letzten größeren Expedition in die Antarktis, die er als verantwortlicher Leiter geführt hat. Er berichtet von der Fahrt mit einem kleinen Segelschiff durch die Drake-Passage zwischen der Südspitze Südamerikas, dem Kap Hoorn und der Nordspitze der antarktischen Halbinsel. »Es hat uns fünfeinhalb Tage durch die Waschmaschine gedreht, wir hatten einen gewaltigen Sturm. Und die gruppendynamischen Prozesse konnte ich in dieser Situation hautnah erleben. Ich hörte nie ein schräges Wort, es gab keine Spannungen, unfassbar. So ein Team hätte es eigentlich nicht geben dürfen.«
Die Frauen und Männer, darunter ein Ehepaar, hatten sich unabhängig voneinander aus persönlichem Interesse zur Teilnahme an der Expedition entschieden. Menschen, die so eine Reise für viel Geld buchen, haben schon fast alles gesehen und vieles erlebt. Das erste Kennenlernen im Zuge der Expeditionsvorbereitung war dadurch geprägt, dass jeder seine Motivation und seine Erwartungshaltung erzählt hat. »Ich sagte nur: ›Mir ist wichtig, dass wir miteinander eine gute Zeit erleben!‹«
»Später, nach der eigentlichen Expedition, hat mich einer der Teilnehmer darauf nochmals angesprochen: ›Was du bei unserem ersten Treffen gesagt hast, war der Hammer. Wir zahlen 15 000 Euro für die Expedition, und das Einzige, was du als Expeditionsleiter willst, ist, eine gute Zeit mit uns verleben. Wir haben uns damals im Teilnehmerkreis nochmals zusammengesetzt und uns über diesen Satz unterhalten, weil wir ihn nicht recht verstanden hatten. Doch jetzt wissen wir, was du gemeint hast.‹«
Die Teilnehmer waren mit einer ganz anderen Erwartungshaltung gekommen. Sie hatten erwartet, dass ihnen alle Ziele inklusive der Streckenziele genannt würden und dass bereits ein detaillierter Plan

zur Realisierung der Ziele vorläge. Weit gefehlt, wie sie sehr schnell feststellen mussten. Peter Geyer musste die Expedition relativ offen angehen, weil nur sehr wenige Informationen über das zu durchquerende Gebiet vorlagen. Es konnte oft nur kurzfristig entschieden werden, je nachdem, was die Verhältnisse vor Ort nahelegten. »Das war eine richtige Expedition. Ständige Beurteilung und Entscheidung. Ziele immer wieder neu festlegen, um sie dann wieder fallweise zu verwerfen.«
»Die Teilnehmer wurden permanent eingebunden. Schwerwiegende Entscheidungen können nicht autoritär getroffen werden. Es muss absolute Transparenz herrschen.« Peter Geyer fordert kompromisslos den mündigen Gast in einer von ihm sogenannten »gläsernen Seilschaft«. Was er damit meint, ist die absolute Transparenz jeder Entscheidung am Berg, insbesondere in kritischen Situationen. »Je mehr Transparenz in einer Seilschaft herrscht, umso unproblematischer ist es, sie zu führen.«
Bergführen hat viel mit der Auseinandersetzung mit gesteckten Zielen zu tun – vor allem jedoch hat es etwas mit Beziehung zu tun. Und mit sehr viel Reflexionsvermögen. Letzteres hat Peter Geyer insbesondere in jungen Jahren als frischgebackener Bergführer bewiesen. »Nach zwei Jahren aktiven Führens musste ich mich fragen, wo ich stehe. Was mache ich falsch? Denn selbstkritisch betrachtet, habe ich in diesem Zeitraum viel zu stark allein geführt. Ich hatte jeden Gast an das gewünschte Ziel gebracht – unabhängig vom Wetter und sonstigen widrigen Umständen. Doch dann habe ich plötzlich gemerkt: Zu mir ist kein Gast ein zweites Mal gekommen. Ich musste mir über die Gründe klar werden. Dabei habe ich festgestellt, dass ich oftmals unter starkem Druck gestanden und sich der Druck auf die Gäste übertragen hatte. Schließlich erkannte ich, dass ›Führen‹ am Berg etwas anderes ist, als die Gäste am kurzen Seil auf den Berg zu ziehen. Für mich war es bisher das Wichtigste gewesen, dass der Gast das Ziel erreichte. Nicht bedacht hatte ich, ob er tatsächlich das erwartete Erlebnis gehabt hatte. Es konnte ja nicht genügen, nur auf dem Gipfel gestanden zu haben.«

Noch einmal: Es geht nicht darum, den Zielgedanken zu verbannen. Ob Bergsteiger, Managerinnen oder Politikerinnen, alle brauchen eine Richtung, aber nicht unbedingt ein »Feinziel«, um sich auf den Weg zu machen. Peter Geyer führt es uns beispielhaft vor. Doch vielen scheint das angepeilte Ziel wichtiger als das, was sie auf dem Weg dahin gewinnen können – das gilt auch für die Schule oder die Managementausbildung.

Wichtiger als eine starre Zielbindung ist das Vermögen, auf ein Scheitern angemessen zu reagieren, indem man seinen Plan ändert oder ganz verwirft, um einen Neuanfang zu wagen.

Geyer hat einen Lernprozess erlebt, der ihn dazu gebracht hat, das Ziel nicht in erster Linie im Erreichen eines Gipfels zu sehen, sondern darin, seinen Begleitern eine gute gemeinsame Zeit zu ermöglichen. Und Letzteres erreicht er durch eine flexible Planung, in die er seine Gäste einbezieht, indem er sie mitentscheiden lässt beziehungsweise ihnen seine getroffenen Entscheidungen transparent macht. Sein Motto dabei lautet: »Ich weiß zwar nicht immer genau, was ich will – aber grundsätzlich, was ich nicht will.«[173]

Die Kernaufgabe von Führung wurde bisher auf »Lenken und Leiten« reduziert.[174] Ein Lenken ohne Ziele erschien unmöglich, schließlich muss man ja wissen, in welche Richtung es gehen soll. Diese Vorstellung hatte sich in den letzten 120 Jahren manifestiert. Ob bei Frederick W. Taylor, Henri Fayol, Max Weber oder auch in modernen Ansätzen des integrierten Managementmodells: Die Tätigkeit einer Führungskraft war gedanklich eng an den Zielbegriff gekoppelt.[175] In der Praxis gilt das bis heute: »Eine gute Führungskraft gibt klare Ziele vor!«

In der Welt der Ungewissheit und Dynamik gilt es aber, Visionen und Optionen anzubieten. Es geht darum, mit einigen wenigen »harten Polen« einen Rahmen abzustecken, in dem sich die Mitarbeitenden frei bewegen (können) und im Sinne einer Negativabgrenzung genau wissen, was nicht geht – ansonsten aber Optionen testen können, damit entstehende Probleme lösbar werden. Bei VAUDE lautet ein harter Pol: »Wir produzieren nichts aus PVC.« Für den Skatepark Janwaar Castle aus dem dritten Kapitel hatte Ulrike Reinhard zwei harte Pole formuliert: »No school, no skateboarding« und »Girls first!«

- Musterbrecher wissen stets, wo sie sind.
- Musterbrecher lehnen Zielsetzungen nicht grundsätzlich ab; sie haben aber auch keine Angst davor, Ziele zu verfehlen.
- Musterbrecher wissen, dass sich ständig neue Optionen bieten – und damit auch Möglichkeiten für einen Neuanfang.
- Musterbrecher definieren wenige »harte Pole« und lassen ansonsten maximale Freiheit zu.

UNERSCHROCKEN ÄNGSTLICH

Warum es keine angstfreien Räume gibt

»Hier herrscht eine Kultur der mehrfachen Absicherung.« »Ich wache nachts schweißgebadet auf und frage mich, was kommt morgen wieder alles auf mich zu?« »Es gibt in unserem Bereich immer mehr Absicherer und immer weniger Macher.« »Ich bin gespannt, wann es auch bei uns die ersten Selbstmorde wegen Überlastung geben wird.« »Es ist suspekt, wenn der Chef Zeit hat.« »Wir suchen die Fehler ständig beim anderen.« »Ich fühle mich wie im Krieg – jeden Tag.« »Wir haben hier eine Kultur, die von Misstrauen geprägt ist.« »Ich werde mich hier nie wieder mit einer Idee einbringen.« »Heute hü und morgen hott, das macht mir Angst.« »Wenn ich montagmorgens hier reinmuss, könnte ich mich gerade übergeben.« »Es herrscht Angst, und es macht sich Resignation breit.« »Ich werde vor meinen Kollegen nicht

so offen sein wie Ihnen gegenüber. Ich habe Angst davor, dass die sagen: ›Ach, der schon wieder!‹«

Solche und ähnliche Aussagen sind uns in Gesprächen mit Führungskräften und Mitarbeitern in unterschiedlichsten Organisationen ständig begegnet. Auch wenn manches davon vielleicht nur so dahingesagt war, spüren wir in Unternehmen doch Angst, die Angst vor der Zukunft, vor Neuem, vor der Gruppe oder den Kollegen, vor dem Change-Programm, vor der Digitalisierung, vor Trennung und Identitätsverlust. Man gewinnt den Eindruck, Angst sei im Arbeitsalltag allgegenwärtig. Und nicht nur hier. Mit Angst lässt sich gerade wieder gut Meinung und Politik machen. Radikale Parteien – und nicht nur die – verknüpfen in ihrer Rhetorik die Angst vor Naturgewalten geschickt mit den Problemen unserer Zeit. »Naturmetaphern wie Flüchtlingswellen, Flüchtlingsströme oder -fluten sind ebenso wenig zufällig wie der Vergleich von Einbrechern mit Heuschreckenplagen.«[176] Letztlich ist es die Angst vor dem Macht- und Gestaltungsverlust, die dazu führt, dass in Europa wieder Grenzen gezogen werden und der Brexit vollzogen wurde. Aus Angst vor einer Virus-Pandemie müssen sich Menschen abschotten, die Einschaltquoten und die Leserzahlen steigen. Und die Angst vor den Folgen des Klimawandels hat über Monate Hunderttausende Jugendliche jeden Freitag auf die Straßen getrieben, um gegen die Klimapolitik zu protestieren. Wir leben also, um es mit Heinz Budes Buchtitel zu sagen, in einer *Gesellschaft der Angst*.[177] Auf der anderen Seite stellt die zum 28. Mal durchgeführte Studie der R+V Versicherung für das letzte Jahr fest, dass der Angstindex so niedrig ist wie seit 25 Jahren nicht mehr.[178]
Offensichtlich stimmen also Fakten- und Gefühlslage nicht überein. Die erhobenen Daten scheinen die Intensität der Gefühlslage nicht zu bestätigen.
Unabhängig davon, ob es sich um real begründete oder gefühlte Angst handelt, lässt sich beobachten, dass auch Organisationen mit der (gefühlten) Angst in Resonanz kommen, besonders über den vermehrten Absatz von Produkten, die mehr Sicherheit versprechen. Zum Beispiel konnten Unternehmen, die Sicherheitstechnik zur Grenzsicherung liefern, massiv profitieren. Doch auch mit den Ängsten der Mitarbeitenden sehen sich Unternehmen häufiger konfrontiert.
Angesprochen auf vermehrt zu beobachtende Angstvermeidungsstrategien belässt man es als Erklärung bei der lapidaren Vermutung: »Ist doch klar, jeder hat Angst vor Veränderung.« Doch die Angst in Orga-

nisationen greift sehr viel weiter. Entscheidungen werden aus Angst vor den Folgen verschleppt. Mitarbeiter lehnen aus Angst vor der Verantwortung und aus Mangel an Unterstützung Führungspositionen ab. Unverfängliche Einladungen, sich an der Entwicklung neuer Themen zu beteiligen, werden argwöhnisch kommentiert. Mitarbeitende lassen Initiativen über sich ergehen und versuchen nicht, zu deren Erfolg beizutragen. Im Gegenteil: Manche »wissen« schon im Vorfeld, dass der Prozess keinen Sinn hat, und führen bewusst sein Scheitern herbei. Und natürlich reagiert das Management darauf.

In Organisationen finden sich immer noch Zeichen der Angstvermeidung: zugewiesene Parkplätze, Sicherheitsleute, die den Zutritt überwachen, abgeschottete Vorstandsbereiche, verschlossene Bürotüren, gesperrte Bereiche im Internet, Schlösser vor Kühlschränken und Kopierern, Hinweisschilder auf mögliche Gefahren.

Vieles davon hat seine Berechtigung und ist gut gemeint. Doch in vielen Unternehmen, die wir in der beratenden Begleitung kennenlernten, trafen wir auf eine Kultur der persönlichen Absicherung, des Diensts nach Vorschrift, der »Rollenspiele«, des Misstrauens und der Resignation – basierend auf Verunsicherung und Angst. Und das erstaunlicherweise selbst dort, wo hundertprozentige Arbeitsplatzsicherheit herrscht und starke Arbeitnehmervertreter die Interessen der Beschäftigten wahren. Hierzu trägt ein professionelles System von Beobachtung und Kontrolle, von hochgradiger Arbeitsteilung, von Vorgaben und Standards einen nicht unerheblichen Teil bei. Der Versuch, Sicherheit durch Systeme zu schaffen, führt ins Gegenteil: Die Menschen in Organisationen bekommen nicht weniger, sondern mehr Angst.

»In großen Organisationen, ganz besonders im öffentlichen Dienst, wird den Mitarbeitenden gesagt: ›Ihr seid sicher! Wir kümmern uns um euch!‹ Die Mitarbeiterinnen und Mitarbeiter zahlen dafür jedoch einen hohen Preis. Wenn die Sicherheit im Außen vorhanden ist, dann

scheint ein starkes Bedürfnis zu bestehen, die Kehrseite der Sicherheit, also Autonomie und Risiko, ausleben zu können.« Wir hören gespannt dem promovierten Psychologen und Gehirnforscher Klaus-Dieter Dohne zu. Mittlerweile sind wir seit mehreren Jahren miteinander befreundet, haben schon einige Projekte gemeinsam gemacht und sind immer wieder von seiner Art fasziniert, mit der er die komplexesten Sachverhalte auch für uns Wirtschaftswissenschaftler verständlich auf den Punkt bringt.
Für seine Vorträge verwendet Dohne gern eine Fotomontage, die vier »eingefrorene« Bewegungen eines einjährigen Kindes bei seinen ersten Versuchen aufzustehen zeigt. In der ersten Szene ist es hochkonzentriert in sich gekehrt, Füße und Hände fest am Boden, noch in der Hocke. In der zweiten ist die ganze Aufmerksamkeit nach innen gerichtet, eine Hand wird bereits angehoben, die Beine strecken sich. Dann kommt die Veränderung. Das Kind steht bereits freihändig auf seinen wackeligen Füßen, noch leicht nach vorne gebeugt, jedoch seine Aufmerksamkeit schon nach außen wendend und mit dem Blick seine Umgebung absuchend. In der letzten Einstellung klatscht es in die Hände, strahlt seine Bezugsperson an und holt sich deren Bestätigung. Diese vier Situationen zeigen, so erklärt Dohne, beide Seiten der neuronal eingebrannten menschlichen Grundambivalenz. In den ersten beiden Situationen stehen die Autonomie und die Entfaltung eigener Potenziale im Vordergrund sowie die Fokussierung auf das eigene Handeln, in der dritten und vierten Szene die Zugehörigkeit und die Verbundenheit zum eigenen Beziehungssystem. Das entspricht ganz den Worten von Johann Wolfgang von Goethe: »Zwei Dinge sollen Kinder von ihren Eltern bekommen: Wurzeln und Flügel.« Die Fotomontage visualisiert die Grundambivalenz der menschlichen Existenz: Sie ist angewiesen auf Beziehung, Geborgenheit, Verbundenheit einerseits – und braucht Autonomie, Freiheit, Selbstwirksamkeit andererseits. Beide Seiten sind Teil jeder Biografie und führen bei Ungleichgewicht zu Ausgleichshandlungen, die im positiven Fall Antrieb für Veränderung sein, bei großem Ungleichgewicht aber auch zu psychischen Erkrankungen führen können.
»Ist alles auf Sicherheit getrimmt,« so Dohne weiter, »etwa durch klare Arbeitsanweisungen, geregelte Zeiterfassung oder durch feste Hierarchien mit klar strukturierten Kommunikationswegen, muss man sich keinerlei existenzielle Gedanken machen. Das könnte man auf

den ersten Blick denken. In diesem Umfeld müssten doch nahezu ideale Bedingungen vorliegen, in musterbrechendem Sinne zu experimentieren. Dinge auszuprobieren, die das System schwungvoll und positiv dynamisch nach vorne bringen könnten, das sollte gerade hier überhaupt keine Schwierigkeit sein. Doch genau das passiert nicht. Den Menschen fehlt das unplanbare Element.
Warum? Weil man für eine zu starke Betonung von Sicherheit einen Preis zahlt. Die Regel lautet nämlich: ›Wir geben dir, lieber Mitarbeiter, maximale Sicherheit. Dafür gibst du deine Autonomie an der Haustür ab.‹ Das bedeutet, dass man nicht so sein darf, wie man will. Man muss sich den Regeln anpassen und muss sich berechenbar zeigen. Und genau so laufen die alltäglichen Muster in vielen Organisationen ab. Zugehörigkeit und Sicherheit werden geboten, doch die individuelle Potenzialentfaltung und das kreative Element fehlen. Die autonome Seite soll ja letztlich nicht zum Tragen kommen. Man darf nicht mit jedem sprechen, wenn es die offizielle Hierarchie nicht zulässt. Man soll sich gefälligst strikt an den Prozess der Sachbearbeitung halten. Aus meiner Erfahrung ist die Wahrscheinlich sehr groß, dass Menschen darauf mit individueller Verstörung und Unsicherheit reagieren, sehr häufig sogar mit Angst. Die Mitarbeiterinnen und Mitarbeiter richten sich in der Sicherheit ein. Und entsprechend entstehen bei ihnen Erwartungen an das Umfeld, die von der Organisation versprochen werden. Alles soll schön geregelt sein. Nichts Unerwartetes darf passieren.
Doch es wird mit Sicherheit etwas Unerwartetes passieren. Ein neuer Konkurrent erscheint auf dem Markt, der gesetzliche Rahmen verändert sich, Kunden wollen andere Produkte oder eine Kollegin kündigt.
Ein Phänomen, auf das ich immer wieder stoße: Jemand, der in einem solchen System sehr fest eingebunden ist, könnte gewissermaßen Angst davor haben, dass möglicherweise doch irgendwo in der Organisation das autonome Leben stattfindet. Man selbst gehört aber nicht dazu. Es ist ein weit verbreitetes Empfinden vieler Mitarbeiter, dass andere Wertschätzung erhalten, man selbst diesbezüglich aber zu kurz kommt. ›Andere gehen in ihrer Arbeit auf, nur ich nicht!‹«
Organisation will also genau das, wodurch Angst förmlich provoziert wird: Sicherheit und Kontrollierbarkeit. Wir fragen Klaus-Dieter Dohne, wie man das autonome Element in die Organisation ganz bewusst

einführen könnte, wie also Unsicherheit, die Organisationen auszuschließen versuchen, gezielt zu erzeugen wäre. Seine spontane Antwort: »Da sind wir jetzt beim Vertrauen angelangt. Um das möglich zu machen, benötigt man Verantwortliche, die Vertrauen haben. Vertrauen darauf, dass es die eine Seite nicht ohne die andere gibt. Es ist eine Fiktion, zu glauben, man könne Menschen – aber auch Prozesse – planen, vorhersagen und kontrollieren. Wer das glaubt, der hat schnell zwanghafte Kontrollfantasien ausgeprägt. Die Basis sehr vieler Ängste in Unternehmen.«
Das wichtige Vertrauen in die Ambivalenz fehle. Gerade im Moment erlebe man durch sogenannte »disruptive Veränderungen«, die hauptsächlich die Digitalisierung mit sich bringe, einen Angriff auf die bestehenden Werte und auf die Sicherheitsversprechen der Vergangenheit. Darauf reagiere das Management meist mit den alten Mustern. »Es werden sogenannte ›agile Methoden‹ geschult, die den Menschen oft noch mehr Angst machen«, sagt Dohne. Die Lösung wäre aber eher eine klare Aussage: »Wie es bisher war, geht es nicht mehr.«
Die Geschichte der Menschen, so erklärt Dohne weiter, sei geprägt vom ständigen Überwinden von Traumata. »In der Geschichte haben Menschen das so bewältigt, dass sie sich ihre Geschichten dazu erzählten, ihre Erfahrungen austauschten. Man hat über Kriege und Katastrophen und den Umgang mit ihnen berichtet. Das war schon der erste Schritt der Bewältigung. Der zweite Schritt war, dass ich die Erfahrungen der anderen auf meine eigenen übertragen konnte. Ich konnte die Geschichten der anderen mit meinen eigenen verknüpfen. Das fehlt mir in Unternehmen.«
Dann kommt für uns eine Wendung in der Argumentation, die wir so nicht erwartet hätten. Dohne erklärt uns, dass Angst im sozialen Kontext eine Möglichkeit ist, mit der nicht befriedigten autonomen Seite wieder in Kontakt zu kommen. »Angst führt Autonomie wieder ein. Derjenige, der wirklich Angst hat, ist nicht mehr regelbar. Wer sogar eine richtige Panikattacke hat, der ist für andere nicht mehr kontrollierbar. Umgekehrt sollte man auch vor zu viel Autonomie und Selbstverwirklichung Angst haben, da man so die soziale Anschlussfähigkeit verliert. Wir brauchen mehr Angst vor dem ›Entweder-oder‹ ...!«

Das Wort Angst hat seinen Ursprung im Indogermanischen und bedeutete einen »Zustand der Enge«, des »Bedrohtseins« und der »Zu-

sammenschnürung«. Angst wurde schon immer in einem körperlichen Zusammenhang gesehen. »Wir können nicht frei atmen, die Angst schnürt uns die Kehle zu.«[179]
Angst ist ein evolutionär durchaus sinnvolles Grundgefühl. Sie kann Kräfte mobilisieren, die wir dazu benötigen, einer Gefahrensituation zu begegnen oder ihr auszuweichen. Sie hilft uns, vermeidbare Risiken zu entschärfen. Sie erhöht »Wachsamkeit, Konzentration und Zielsicherheit im Handeln: Wir stellen uns blitzartig auf Höchstleistung zum eigenen Schutz ein – in Form von Flucht- oder Kampfverhalten. Erst wenn die Gefahr überstanden ist, bekommen wir weiche Knie.«[180] Danach muss es uns gelingen, die Gelassenheit wiederzufinden, die wir vor Auftreten der Gefahr hatten. Wir atmen durch, können sogar an der gemeisterten Situation wachsen.
Trotz eines Anstiegs der Unwetterkatastrophen im letzten Jahrzehnt sind die unmittelbaren und existenziellen Bedrohungen durch die Natur – zumindest in den europäischen Industrienationen – nicht mehr vergleichbar mit denen von vor mehreren Tausend Jahren. Doch die Angst ist weiterhin da. »Weil das Leben tödlich endet und der Tod uns jederzeit ereilen kann, sind wir ständig bedrohte Wesen, auf der Suche nach Schutz, Halt und Geborgenheit.«[181]
Aus dem Gespräch mit Klaus-Dieter Dohne erkennt man, dass die Sicherheit, die wir in Organisationen aufbauen, genau das auslöst, was vermieden werden soll: nämlich Angst. Häufig, sogar meistens ist es die Angst davor, sein Leben nicht gelebt zu haben, wie es Otto Teischel ausdrückt. Die Mechanismen der Angstbekämpfung, gerade und vor allem in Organisationen, führen zu einem Gefühl des verängstigten Eingeschnürtseins, das die Suche nach einem Ventil auslöst. Zu viel Absicherung lässt an anderer Stelle das Ungeregelte und Autonome hervortreten. Das an der Treppe angebrachte Schild »Handlauf benutzen« dürfte zu keiner Haltungsänderung führen, sondern eher zu kollektiver Belustigung. Solange Belehrungen, Einschränkungen und Anweisungen als sportliche Herausforderungen interpretiert werden, wird sich der Schaden noch in Grenzen halten. Wie beispielsweise unmittelbar nach der Einführung der Zeiterfassung, als Mitarbeitende sich gemeinsam überlegten, wie man die elektronischen Stechuhren austricksen kann. Oder wenn trotz zertifizierter Produktionsprozesse ein Weg gefunden wird, das Geforderte zu umgehen, um doch noch den gewünschten Liefertermin einzuhalten. Gefährlich wird es allerdings, wenn die Angst so groß ist, dass kreative Reaktionen auf übertriebene

Absicherung nicht mehr stattfinden – und Menschen in der inneren Kündigung förmlich erstarren.

Man bekämpft die Krankheit mit ihren eigenen Symptomen.

Angesichts der unvorhersehbaren und dadurch immer komplexer werdenden Ungewissheit erweisen sich die Lösungsversuche in Organisationen zumeist als ausgesprochen naiv. Nicht selten führt diese Komplexität in die von Helmut Willke beschriebene Trivialisierung, weil Management und Führung mit ihr schlicht überfordert sind.[182] Zum Beispiel versucht das Management, mit dem Mittel der Angst die Leistung der Mitarbeiterinnen und Mitarbeiter zu steigern. Das wird vermutlich kaum ein Verantwortlicher zugeben, und die Leitbildrhetorik ist ebenfalls eine andere. Doch mit etwas Druck – auch Motivation genannt – zu mehr Output zu kommen, scheint ein probates Mittel zu sein. Sonst wäre ja ein Forced-Ranking-Beurteilungssystem undenkbar, in dem die Vorgesetzten ihre Mitarbeiterinnen und Mitarbeiter nach definierten Prozentvorgaben (20/70/10) in Hochleister, Mittelmäßige und Minderleister einordnen müssen.
Ein sehr beeindruckender Versuch wurde von Dan Ariely, Professor für Verhaltensökonomie am MIT, durchgeführt.[183] Er stellte Probanden folgende Frage: »Unter welchen Bedingungen erbringen Sie die beste Leistung? Stellen Sie sich dazu folgenden Versuchsaufbau vor. Sie haben komplexe Aufgaben zu bewältigen, die Ihre Kreativität, Ihr Wissen, Ihre Konzentration und Ihre Problemlösungskompetenz fordern.« Es gab drei Versuchsgruppen, von denen der ersten für eine erzielte überdurchschnittliche Leistung ein üblicher Tageslohn als Bonus in Aussicht gestellt wurde, der zweiten die Hälfte eines Monatseinkommens und der dritten ein halbes Jahresgehalt. In welcher Gruppe meinen Sie, würden Sie die höchste Leistung erbringen? Vielleicht in der dritten? Wenn Sie sich dort sehen, dann geht es Ihnen wie einem Großteil der Versuchspersonen von Dan Ariely. Tatsächlich aber stellte sich im Ergebnis heraus, dass die Testpersonen, die den höchsten Gewinn in Aussicht gestellt bekamen, etwa um die Hälfte schlechter abschnitten als Testpersonen mit geringer oder mittlerer Gewinnaussicht. Der wichtigste Grund dafür scheint zu sein, dass sehr hohe Gewinnaussichten zu übermäßigem Druck und damit zu kontraproduktivem Stress führen,

der wiederum das Leistungsniveau mindert. Das gilt für alle – auch für Topmanager und Spitzensportler.
Biologisch lassen sich zwei Arten von durch Angst ausgelösten Stressreaktionen unterscheiden. Die eine ist nur von kurzer Dauer, da Menschen sie anhalten und kontrollieren können, indem sie eine Lösung finden. Die andere ist dauerhaft, weil die Lage aussichtslos erscheint. Es gelingt nicht, die Bedrohung abzuwenden. Der erste Fall ist produktiv. Man kann an der Überwindung der Angst wachsen, neue Gefühle stellen sich ein. Es erwachsen Stolz, Zuversicht oder schlicht Zufriedenheit. Gelingt es aber nicht, die Angst zu besiegen, dann entsteht ein Zustand anhaltender Wut und Verzweiflung. Man fühlt sich ohnmächtig und hilflos, wird von Zweifeln gequält, und das Selbstvertrauen zerbricht – anstatt an der Herausforderung zu wachsen.[184]

Angst in der ersten Art ist Motor für jede Organisation.

Militär ist entstanden aus der Angst vor dem Erobertwerden, Polizei aus der Angst vor Gewalttaten, Schule aus der Angst vor Nichtwissen und Wirtschaft schließlich aus der Angst vor Unterversorgung und der Verteilung knapper Ressourcen, aber auch vor Konkurrenz, Verdrängung, Unproduktivität, Ineffizienz.[185] Dies alles sind Ängste, die überwunden werden können und die sich erst in zweiter Linie auf die Psyche des Einzelnen übertragen. Eine Angst, die nicht zu Erstarrung führt, ist oft Antrieb, kann erfinderisch machen und kreative Gedanken entstehen lassen.
Die zweite Form der Stressreaktion – der Zustand der Verzweiflung – ist die für das Individuum und das Unternehmen gefährliche Form der Angst. Wenn es, wie das Ergebnis einer telefonischen Befragung des DGB von 8000 Arbeitnehmerinnen und Arbeitnehmern gezeigt hat, dazu kommt, dass 44 Prozent der Befragten sich nicht trauen, aus Angst gegenüber dem Vorgesetzten Probleme zu benennen, dann deutet das genau in diese Richtung. Dass die zum Teil disruptive Entwicklung der Digitalisierung 65 Prozent der befragten Unternehmer und Manager in Angst versetzt, verwundert wenig.[186] Wenn diese Ängste aber verhindern, dass Investitionen gerade in diesem Bereich getätigt werden, dann zeugt das von einem Empfinden der Ohnmacht und Verzweiflung.[187] Einer Studie der Bundesanstalt für Arbeitsschutz und Arbeitsmedizin (BAuA) zufolge schleppt sich jeder Zweite in Deutschland zur

Arbeit, auch wenn er krank ist. Viele davon aus Angst.[188] Das National Institute for Health and Clinical Excellence (NICE) hat 2009 für Großbritannien erhoben, dass 13 Millionen Arbeitstage im Jahr aufgrund von Stress, Ängsten und Depressionen verloren gehen. Natürlich sind nicht alle aufgrund ihrer Arbeit krank, doch laut NICE sind schlechte Manager eine der Hauptursachen für dieses Problem.[189]
Dabei sind Manager nicht nur Verursacher, sondern auch Opfer von Ängsten: Die Fachhochschule Köln fand bereits vor mehr als zehn Jahren heraus, dass »neun von zehn Managern voller Angst zur Arbeit« gehen. Auch unsere Erfahrungen in den unterschiedlichsten Branchen bestätigen die Ergebnisse. Der bloße Appell: »Seien Sie mutiger, besiegen Sie Ihre Angst, trauen Sie sich mal was!« wird ins Leere laufen.

Rebekka Reinhard, promovierte Philosophin und Bestsellerautorin, besucht uns an der Universität der Bundeswehr zu einem Gespräch. Es geht um Sinn und Werte, aber auch um Angst. Sie erzählt uns von einem Unternehmen, in dem sie kürzlich einen Workshop abhielt. Auf die Frage nach der Erwartung der Teilnehmer habe sich im Raum spürbar Angst breitgemacht. Uns interessiert der Grund für diese im Grunde unverständliche Reaktion.
Reinhard erklärt uns die Basis der philosophischen Sichtweise auf Angst: »Furcht ist nach Søren Kierkegaard, dem Begründer der Existenzphilosophie, auf ein konkretes Objekt gerichtet. Zum Beispiel die Furcht vor Arbeitslosigkeit oder vor Krebs. Angst dagegen ist etwas Diffuseres. Sie bezieht sich auf die Offenheit unserer Existenz. Heidegger, ein Nachfolger Kierkegaards, hat gesagt: ›Wir sind in die Welt geworfen.‹ Das heißt, dass wir Menschen, anders als Tiere, nicht ausschließlich instinktgesteuert sind. Niemand sagt uns, wie das Leben sinnvoll gestaltet werden kann. Wir können uns noch so sehr bemühen, wir haben keine Garantie dafür, dass das Leben gelingt. Einen Menschen, der keine Angst hat, gibt es per definitionem aus philosophischer Sicht nicht. Angst ist der Schwindel der Freiheit, sagt Kierkegaard. Gerade weil der Mensch so viele Optionen hat, sein Leben frei zu gestalten, ist der Preis, den er zu zahlen hat, die Angst. Je kleiner die Angst, desto größer ist das Bewusstsein für Freiheit. Auch das Bewusstsein dafür, dass Freiheit etwas Gutes und Schönes ist. Je mehr Einschränkungen wir erfahren, durch andere oder auch durch uns selbst, desto mehr empfinden wir Angst. Es sind somit zwei

Seiten einer Medaille. Nun erleben wir in Organisationen immer seltener wirkliche Furcht. Die gibt es schon auch. Meine Erfahrung ist aber, dass diese unspezifischen Ängste zunehmen. Das hängt vermutlich damit zusammen, dass es trotz aller Kontrollen und Evaluationen immer weniger klare Orientierungspunkte gibt und die Optionen der Lebensgestaltung immer vielschichtiger werden. Möglichkeitsräume allein geben aber den Menschen keinen Sinn. Es fehlen die sinnstiftenden Orientierungspunkte.«
Bisher glaubten wir, dass zu viel Rahmung und zu viel Orientierung eine Schieflage zwischen Autonomie und Struktur bewirkten. Uns drängt sich die Frage auf, wie man Orientierungspunkte schafft, die Sinn stiften. Dazu Rebekka Reinhard: »Es sollten die Orientierungspunkte im Kollektiv gefunden werden. Doch das ist unter akuter Angst kaum möglich, denn da wird das Denken massiv blockiert. Darum rate ich zu einer praktischen Übung. Nämlich aus der Komfortstarre der Angst herauszutreten und etwas zu tun, wovor man am meisten Angst hat. Im Sinne einer stoischen Selbstprüfung sollte man sich regelmäßig dem aussetzen – zumindest gedanklich –, vor dem man am meisten Angst beziehungsweise Furcht hat. Wenn man so verfährt, kann das zu einem Zuwachs an Selbsterkenntnis führen, und vielleicht gelingt es den Leuten so, auf mehr Ideen zu kommen, wohin sie eigentlich wollen. Denken und Fühlen kommen so in Bewegung, und nur so kann ich anfangen, nach Orientierung zu suchen.
Es geht meist gar nicht um konkrete Furcht vor dem Kunden oder dem Konkurrenten. Bei der Selbstprüfung geht es somit weniger darum, sich die Biene auf den Arm zu setzen, obwohl man eine Bienenallergie hat. Schließlich geht es ja meist um Angst im Sozialen. Die Leute sind bei dem Gedanken verunsichert, mit anderen Menschen zu tun zu haben.« Auf unsere Nachfrage erklärt uns Reinhard, dass die stoische Selbstprüfung aus dem ersten und zweiten Jahrhundert der römischen Kaiserzeit bekannt sei. »Der Stoiker hat die Selbstprüfung in seine tägliche Askese eingebaut. Und ›askesis‹ heißt ursprünglich nichts anderes als ›Üben‹ im Sinne eines sorgfältigen täglichen Trainings, das der Ausbildung der inneren Haltung dient, des Wertebewusstseins und der Selbsterkenntnis. Dazu gehörte ein ganzes Ensemble von Übungen, bis hin zu Schreibübungen. Ein historisches Beispiel ist der Rollentausch zwischen Herr und Sklave. Wenn ich mich also vor meinem Chef als Mitarbeiter fürchte, dann soll ich mit ihm die Rolle tauschen.«

Das wäre aus unserer Sicht ein hervorragendes Experiment! Schade, dass Rebekka Reinhard bislang noch keine Führungskräfte für die Selbstprüfung begeistern konnte: »Kein einziger meiner Klienten hat dies mit seinen Mitarbeitern gemacht, obwohl ich es ihnen in der Einzelberatung nahelege.« Nach einer kurzen Pause fügt sie lächelnd hinzu: »Aber dazu werde ich sie auch noch bringen.« Daran haben wir keinen Zweifel.

Früher haben wir in Vorträgen und Beratungsmandaten immer wieder an Führungskräfte appelliert, »angstfreie« Räume oder gar »angstfreie« Organisationen zu schaffen. Wir befanden uns mit dieser Aufforderung in guter Gesellschaft. Viele bekannte Managementforscher geben ähnliche Empfehlungen. Denn wenn sich Angst in der Organisation festsetzt und nicht immer wieder überwunden werden kann, dann wirkt sie destruktiv und kontraproduktiv.[190]
Je intensiver wir uns jedoch mit dem Phänomen der Angst auseinandersetzten, desto mehr erkannten wir, dass jeglicher Versuch, die Angst zu eliminieren, ein sinnloses Unterfangen ist. Einerseits, weil die Aufforderung als solche natürlich nicht ausreicht. Ein solcher Appell, so begründet und gut gemeint er auch sein mag, wirkt auf den Verstand, weckt die Kognition und kann in einer Phase tiefster Emotionalität nicht wirksam werden. Oder versuchen Sie einmal, einem Menschen mit Arachnophobie die Angst zu nehmen, indem Sie ihm eine Spinne präsentieren und deren Nützlichkeit und Ungefährlichkeit erklären. Ebenso werden gut gemeinte Ratschläge wie »Entscheiden wir uns gegen unsere Ängste!«, »Weg mit der Angst!«[191] oder »In jeder Krise steckt auch etwas Positives!« zwar viel Zustimmung erfahren, aber letztlich keine Veränderung bewirken. Noch haben wir keine treffsicheren Vorstellungen davon, was Angst in Organisationen bannen könnte. Der Abbau von Kontroll-, Planungs-, Bevormundungs- und Steuerungsmaßnahmen kann indessen ein kleiner, aber nicht unbedeutender Ansatz sein. Den Mut, diesen Schritt konsequent zu gehen, hatte allerdings kaum eine Organisationseinheit, die wir bisher begleiteten. Inzwischen ist uns klar, weshalb wir hier nicht weiterkamen: Es geht nicht darum, Angstfreiheit zu erzeugen, sondern um das Gegenteil.

Man muss die Angst zulassen.

Man muss die Angst vor der Angst überwinden. Oder wie Rebekka Reinhard schreibt: »Wir haben Angst, Angst zu haben, weil wir sie für etwas Negatives halten.«[192]
Die Psychologie spricht von der Agoraphobie als einer Angststörung, die ohne wirkliche und greifbare Gefährdung entsteht. Es handelt sich dabei um eine Platzangst, die vor dem Betreten weiter Plätze und vor Menschenansammlungen zurückschrecken lässt. Bekanntlich ist es aus therapeutischer Sicht gefährlich, diesen Situationen auszuweichen, anstatt sich ihnen zu stellen. Das Vermeiden erhält die Angst nicht nur aufrecht, sondern kann sogar zu einer Ausweitung oder Generalisierung führen.[193]
Wenn man diese Überlegungen weiterverfolgt, wäre die logische Konsequenz, in Organisationen mit Ängsten offen umzugehen. Dann ginge es darum, die Angst nicht auszuklammern, sondern bewusst zu thematisieren. Die nächste Führungskräftetagung stünde nicht unter dem Titel: »Angstfrei in die Zukunft«, sondern schlicht: »Welche Ängste haben wir?«. Auf der Agenda müssten weniger spektakuläre als vielmehr substanzielle Fragen stehen wie: Welche Ängste bringen uns dazu, unsere Mitarbeiter ständig zu kontrollieren? Welche Angst haben wir davor, ihnen Vertrauen entgegenzubringen? Welche Angst führt dazu, jede Kennzahl noch genauer zu erheben, jedem Branchentrend zu folgen oder auf die Hochglanzbroschüren der großen Beratungsunternehmen hereinzufallen? Welche Ängste lähmen uns und welche können wir in einen produktiven Antrieb umsetzen?

Welche Angst verhindert es, dass man Dinge weglässt, die Angst machen?

Sich den eigenen Ängsten in der Organisation zu stellen, ist ein ganz entscheidender, wenn auch extrem schwieriger Schritt. Er setzt voraus, dass man die Idee vom »wählenden Selbst« hinter sich lässt, wie es Heinz Bude beschreibt. Moderne Menschen sind alleine eben nicht dazu in der Lage, durch die richtige Wahl aus den jeweiligen Optionen die Zukunft zu gestalten. Denn hinzu kommt die von meinem Gegenüber getroffene Wahl, die sich gegen die eigene Person beziehungsweise Wahl richten könnte. »Dieses Angewiesensein auf den anderen ist die Grundquelle der Angst – weil man erkennen muss, dass man das Schicksal nicht selbst in der Hand hält.« Führt man diesen Gedanken weiter, dann ist übertriebener Individualismus eine zu hinterfragende Vorstellung, die uns Angst machen sollte.

Einen Tag nach Abgabe des Manuskripts zur Erstauflage dieses Buches haben wir einen Kundentermin in der Schweiz. Mit dem Vorstandsvorsitzenden eines Bauausrüstungskonzerns war vereinbart, alle Geschäftsführer der einzelnen Gesellschaften zu interviewen. Die Gespräche sollen zur Vorbereitung auf und als Einstieg in einen Veränderungsprozess dienen, den wir begleiten sollen. Als Erstes treffen wir – im Glaspalast der Konzernzentrale – auf Roger Herzig, zum damaligen Zeitpunkt CEO der RWD Schlatter AG, einem Türenproduzenten in Roggwil am Bodensee. Das Unternehmen stellt nicht nur einfache Wohnungstüren, sondern vor allem hochspezialisierte technische Türen her. Im Sortiment gibt es Türen, die Räume belüften oder Bränden standhalten, aber auch Türen für den Krankenhausbereich, deren Griffe sich selbst desinfizieren, und solche, die kompostierbar sind.
In der Zwischenzeit haben wir Roger Herzig schon einige Male getroffen. Er trägt immer ein schwarzes T-Shirt und Jeans. Ganz anders als seine Geschäftsführerkolleginnen und -kollegen, die im typischen Business-Casual auftreten.
»Bei RWD Schlatter verfolgen und leben wir eine ganz andere Führungsphilosophie und haben durch einige unkonventionelle Ansätze schon sehr viel erreicht«, so Roger Herzig zu Beginn unseres Gesprächs. Solche Aussagen machen uns immer etwas skeptisch, erleben wir doch sehr häufig, dass Gesprächspartner die offenbar attraktiv wirkende Strategie des Andersmachens oder Musterbrechens für sich in Anspruch nehmen. Herzig führt weiter aus: »Als ich 1998 die Geschäftsführung übernahm, überlegte ich mir, wo ich mit dem Unternehmen hinwill. Und da habe ich mir Nachhaltigkeit auf die Fahnen geschrieben – in Bezug auf Mitarbeitende, Produkte und das gesamte Unternehmen. Das klingt jetzt etwas abgedroschen, und das will ja irgendwie jede Organisation«, fährt er fort.
Es beeindruckt, wenn Herzig uns von den zahlreichen Preisen berichtet, mit denen RWD Schlatter ausgezeichnet wurde. Doch richtig interessant wurde es für uns, als er sagte: »Ich bin froh, nicht die übliche Verkaufsleiterausbildung erhalten zu haben. Ich glaube, einiges von dem, was man da lernt, führt zu einer Ausbildungsdeformation. Man denkt nicht mehr darüber nach, ob die Dinge so sein müssen, wie sie

sind.« Vielleicht sei das der Grund, so erzählt er uns laut denkend, dass er vieles einfach anders gemacht habe. Er habe das Reporting im Außendienst komplett abgeschafft, ebenso die Arbeitszeiterfassung. Für das Kollektiv habe er mündlich ein Verkaufsziel festgelegt und den Mitarbeitenden versprochen: »Ich lasse euch in Ruhe.« So sei ein Gerüst der Eigenverantwortung geschaffen worden, das nicht der üblichen Führungsphilosophie in Konzernen entsprochen habe. Gleichzeitig sei die individuelle auf eine kollektive Erfolgsbeteiligung umgestellt worden.

»Wir sind Experten im Vereinfachen. Wir regeln so wenig wie möglich, und dann läuft es eigentlich super.« Ständig probiere man Neues aus. Darüber halte er mittlerweile auch Vorträge, und dann höre er immer, das funktioniere nicht. Seine Antwort sei dann: »Ihr habt nicht den Mut, ihr probiert das nicht. Ihr habt Angst, mit euren eigenen Ideen zu scheitern. Wenn ihr mit einem am Markt etablierten Tool scheitert, dann könnt ihr euch immer gleich exkulpieren. Viele Führungskräfte wollen die Verantwortung für die eigenen Experimente nicht übernehmen.«

Natürlich werde sein geschenktes Vertrauen auch missbraucht, erlebe er immer wieder Enttäuschungen. Hier helfe ihm die buddhistische und taoistische Philosophie, die ihn gelassener habe werden lassen. Herzig formuliert zuspitzend: »Ich würde mit meinem Blut unterschreiben, dass in einem bestens kontrollierten und maximal geregelten Unternehmen mindestens der gleiche Missbrauch stattfindet.« Aus Angst führe man Pseudokontrollen ein, die aber nicht funktionierten. Man müsse doch als Führungskraft einfach nur präsent sein. Aber stattdessen befassten sich zu viele Leute im Unternehmen mit Dingen, die nichts mit dem Kunden, nichts mit der Produktivität oder der Innovation zu tun hätten.

Wenn man dagegen so führe, wie es bei RWD Schlatter üblich sei, dann stimmten die Ergebnisse – und zwar auch die mit der höchsten Relevanz gemäß Konzernlogik: EBIT, Umsatz und Wachstum. Herzig räumt mit Blick auf die Realität ein, er sei sich sicher, dass man ihn deshalb gewähren lasse, weil er diese Erfolgszahlen liefere. Zum Beispiel habe man die höchste Innovationsquote im Konzern – auch ohne Innovationsmanagement. »Damit Ideen entstehen, braucht es ein gut durchblutetes Gehirn und keine Innovationsmanager«, so Herzigs einfaches Rezept. Ein weiteres Beispiel sei der Umgang mit Fehlern. Er verfolge nicht den typischen Null-Fehler-Ansatz des Kon-

zerns. Er versuche hier immer wieder, auf die asiatische Philosophie zu verweisen. Jedes harmonische System habe positive und negative Elemente. Darum würden Fehler und Erfolge gleichermaßen gebraucht. In den letzten Jahren sei die Anzahl der Fehler massiv angestiegen. Nicht deshalb, weil mehr gemacht wurden, sondern weil die Mitarbeiterinnen und Mitarbeiter nicht mehr aus Angst versuchen würden, Fehler zu vertuschen. Vielmehr nutze man sie heute, um daraus zu lernen. Auch wenn einige der gemachten Fehler richtig viel Geld gekostet hätten.

Zum Abschluss des Gesprächs sagt Herzig: »Es ist die Aufgabe von uns Führungskräften, Druck aus dem System zu nehmen. Wir kennen im Management aber fast nur Instrumente, die Druck und Angst aufbauen. Die Mitarbeiterinnen und Mitarbeiter machen sich alleine schon genug Gedanken, da muss Führung jetzt nicht noch mehr Angst schüren. Natürlich erleben wir unterschiedliche Zeiten. Und auch auf uns erhöht sich in schwierigeren Momenten der Druck. Führung sollte aber weiterhin versuchen, für Entspannung zu sorgen.«

Einige Monate später führen wir weitere Gespräche. Fiorenzo Pelli, »Urgestein« in der technischen Beratung und im Verkauf, beschreibt uns, wie er und seine Kollegen mit dem Reporting vor Roger Herzig umgegangen sind: »Wir hatten fünf oder sechs solcher Rapporte zu erledigen. Wie das immer so ist, machst du das am Freitag und weißt gar nicht mehr so genau, wo du am Montag warst. Es wurde nicht seriös gemacht. Also sind wir nach dem Geschäftsführerwechsel zu Roger Herzig gegangen und haben ihm gesagt, dass wir diese Zeit eigentlich besser nutzen könnten als mit dem Ausfüllen von Listen. Nachträglich habe ich noch erfahren, was mit unseren Rapporten gemacht wurde«, Pelli atmet tief durch, bevor er belustigt sagt: »Gar nichts!«

Statt auf Druck und Angst zu setzen, schaffte Herzig daraufhin in Abstimmung mit dem Außendienst versuchsweise alle Reportings sowie die Zeiterfassung ab und definierte für das gesamte Team ein Absatzziel. »Von da an«, berichtet Pelli, »kamen wir weg vom ›Gärtchendenken‹. Wir haben nicht mehr versucht, uns nur selbst zu optimieren. Davor war es so, dass du, wenn du dein Ziel im Oktober bereits erreicht hattest, eigentlich aufgehört hast zu arbeiten. Es war dir egal, wie es deinen Kollegen ging. Und du hattest ja auch Angst, die Messlatte für das nächste Jahr zu hoch zu legen. Mit der Änderung wurde das anders, weil wir ja jetzt gemeinsam ein Ziel erreichen wollten.«

Da man keine individuellen Leistungsziele mehr ausgab, schaffte man im selben Atemzug das auf den Einzelnen ausgerichtete Erfolgsbeteiligungsmodell ab. Von diesem Zeitpunkt an erhielten der Vertrieb und alle Führungskräfte denselben Bonus, der sich nach dem erreichten EBIT richtete. Einzelne Verkäufer, wie auch Pelli, mussten massive Einbußen hinnehmen. Denn nun musste die Provision auf mehr Köpfe verteilt werden. »Ich hatte mehr als 50 Prozent weniger«, sagt er uns. Wir hätten erwartet, dass mit Einführung des neuen Bonusmodells die guten Verkäufer das Unternehmen verlassen würden. Das Gegenteil sei der Fall gewesen, so Herzig. Alle seien noch an Bord.
Das war 2015 – Fiorenzo Pelli ist mittlerweile im Ruhestand, und Roger Herzig hat sich nach 20 Jahren in der Position des CEO dazu entschieden, seine Erfahrungen in der Aus- und Weiterbildung weiterzugeben. Er ist seit Mitte 2019 Direktor in der Schulleitung des Zentrums für berufliche Weiterbildung in St. Gallen. Wir sind uns sicher, dass es ein großes Anliegen von ihm ist, dort jegliche »Ausbildungsdeformation« zu vermeiden.

Das Beispiel ist deshalb so spannend, weil es die beiden Seiten, die Klaus-Dieter Dohne oben angesprochen hat, vereinigt: Durch wenige gemeinsam geteilte und vor allem verbindliche Rahmenbedingungen, die eine hohe Eigenverantwortung der Menschen ermöglicht haben, wurde ein System geschaffen, das dem Einzelnen Sicherheit gibt. Dadurch wird der individuellen Seite der Persönlichkeit Rechnung getragen. Mit dem kollektiven statt individuellen Bonus – wie wir es auch schon bei allsafe sahen – scheint es den von Dan Ariely gezeigten negativen Druck, der durch die Erwartung besonders hoher Bonuszahlungen entstehen kann, nicht zu geben. Denn durch Dialoge mit den Kollegen und die gemeinsam getragene Verantwortung für das Gesamtergebnis findet ein ausgleichender Prozess statt, der den Ansporn aufrechterhält und die Versagensängste reduziert. Es wird aber auch der Erkenntnis von Bude Rechnung getragen: Dem »wählenden Selbst« wird ermöglicht, mit dem Gegenüber besser in den Dialog zu treten.
Möglicherweise könnte man jetzt – wie wir das zunächst taten – denken: »Das geht bei 200 Mitarbeiterinnen und Mitarbeitern wie bei RWD Schlatter. Aber in einer großen und anonymen Organisation ist das nicht machbar.« Wieder andere werden sagen: »Was passiert, wenn jemand längere Zeit krankheitsbedingt seine Leistung nicht mehr erbrin-

gen kann – muss er dann etwas von seinem Bonus abgeben? Könnte sich so nicht auch eine Kultur des sozialen Drucks entwickeln, dem nicht jeder standhalten kann?« Jedes dieser Argumente ist berechtigt, doch jedes dieser Argumente zeugt auch von der Angst davor, einfach einmal die Probe zu machen.

Außerdem erleben wir den sozialen Druck in streng geregelten Systemen noch viel extremer. Nehmen wir das Beispiel des öffentlichen Dienstes. Die Bezahlung nach Tarifvertrag reduziert auch hier die Angst nicht wesentlich. Denn selbst die detaillierteste Stellenbeschreibung muss nicht zwingend als gerecht empfunden werden, da die Vielfalt der Tätigkeitsmerkmale niemals abgebildet werden kann. Es findet ein ständiger Vergleich mit der Nachbarabteilung statt.

Was in der Vergangenheit nützlich war, manifestiert sich als Muster im menschlichen Gehirn. Aber diese Muster sind veränderbar. Menschen sind dazu in der Lage, sich Dinge einzubilden. »Und genau das ist die Ursache für unsere größten Errungenschaften, aber auch für unsere größten Ängste.«[194] Wenn wir uns beim Sehen zusehen, unsere Wahrnehmung als begrenzt erkennen, dann sollten wir damit beginnen, die Ängste, die unser Überleben in der Vergangenheit gesichert haben, als Wahrnehmungsmuster zu verstehen. Und weil man sich Dinge einbilden kann, lässt sich auch den gemachten Erfahrungen ein neuer Sinn zuschreiben. Es ist also eine gute Idee, deutlich weniger Druck auf andere Menschen auszuüben.

- Musterbrecher verstehen, dass zu viel Sicherheit Angst macht. Sie haben erkannt, dass Menschen Angst vor einem »Rundum-sorglos-Paket« haben, weil sie daran nicht wachsen können.
- Musterbrecher sehen das Experimentieren als eine Art »Angsthandhabungsmodus«. Wenn ein Versuch auch scheitern darf und wir auf diese Weise lernen, wird dadurch Angst genommen.
- Musterbrecher haben erkannt, dass Menschen neben der Angst vor dem Fremden auch eine Neugier auf das Unentdeckte haben.
- Musterbrecher stellen sich ihrer Angst – nicht in erster Linie, um sie zu überwinden, sondern um sich einen anderen Umgang mit ihr einzubilden.

PRESSEKONFERENZ

12 SPIELFELDER – 60 FRAGEN

Warum sich ohne Experimente nichts verändert

Ertrage ich es, dass alle anderen die Lösung durch Prozesse herbeiführen wollen, während ich mich für das experimentelle Vorgehen entscheide?

Wie oft pro Monat experimentiere ich im Privatleben – und wie oft im beruflichen Kontext?

Kann ich meinen Kolleginnen und Kollegen erklären, weshalb Risiko und Unsicherheit etwas ganz anderes sind als Ungewissheit?

Wie sieht mein Pendant zur U-Bahn ohne »U« und ohne »Bahn« aus?

Habe ich es verinnerlicht, dass Experimente letztlich nicht scheitern können?

Warum das Analoge eine Bühne braucht

Müssen Mitarbeitende wegen meiner Lautstärke flüstern?

Wie oft entstehen in meinem Umfeld unkreative Standardlösungen, weil schlicht und einfach die Gruppen zu groß sind?

Was hilft mir dabei, ausreichend Disziplin aufzubringen, um nicht den Verlockungen der digitalen Freiheit zu erliegen?

Bin ich mir darüber im Klaren, dass mein Führungsalltag mit zunehmender Digitalisierung analoger werden müsste?

Wie schaffe ich es, eine nonkonforme Einzelmeinung »durchzuhalten«?

Warum Organisationen nicht innovativ sind

Bin ich mir bewusst, dass es die eigentliche Aufgabe von Organisationen ist, Innovationen zu verhindern?

Traue ich mich, dem Losverfahren den Vorzug vor dem Innovationsmanagement zu geben?

Wie würde es sich in der Praxis anfühlen, wenn ich mich als »fühlendes« Gegengewicht zur Organisation verstünde?

Ertrage ich Mitarbeitende, die mir ein ungutes Bauchgefühl machen?

Welche rechtfertigungsfreien Räume stelle ich meinen Mitarbeitenden zur Verfügung?

Warum Begriffsarbeit nottut

Wie oft war ich im vergangenen Jahr bereit zu sagen, dass der Kaiser nackt ist?

Aus wie vielen Plastikwörtern besteht mein Vokabular?

Wie viele Menschen beschäftige ich damit, Selbstverständliches in ein Leitbild zu verpacken?

Wann habe ich das letzte Mal »bilateral kommuniziert«, auch wenn eigentlich nur ein »Babbeln unter vier Augen« angesagt war?

Wie reagiere ich üblicherweise auf die Forderung nach mehr Transparenz?

Weshalb Taylor nie Taylorist war

Kenne ich die Kosten von Einsparungs-programmen?

Wie viel Prozent meiner Zeit und meiner Energie setze ich für die Potenzialentfaltung ein?

Kenne ich die Nebenwirkungen auf dem Beipackzettel des professionellen Managements?

Benötige ich nicht viel mehr sinnvolle Verschwendung, um Effizienz zu erreichen?

Könnte es sein, dass das, womit ich mein Geld verdiene, ein »Bullshit-Job« ist?

Woran merke ich, dass mein Gehirn so ist, wie ich es nutze?

Wann habe ich zuletzt in meinem Job eine Erfahrung gesammelt, die mir unter die Haut ging?

Schaffe ich regelmäßig Situationen, die dazu führen, dass ich nicht mehr in das alte Muster zurückfallen kann?

Versuche ich insgeheim immer noch, andere Menschen zu entwickeln?

Riskiere ich es, durch Dialoge klüger zu werden?

Warum man mit Zahlen nicht rechnen kann

Welchen Wert messe ich Zahlen bei?

Wann wurde es für mich zu einem ökonomisch relevanten Problem, dass Zahlen nicht ökonomische Realitäten überhaupt nicht abbilden können?

Wie viel Energie wurde mir im vergangenen Jahr durch das Spiel mit internen Verrechnungspreisen geraubt?

Wie sieht meine persönliche Bilanz für das Gemeinwohl aus?

Mit welcher Haltung schaffe ich den Spagat, mit Zahlen rechnen zu müssen – und zugleich genau zu wissen, dass sie nie für Klarheit und Objektivität sorgen können?

Warum wir Resonanzachsen brauchen

Interessiere ich mich auch für das Befinden – und nicht nur für den Befund?

Wie oft tue ich aus scheinbar freien Stücken Dinge, die ich nicht wirklich tun will?

Wann hatte ich zuletzt die Hoffnung, durch instrumentelle Beziehungen Resonanzerfahrungen zu erzeugen?

Wie viele Zonen der Unverfügbarkeit lasse ich in meinem Arbeitskontext zu?

Welche Strukturmerkmale erlauben es mir, in echte Resonanz zu kommen?

Warum sich die Arbeit am Menschen lohnt

Auch wenn ich es nie zugeben würde: Wie vielen meiner Mitarbeitenden unterstelle ich, dass sie ohne Kontrolle ihre Leistung eventuell nicht erbringen?

Bin ich mir der beiden gegensätzlichen Menschenbilder bewusst?

Gehöre ich zu den Autofahrern, die glauben, besser zu fahren als der Durchschnitt?

Wann habe ich eine Managementmethode nicht eingesetzt, weil Menschen entmündigt werden könnten?

Verzichte ich auf die (immer nur scheinbar objektive) Leistungsbeurteilung von Mitarbeitenden?

Warum Kunden sich nicht fesseln lassen

Bin ich Gastgeber in meinen Zügen?

Bedenke ich, dass man nicht immer »sehr gerne« sagen muss?

Habe ich darüber nachgedacht, ob Kunden vielleicht gar nicht geliebt werden wollen?

Habe ich eine Vorstellung davon, was »Partnerschaft auf Augenhöhe« wirklich bedeutet – auch und vor allem für meine Rolle?

Bin ich – trotz der digitalen Möglichkeiten von Chat bis Bots – dazu bereit, dem Kunden in einem Kontakt von Angesicht zu Angesicht zu begegnen?

Warum Optionen die besseren Ziele sind

Weiß ich, wo ich bin, oder weiß ich nur, wohin ich will?

Suche ich nach Möglichkeiten oder benötige ich Ziele?

Wie viel Zeit verwende ich für die Rechtfertigung von Zielabweichungen?

Woran zeigt sich in meinem (Führungs-)Alltag, dass ich mich von einer Vision tragen und nicht von einem Ziel »drücken« lasse?

Weiß ich und wissen andere, was ich nicht will?

Warum es keine angstfreien Räume gibt

Bedenke ich, dass zu viel Sicherheit Angst macht?

Welche Ängste werden bei mir durch Angstvermeidungsstrategien erzeugt?

Bin ich mir bewusst, dass es chancenlos ist, angstfreie Räume aufbauen zu wollen?

Ist mir klar, dass ein Rundum-sorglos-Leben träge macht?

Wann habe ich die Erfahrung gemacht, dass Experimentieren Angst nehmen kann?

ANMERKUNGEN

1 Vogl, J.: »Das Loch in der Wirklichkeit – Gespräch mit Alexander Kluge«, in: *Frankfurter Allgemeine Sonntagszeitung*, 17.05.2009, S. 23–24.
2 So der Titel seines Beitrags im *Merkur-Sonderheft,* 10/11-2011, »Sag die Wahrheit! – Warum jeder ein Nonkonformist sein will, aber nur wenige es sind«, S. 781 ff.
3 Vgl. http://de.wikipedia.org/wiki/Experiment [letzter Abruf: 01.03.2020].
4 Lotto, B./O'Toole, A.: »Science is for everyone, kids included«, 2012 (verfügbar über: https://www.ted.com/talks/beau_lotto_amy_o_toole_science_is_for_everyone_kids_included?language=de#t-75555) [letzter Abruf: 01.03.2020].
5 Vgl. Lotto, B.: *Anders sehen – Die verblüffende Wissenschaft der Wahrnehmung*, 3. Aufl., München 2018, S. 24.
6 Vgl. Lotter, W.: *Innovation – Streitschrift für barrierefreies Denken*, Hamburg 2018, S. 58 f.
7 Vgl. Baecker, D.: *Organisation und Management*, New York 2003, S. 34 f.
8 Vgl. Mullis, K.: »Kary Mullis celebrates the experiment«, 2009 (verfügbar über: http://www.ted.com/talks/kary_mullis_on_what_scientists_do.html) [letzter Abruf: 01.03.2020].
9 Vgl. Stengers, I.: »Die Galilei-Affären«, in: Serres, M. (Hrsg.): *Element einer Geschichte der Wissenschaft*, Berlin 1998, S. 398 f.
10 Vgl. Luhmann, N.: *Die Gesellschaft der Gesellschaft*, Berlin 1998, S. 731 f.
11 Vgl. C40 Cities (verfügbar über: https://www.c40.org/awards/2016-awards/profiles) [letzter Abruf: 01.03.2020].
12 Gigerenzer, G.: *Bauchentscheidungen: Die Intelligenz des Unbewussten und die Macht der Intuition*, 3. Aufl., München 2008, S. 12 f.
13 Wüthrich, H. A./Osmetz, D./Kaduk, S.: *Musterbrecher – Führung neu leben*, 3. Aufl., Wiesbaden 2009, S. 27 ff.
14 Vgl. Betschon, S.: »Kühlung durch KI«, in: NZZ-Online (verfügbar über: https://www.nzz.ch/digital/kuehlung-durch-ki-ld.1413985) [letzter Abruf: 01.03.2020].
15 Vgl. Brynjolfsson, E./McAfee, A.: »Von Managern und Maschinen«, in: *Harvard Business Manager*, Edition 3/2019, S. 16–23, S. 19.
16 Vgl. Lobo, S.: *Realitätsschok – Zehn Lehren aus der Gegenwart*, Köln 2019, S. 217 ff.
17 Vgl. Mason, H.: »Das ist keine Hexerei«, in: *Harvard Business Manager*, Heft 11/2017, S. 46–47, S. 47.
18 Vgl. Meyer, T.: »Entscheidungs-Maschinen – Können Computer komplexe Probleme besser lösen als Menschen?«, in: *brandeins*, Heft 7/19, S. 64–69.
19 Vgl. Beyer, U.: »›KI‹ ist Thema für die ganze Bundeswehr« (verfügbar über: https://www.bmvg.de/de/aktuelles/-ki-ist-thema-fuer-die-ganze-bundeswehr-28938) [letzter Abruf: 01.03.2020].
20 Vgl. Brynjolfsson, E./Mcafee, A.: »Von Managern und Maschinen«, in: *Harvard Business Manager*, Edition 3/2019, S. 16–23, S. 23.
21 Wüthrich, H. A./Osmetz, D./Kaduk S.: *Musterbrecher – Führung neu leben*, 3. Aufl., Wiesbaden 2009.

22 Ariely, D.: »Are we in control of our own decisions?«, 2008 (verfügbar über: http://www.ted.com/talks/dan_ariely_asks_are_we_in_control_of_our_own_decisions.html) [letzter Abruf: 01.03.2020].
23 Martenstein, H.: »Der Sog der Masse«, in: *Die Zeit*, 10.11.2011.
24 Vgl. Dueck; G.: *Schwarmdumm – So blöd sind wir nur gemeinsam*, Frankfurt am Main 2015.
25 Vgl. Cain, S.: *Quiet – The Power of Introverts in a World That Can't Stop Talking*, New York 2012.
26 Die Diskussion um die Begriffe »Gruppe«, »Schwarm« und »Kollektiv« war eine Zeit lang in vollem Gange. Gesichert ist, dass sie nicht als Synonyme aufgefasst werden können. Beim Schwarm ist von der Anonymität der Schwarmmitglieder auszugehen. Die Mitglieder einer Gruppe kennen einander, es kommen deshalb bekannte Phänomene wie Gruppendynamik, Rollen- und Machtverteilung zum Tragen. Wenn hier von kollektiver Intelligenz gesprochen wird, gehen wir von der Annahme aus, dass ein Unternehmen auf der Makroebene als Schwarm gelten kann – und gleichzeitig auf der Gruppenebene analysiert werden muss. Insofern bildeten die Teilnehmer unserer Konferenz zu Beginn der Veranstaltung einen Schwarm, später arbeiteten sie in Gruppen.
27 Vgl. Münker, S.: »›Ideen entstehen nicht durch Schwarmintelligenz‹ – Intellektuelle und das Internet«, Interview in: *INDES*, Herbst 2011, S. 102.
28 Vgl. Lorenz, J. et al.: »How social influence can undermine the wisdom of crowd effect«, in: *Proceedings in the National Academy of Sciences in the United States of America*, Vol. 108, No. 22/2011, S. 9020–9025.
29 Grams, T.: »Schwarmintelligenz – Herrschaft des Mittelmaßes«, 2012 (PDF-Dokument verfügbar über: http://www2.hs-fulda.de/~grams/hoppla/wordpress/?p=575) [letzter Abruf 01.03.2020].
30 Martenstein, H.: »Der Sog der Masse«, in: *Die Zeit*, 10.11.2011.
31 Vgl. Haun, D./Tomasello, M.: »Conformity to Peer Pressure in Preschool Children«, in: *Child Development*, 11/12-2011, Vol. 82, No. 6, S. 1765.
32 Hüther, G.: *Bedienungsanleitung für ein menschliches Gehirn*, Göttingen 2009, S. 53.
33 Vgl. Stroebe, W./Nijstad , B. A.: »Warum Brainstorming in Gruppen Kreativität vermindert: Eine kognitive Theorie der Leistungsverluste beim Brainstorming«, in: *Psychologische Rundschau*, Jg. 55, Nr. 1/2004, S. 9.
34 Vgl. Simon, F. B.: *Gemeinsam sind wir blöd? Die Intelligenz von Unternehmen, Managern und Märkten*, 5. Aufl., Heidelberg 2019, S. 142 ff.
35 Vgl. Cain, S.: *Still – Die Bedeutung von Introvertierten in einer lauten Welt*, München 2011, S. 117 f.
36 Vgl. Johnson, S.: *Wo gute Ideen herkommen – eine kurze Geschichte der Innovation*, 2. Aufl., Bad Vilbel 2013.
37 Vgl. Simon, F. B.: *Gemeinsam sind wir blöd? Die Intelligenz von Unternehmen, Managern und Märkten*, 5. Aufl., Heidelberg 2019, S. 282 f.
38 Ebd.
39 Vgl. Krüger, W.: »Organisation«, in: Bea, F. X./ Dichtl, E./ Schweitzer, M. (Hrsg.): *Allgemeine Betriebswirtschaftslehre,* Bd. 2, Konstanz und München 2011, S. 181 f.
40 Simon, F. B.: *Einführung in die systemische Organisationstheorie*, Heidelberg 2007, S. 11 f.
41 March, J. G./Simon, H. A.: *Organisation und Individuum*, Wiesbaden 1976, S. 8.

42 Kieser, A.: »Organisationstheorien sind Sprachspiele«, in: Bardmann, Th. M./Groth, T. (Hrsg.): *Zirkuläre Positionen*, Wiesbaden 2001, S. 99 ff.
43 Ortmann, G.: »Organisation – ein Handlungsfeld mit Eigensinn«, in: Bardmann, Th. M./Groth, T. (Hrsg.): *Zirkuläre Positionen*, Wiesbaden 2001, S. 74 f.
44 Weick, K. E.: »Drop your Tools«, in: Bardmann, Th. M./Groth, T. (Hrsg.): *Zirkuläre Positionen*, Wiesbaden 2001, S. 123 ff.
45 Weick, K. E.: *Der Prozess des Organisierens*, Frankfurt am Main 1995, S. 64.
46 Kieser, A.: »Organisationstheorien sind Sprachspiele«, in: Bardmann, Th. M./Groth, T. (Hrsg.): *Zirkuläre Positionen*, Wiesbaden 2001, S. 101.
47 Baecker, D.: *Organisation als System*, Frankfurt/Main 1999, S. 9.
48 Luhmann, N.: *Die Gesellschaft der Gesellschaft*, Berlin 1998, S. 165 f.
49 Schumpeter, J. A.: *Theorie der wirtschaftlichen Entwicklung* (Nachdruck der 1. Auflage von 1912), Berlin 2006, S. 142.
50 Schumpeter, J. A.: *Konjunkturzyklen*, Göttingen 1961, Bd. 1, S. 95.
51 Ortmann, G.: »Organisation – ein Handlungsfeld mit Eigensinn«, in: Bardmann, Th. M./Groth, T. (Hrsg.): *Zirkuläre Positionen*, Wiesbaden 2001, S. 73 ff.
52 Vgl. Erbeldinger, J./Ramge, T.: *Durch die Decke denken – Design Thinking in der Praxis*, 2. Aufl., München 2014, S. 31.
53 http://www.ted.com/talks/eddie_obeng_smart_failure_for_a_fast_changing_world.html [letzter Abruf: 01.03.2020].
54 Pillkahn, U.: »Die Weisheit der Roulettekugel«, in: *brand eins*, Nr. 2/2010, S. 130 ff.
55 www.innocentive.com [letzter Abruf: 01.03.2020].
56 Vgl. Gratton, L.: »Organische Organisation«, in: *GDI Impuls*, Nr. 2/2012, S. 41 f.
57 Vgl. »An interview with Professor James G. March«, September 2013 (verfügbar über: https://www.youtube.com/watch?v=PwgOiE4DAzA [letzter Abruf: 01.03.2020].
58 Vgl. Simon, F. B.: »Paradoxiemanagement – oder: Genie und Wahnsinn der Organisation«, in: *Revue für postheroisches Management*, Nr. 1/2007, S. 86.
59 Roth, G.: *Persönlichkeit, Entscheidung und Verhalten*, Stuttgart 2007, S. 179.
60 Simon, F. B.: »Paradoxiemanagement – oder: Genie und Wahnsinn der Organisation«, in: *Revue für postheroisches Management*, Nr. 1/2007, S. 86.
61 Sutton, R. I.: »Zündfunken der Innovation«, in: *GDI Impuls*, Nr. 2/2002, S. 19 f.
62 Das Buch aus dem Jahr 2001 von Robert I. Sutton hatte in der deutschen Erstausgabe den Titel: *Stellen Sie Leute ein, die Sie eigentlich nicht brauchen – 11 ½ Regeln für kreative Manager*, dann in der Taschenbuchversion von 2008: *Der Querdenker-Faktor – Mit unkonventionellen Ideen zum Erfolg*.
63 Gauger, H.-M.: *Was wir sagen, wenn wir reden. Glossen zur Sprache*. München/Wien 2004, S. 26.
64 Vgl. Reiter, M.: »Wild wucherndes Wirtschaftskauderwelsch«, in: *Frankfurter Allgemeine Zeitung*, 29.07.2006, S. 54.
65 Widmer, U.: »Es ist pervers«, Der Schweizer Schriftsteller Urs Widmer im Interview über das Sprachregime des Kapitalismus und die Unterwerfungslust der Manager, in: *Wirtschaftswoche*, Nr. 37, 10.09.2007, S. 151 f.
66 Vgl. Steinfeld, T.: *Der Sprachverführer – Die deutsche Sprache: was sie ist, was sie kann*, München 2010, S. 16.
67 Aus der Rede von Josef Ackermann, ehemaliger Vorstandsvorsitzender der Deutschen Bank AG, anlässlich der Pressekonferenz am 7. Februar 2008 in Frankfurt am Main (verfügbar über https://www.manager-magazin.de/unternehmen/artikel/a-533717-3.html) [letzter Abruf: 01.03.2020].

68 Vgl. Brettschneider, F./Thoms, C.: »Klartext oder Kauderwelsch. Die formale Verständlichkeit der CEO-Reden auf den Hauptversammlungen 2019« (DAX-30-Unternehmen), Universität Hohenheim, August 2019 (verfügbar als PDF über https://komm.uni-hohenheim.de/fileadmin/einrichtungen/komm/PDFs/Komm/Verstaendlichkeit/2019_CEO-Klartext_Final.pdf) [letzter Abruf: 01.03.2020].

69 Moazedi, M.: »Management by Language: Macht und Ohnmacht der Manager-Sprache, Und täglich grüßt das Management (Teil 3)«, in: *WM Magazin für Wirtschaft und Erfolg*, August 2008, S. 42f.

70 Meyer, J./Rowan, B.: »Institutionalized Organizations: Formal Structure as Myth and Ceremony«, in: *American Journal of Sociology*, Vol. 83, 1977, No. 2, S. 340–363.

71 Keller, R.: »Die Sprache der Geschäftsberichte: Was das Kommunikationsverhalten eines Unternehmens über dessen Geist aussagt«, in: Moss, C. (Hrsg.): *Die Sprache der Wirtschaft*, Wiesbaden 2009, S. 36 (hier abgewandelt: »vertrauenswürdig« statt »intelligent«) sowie Keller, R.: *Unternehmenskommunikation und Vertrauen,* Düsseldorf 2006, S. 30 (verfügbar über: http://www.phil-fak.uni-duesseldorf.de/uploads/media/Unternehmenskommunikation_und_Vertrauen.pdf) [letzter Abruf: 01.03.2020].

72 Der 2006 im Suhrkamp Verlag erschienene Essay wurde von Frankfurt bereits 1986 in einer Literaturzeitschrift publiziert. Mit dem internationalen Erfolg der erneuten Veröffentlichung, die sich über 400 000 Mal verkaufte, hatte der Autor nicht gerechnet.

73 »Schluss mit der Lügerei – Harry G. Frankfurts Traktat ›Bullshit‹ erklärt das Geschwätz der Gegenwart«, Interview von Georg Diez mit Harry G. Frankfurt, in: *Die Zeit,* Nr. 9, 23.02.2006, S. 55f.

74 Vgl. Pörksen, U.: *Plastikwörter – Die Sprache einer internationalen Diktatur*, 7. Aufl., Stuttgart 2011, S. 17f. sowie S. 120.

75 Taylor, F.W.: *Die Grundzüge wissenschaftlicher Betriebsführung*, Reprint, Düsseldorf 2004, S. 17.

76 Ebd.

77 Zitiert in: Müller, M.: *Taylorismus: Abschied oder Wiederkehr?*, S. 2 (verfügbar über: http://www.boeckler.de/18899_18924.htm) [letzter Abruf: 01.03.2020].

78 Vgl. Schütt, P.: »Der lange Weg vom Taylorismus zum Wissensmanagement«, in: *Wissensmanagement*, Nr. 3/2003.

79 Taylor, F.W.: *Die Grundzüge wissenschaftlicher Betriebsführung*, Reprint, Düsseldorf 2004, S. 41.

80 Ebd., S. 100.

81 Vgl. Volpert, W.: »Einführung: Von der Aktualität des Taylorismus«, in: Frederick Winslow Taylor: *Die Grundzüge wissenschaftlicher Betriebsführung*, Düsseldorf 1995, S. XLVII.

82 Taylor, F.W.: *Die Grundzüge wissenschaftlicher Betriebsführung*, Reprint, Düsseldorf 2004, S. 53.

83 Ebd., S. 106.

84 Lean mit KAIZEN, 5. Management Circle Jahrestagung 2010 in Stuttgart.

85 Vgl. O.V.: »Fehler im System Krankenhaus? Die negativen Auswirkungen der Fallpauschalen« (verfügbar über: https://www1.wdr.de/mediathek/video/sendungen/quarks-und-co/video-fehler-im-system-krankenhaus-100.html) [letzter Abruf: 01.03.2020].

86 Vgl. *Frankfurter Rundschau* vom 19.06.2012 oder die ZDF-Sendung *zoom* vom 09.01.2013.
87 Zitiert in: Lotter, W.: »Die Stunde der Idioten«, in: *brand eins*, Nr. 5/2008, S. 61–70, S. 66.
88 Taylor, F.W.: *Die Grundzüge wissenschaftlicher Betriebsführung*, Reprint, Düsseldorf 2004, S. 113.
89 Zitiert in: Gründler E.C.: »Erhöhte Unfallgefahr«, in: *brand eins*, Nr. 01/2009, S. 154–161, S. 156; Litaer, B.: *Das Geld der Zukunft. Über die zerstörerische Wirkung unseres Geldsystems und Alternativen hierzu*, München 2005.
90 Graeber, D.: *Bullshit Jobs – Vom wahren Sinn der Arbeit*, Stuttgart 2018, S. 40.
91 Vgl. Gründler E.C.: »Erhöhte Unfallgefahr«, in: *brand eins*, Heft 01/2009, S. 154–161, S. 159.
92 Vgl. Graeber, D.: *Bullshit Jobs – Vom wahren Sinn der Arbeit*, Stuttgart 2018, S. 111.
93 Vgl. zum Beispiel Hentze, J.: *Personalwirtschaftslehre 1*, 6. Aufl., Bern 1994, S. 315.
94 Staehle, W.H.: *Management. Eine verhaltenswissenschaftliche Perspektive*, 8. Aufl., München 1999, S. 873.
95 Vgl. Bartscher, T.: Schlagwort »Personalentwicklung«, in: *Gabler Wirtschaftslexikon* (verfügbar über: http://wirtschaftslexikon.gabler.de/Definition/personalentwicklung-1.html) [letzter Abruf: 01.03.2020].
96 *Etymologisches Wörterbuch des Deutschen*: Stichwort »Kompetenz«, S. 699.
97 Hüther, G. im Interview mit Osmetz, D.: »Andere motivieren zu wollen, ist hirntechnischer Unsinn«, in: *Zeitschrift Führung + Organisation zfo*, Heft 3/2009, S. 159ff.
98 Die Gemeinschaftsschule wurde im Schuljahr 2008/2009 als Pilotprojet eingerichtet. Siehe hierzu: https://www.berlin.de/sen/bildung/schule/bildungswege/gemeinschaftsschule/ [letzter Abruf: 01.03.2020].
99 Zum Lernen in Projekten und zu den Fächern »Herausforderung« und »Verantwortung« siehe https://www.ev-schule-zentrum.de/schulleben/lernen-in-projekten [letzter Abruf: 01.03.2020].
100 Haberleitner, E./Deistler, E./Ungvari, R.: *Führen, Fördern, Coachen – So entwickeln Sie die Potenziale Ihrer Mitarbeiter*, 4. Aufl., Heidelberg 2012, S. 43ff.
101 Juul, J.: *Pubertät – Wenn Erziehen nicht mehr geht*, 6. Aufl., München 2011, S. 2.
102 Weissleder, M. zitiert von Bühler, S.: »Wir brauchen keine Rambos« (verfügbar über: https://www.hrtoday.ch/de/article/wir-brauchen-keine-rambos) [letzter Abruf: 01.03.2020].
103 Senge, P.: »Lehrmeister für Organisationen«, in: *Harvard Business Manager*, Heft 6/2011, S. 78.
104 O.V.: »Pioniere auf der Walz – oder ›Hinter'm Horizont geht's weiter‹«, in: *youngmove* 7/2013, S. 32.
105 Burmeister, L./Steinhilper, L.: *Gescheiter scheitern – Eine Anleitung für Führungskräfte und Berater*, Heidelberg 2011.
106 Burmeister, L. im Interview mit Gürtler, D.: »Die Kunst des Scheiterns«, in: *GDI Impuls*, Heft 1/2011, S. 72.
107 Vgl. Gigerenzer, G.: *Risiko – Wie man die richtigen Entscheidungen trifft*, München 2013, S. 13ff.

108 Vgl. Gigerenzer, G.: *Risiko – Wie man die richtigen Entscheidungen trifft*, München 2013.
109 Vgl. etwa Lenzen, M.: »Daten sind das neue Gold«, in: *Hannoversche Allgemeine*, 04.05.2018 (verfügbar über: https://www.haz.de/Nachrichten/Politik/Daten-sind-das-neue-Gold) [letzter Abruf: 01.03.2020].
110 Vgl. Zweig, K.: *Ein Algorithmus hat kein Taktgefühl*, 3. Aufl., München 2019, S. 85.
111 Laut einer Umfrage des Trendence-Instituts unter 21 000 Schülern in Deutschland. Vgl. hierzu Michler, E.: »Deutsche Schüler blamieren die Planer des Turbo-Abiturs«, in: *Die Welt*, 22.07.2017 (verfügbar über: https://www.welt.de/wirtschaft/karriere/bildung/article166903712/Deutsche-Schueler-blamieren-die-Planer-des-Turbo-Abiturs.html) [letzter Abruf: 01.03.2020].
112 Vgl. Rosales, C.: »Abi ohne Plan – Kommt jetzt die Generation orientierungslos?«, in: *Westfälische Rundschau*, 25.07.2019 (verfügbar über: https://www.wr.de/panorama/abi-ohne-plan-kommt-jetzt-die-generation-orientierungslos-id226582945.html) [letzter Abruf: 01.03.2020].
113 Foerster, H. v./Pörksen, B.: *Wahrheit ist die Erfindung eines Lügners – Gespräche für Skeptiker*, Heidelberg 2013, S. 55.
114 Vgl. Foerster, H. v./Glasersfeld, E. v.: *Wie wir uns erfinden*, Heidelberg 1999, S. 133.
115 Sedláček, T./Orrell, D.: *Bescheidenheit – für eine neue Ökonomie, Gespräch mit Roman Chlupatý*, München 2012, S. 38.
116 Vgl. § 238 (1) HGB.
117 Sennett, R.: *Zusammenarbeit – Was unsere Gesellschaft zusammenhält*, Berlin 2012, S. 314–315.
118 Ortlieb, C. P. im Interview mit Link, O.: »Die Welt lässt sich nicht berechnen«, in: *brand eins*, 11/ 2011, S. 112.
119 Vgl. Sedláček, T.: *Die Ökonomie von Gut und Böse*, München 2012, S. 129f.
120 Sedláček, T./Orrell, D.: *Bescheidenheit – für eine neue Ökonomie, Gespräch mit Roman Chlupatý*, München 2012, S. 23.
121 Raab, H.: *Shareholder Value und Verfahren der Unternehmensbewertung: Leitmaxime für das Management?,* Berlin 2012, S. 9.
122 Fischer-Winkelmann, W. F. zitiert in: Raab, H.: *Shareholder Value und Verfahren der Unternehmensbewertung: Leitmaxime für das Management?,* Berlin 2002, S. VI.
123 Sedláček, T./Orrell, D.: *Bescheidenheit – für eine neue Ökonomie, Gespräch mit Roman Chlupatý*, München 2012, S. 38.
124 Vgl. Luhmann, N.: *Ökologische Kommunikation – kann die moderne Gesellschaft sich auf ökologische Gefährdung einstellen*?, Opladen 1990, S. 51.
125 Goleman, D.: *Emotionale Intelligenz*, München 2011.
126 Rosa, H.: Resonanz. *Eine Soziologie der Weltbeziehung*, 2. Aufl., Berlin 2016, S. 298.
127 Ebd.
128 »In der Tiefe berühren«, Hartmut Rosa im Interview mit Uwe Krüger, in: *taz*, 14.04.2012.
129 Rosa, H.: *Beschleunigung und Entfremdung*, Frankfurt am Main 2013.
130 So sind nach einer aktuellen Studie der Techniker Krankenkasse 19 Prozent aller Fehlzeiten auf psychische Erkrankungen zurückzuführen. Dies ist der höchste Wert im Vergleich zu anderen Diagnosen (zum Beispiel Rückenbeschwerden und Erkältungskrankheiten). *Frankfurter Allgemeine Zeitung*, Online-Ausgabe vom

31.01.2020 (verfügbar über: https://www.faz.net/aktuell/gesellschaft/gesundheit/mehr-fehltage-wegen-psychischer-erkrankungen-16609891.html) [letzter Abruf: 01.03.2020].

131 Rosa, H.: *Resonanz. Eine Soziologie der Weltbeziehung*, 2. Aufl., Berlin 2016, S. 666.

132 Ebd. S. 667.

133 Zum Begriff und zu einer Pro-und-Contra-Betrachtung etwa: Heyen, Nils B.: *Digitale Selbstvermessung und Quantified Self. Potenziale, Risiken und Handlungsoptionen.* Fraunhofer-Institut für System- und Innovationsforschung, Karlsruhe 2016.

134 Rosa, H.: *Unverfügbarkeit*, Salzburg 2019, S. 127.

135 Cabanas, E./Illouz, E.: *Das Glücksdiktat. Und wie es unser Leben beherrscht*, Berlin 2019, S. 138.

136 Mayring, P.: Zur Kritik der Positiven Psychologie, in: *Psychologie und Gesellschaftskritik*, Vol. 36, 2012, S. 58 (verfügbar über: https://nbnresolving.org/urn:nbn:de:0168-ssoar-55972-0) [letzter Abruf: 01.03.2020].

137 Rosa, H.: *Unverfügbarkeit*, Salzburg 2019, S. 44.

138 Vgl. Kahnemann, D.: *Schnelles Denken, langsames Denken*, 15. Aufl., München 2012, S. 321.

139 Bauer, J.: *Prinzip Menschlichkeit. Warum wir von Natur aus kooperieren*, 3. Aufl., München 2008, S. 37.

140 Bauer, J.: »Abschied vom darwinistischen Menschenbild – Nicht im Kampf, sondern in der Kooperation liegt die Bestimmung des Menschen«, in: *Die Politische Meinung*, Nr. 474, Juni 2009, S. 59–66, S. 66.

141 Vgl. Bauer, J. im Interview mit Daniel Rettig: »Egoismen. Der Mensch ist sozial«, in: *Wirtschaftswoche*, Nr. 43, 25.10.2010, S. 84 (verfügbar über: https://www.wiwo.de/erfolg/trends/egoismus-der-mensch-ist-sozial/5691130.html) [letzter Abruf: 01.03.2020].

142 Vgl. hierzu das Interview von Bernhard Ecker mit Ernst Fehr unter dem Titel »Zusammenarbeit und Zoff: ›Männer sind vergeltender‹«, in: *trend*, Ausgabe 32/2017 (verfügbar über: https://www.trend.at/branchen/karrieren/zusammenarbeit-zoff-maenner-8285068) [letzter Abruf: 01.03.2020] sowie Fehr, E.: »Präferenz für Fairness«, in: *GDI Impuls*, Heft 2/2013, S. 110 ff.

143 Dan Ariely im Interview mit Anna Gielas: »Diese Leute sind keine Psychopathen«, in: *brand eins*, Heft 9, 2012, S. 72–75, S. 73.

144 Vgl. Ariely, D.: *Denken hilft zwar, nützt aber nichts*, München 2008, S. 269.

145 Vgl. Wüthrich, H. A./Osmetz, D./Kaduk, S.: *Musterbrecher – Führung neu leben*, Wiesbaden 2009, S. 226 ff.

146 Vgl. Sedláček, T.: *Die Ökonomie von Gut und Böse*, München 2012.

147 Ernst Fehr im Gespräch mit Stefan Klein: »Was ist gerecht?«, in: *Zeit Magazin*, 22.09.2009. (verfügbar unter: http://www.zeit.de/2009/31/Klein-Fehr-31) [letzter Abruf: 01.03.2020].

148 Hüther, G./Krens, I.: *Das Geheimnis der ersten neun Monate – Unsere frühesten Prägungen*, 4. Aufl., Düsseldorf/Zürich 2011, S. 22.

149 Kaube, J.: *Otto Normalabweicher – Der Aufstieg der Minderheiten*, Springe 2007.

150 Hochschild, A. R.: *Das gekaufte Herz – Die Kommerzialisierung der Gefühle*, erw. Neuausgabe, Frankfurt/New York 2006.

151 Nerdinger, F. W.: »Emotionsarbeit im Dienstleistungsbereich«, in: *Report Psychologie*, Jg. 37, Heft 1/2012, S. 10.
152 Mucha, A./Rastetter, D.: »Lieber falsche Gefühle vorspielen als falsche Gefühle zeigen? Überlegungen zu einer gesundheitsförderlichen Emotionsarbeit in subjektivierten Zeiten«, in: *Positionen – Beiträge zur Beratung in der Arbeitswelt,* Heft 2/2017, S. 4.
153 Böhm, M./Greiner, K.: »Wissen Sie, wie lange ich in der Warteschleife hing?!?«, Interview mit Andreas Brunner, in: *Süddeutsche Zeitung Magazin*, Heft 45, 2012 (verfügbar über: http://sz-magazin.sueddeutsche.de/drucken/text/38789) [letzter Abruf: 01.03.2020].
154 Srnka, K. J./Ebster, C./Koeszegi, S. T.: »Lässt sich Sympathie im persönlichen Verkauf erfolgreich vortäuschen? Eine Analyse nonverbaler und verbaler Kommunikation«, in: *Marketing – Zeitschrift für Forschung und Praxis*, Nr. 28/2006, S. 39–56.
155 Ressler, C./Thompson, J.: *Why managing sucks – and how to fix it, Introduction*, New York 2013, S. 1.
156 Vgl. zum Beispiel Drucker, P.: *Die Praxis des Managements*, Düsseldorf 1998.
157 Vgl. ebd.
158 Vgl. Saamann, W.: »Verantwortung übernehmen«, in: *Personal,* Heft 07–08/2011, S. 50–52.
159 Vgl. Schmoll A./Schmoll, C.: »Bewusst und kritisch«, in: *BI BANKINFORMATION*, Heft 3/2012, S. 68–71.
160 Hans-Böckler-Stiftung: »Systematisch überfordert«, in: *Böckler-Impuls*, 10/2009, S. 3.
161 Vgl. Kratzer, N./Dunkel, W.: »Neue Managementmethoden – neue Belastungsformen?«, in: Arbeit, Beschäftigungsfähigkeit und Produktivität im 21. Jahrhundert, Bericht zum 55. Kongress der Gesellschaft für Arbeitswissenschaft 2009, Dortmund.
162 Vgl. Saamann, W.: »Verantwortung übernehmen«, in: *Personal*, Heft 07–08/2011, S. 50f.
163 Vgl. Studie der Bertelsmann Stiftung (verfügbar über: https://www.bertelsmann-stiftung.de/de/themen/aktuelle-meldungen/2016/januar/eltern-geben-jaehrlich-rund-900-millionen-euro-fuer-nachhilfe-aus/) [letzter Aufruf: 01.03.2020].
164 Matzig, G.: »Die gefürchtete Zahl: 2,33«, in: *Süddeutsche Zeitung* (Online) (verfügbar über: http://www.sueddeutsche.de/bildung/uebertritt-ins-gymnasium-die-gefuerchtete-zahl--1.1322256) [letzter Aufruf: 01.03.2020].
165 Vgl. Wüthrich, H. A./Osmetz, D./Kaduk, S.: *Musterbrecher – Führung neu leben*, Wiesbaden 2009, S. 103ff.
166 Tikart, J.: *Führung beginnt beim Ich – Unternehmenserfolg durch Wertebindung*, Stuttgart 2002, S. 88.
167 Vgl. Wohland, G./Wiemeyer, M.: *Denkwerkzeuge für Höchstleister*, Lüneburg 2012, S. 194.
168 Vgl. Baecker, D.: *Postheroisches Management – ein Vademecum*, Berlin 1994, S. 142.
169 Vgl. Popper, K. R.: *Auf der Suche nach einer besseren Welt*, München 1997, S. VII.
170 Wohland, G./Wiemeyer, M.: *Denkwerkzeuge für Höchstleister*, Lüneburg 2012, S. 202.
171 Vieweg, W.: »Führen mit Zielen oder mit Optionen«, in: *business-wissen.de*, 2010 (verfügbar über: https://www.business-wissen.de/artikel/fuehrungsinstrument-fuehren-mit-optionen-statt-mit-zielen/) [letzter Aufruf: 01.03.2020].

172 Vgl. Vieweg, W.: *Free Odysseus – MANAGEMENT by OPTIONS*, Berlin 2013 und Vieweg, W.: *Erfolg durch MANAGEMENT by OPTIONS, Eine Technik des Chancenmanagement*, Bad Kreuznach 2003.
173 Geyer, P.: *Bergundsteigen* im Gespräch mit Peter Geyer, in: *Bergundsteigen*, Heft 2/2006, S. 15.
174 Vgl. *Ehtymologisches Wörterbuch des Deutschen*, München 2000, Schlagwort »Führen«.
175 Vgl. Pinow, D.F.: *Führen – Worauf es wirklich ankommt*, Wiesbaden 2006, S. 412.
176 Polotzek, L.: »Die Angstwirtschaft«, in: *agora 42*, Heft 4/2017, S. 20.
177 Bude, H.: *Gesellschaft der Angst*, 7. Aufl., Hamburg 2014.
178 Vgl. R+V-Langzeitstudie: »Die Ängste der Deutschen 2019« (verfügbar unter: https://www.ruv.de/presse/aengste-der-deutschen) [letzter Abruf: 01.03.2020].
179 Kast, V.: *Vom Sinn der Angst*, Freiburg 1996, S. 9.
180 Schmidt-Traub, S.: *Angst bewältigen*, Heidelberg 1995, S. 7.
181 Teischel, O.: »Angst und Ideologie – Überlegungen zum Wesen des Menschen«, in: *agora 42*, Heft 4/2017, S. 10.
182 Vgl. Willke, H.: »Zur Relevanz der Systemtheorie von Niklas Luhmann«, in: *agora 42*, Heft 2/2016, S. 9–14.
183 Vgl. Ariely, D.: *Wer denken will, muss fühlen*, München 2012, S. 27 ff.
184 Vgl. Hüther, G.: *Biologie der Angst*, Göttingen 2007, S. 39 f.
185 Vgl. Lazar, R.A.: »Wer hat Angst vor der Organisation?«, in: Springer, A./Janta, B./Münch, K. (Hrsg.): *Angst*, Gießen 2011, S. 280.
186 Vgl. Wolter, U.: »Disruption macht jedem zweiten Unternehmen Angst«, in: *Personalwirtschaft*, 21.06.2019 (verfügbar über: https://www.personalwirtschaft.de/fuehrung/change-management/artikel/unternehmen-sind-auf-den-disruptiven-wandel-nicht-gut-vorbereitet.html) [letzter Abruf: 01.03.2020].
187 Vgl. »Digitaler Wandel in Deutschland – Mehr Ängste als Hoffnung« (verfügbar über https://www.randstad.de/ueber-randstad/news/20181008/digitaler-wandel-deutschland-mehr-aengste-als-hoffnungen) [letzter Abruf: 01.03.2020].
188 Im Jahr 2016 sind knapp 70 Prozent der Beschäftigten mindestens einmal krank zur Arbeit erschienen. Vgl. hierzu Dietrich, A.S./Hiesinger, K.: »Krank zur Arbeit? Präsentismus ist in Deutschland weit verbreitet«, in: *IAB-Forum, Das Magazin des Instituts für Arbeitsmarkt- und Berufsforschung*, 17.01.2020 (verfügbar über: https://www.iab-forum.de/krank-zur-arbeit-praesentismus-ist-in-deutschland-weit-verbreitet/?pdf=14551) [letzter Abruf: 01.03.2020].
189 Vgl. O.V.: »Stress und Angst am Arbeitsplatz kosten Milliarden« (verfügbar über http://www.computerwoche.de/a/stress-und-angst-am-arbeitsplatz-kosten-milliarden,1909898) [letzter Abruf: 01.03.2020].
190 Vgl. Lazar, R.A.: »Wer hat Angst vor der Organisation?«, in: Springer, A./Janta, B./Münch, K. (Hrsg.): *Angst*, Gießen 2011, S. 286.
191 Zum Beispiel Horx, M.: »Weg mit der Angst«, Interview mit Andrea Jindra, in: *markets & players*, 01/2010, S. 28–31.
192 Reinhard, R.: *Die Sinn-Diät – Warum wir schon alles haben, was wir brauchen*, München 2011, S. 28.
193 Vgl. Schmidt-Traub, S.: *Angst bewältigen*, Heidelberg 1995, S. 10 f.
194 Lotto, B.: *Anders sehen – Die verblüffende Wissenschaft der Wahrnehmung*, 3. Aufl., München 2018, S. 171 f.

INTERVIEWPARTNER

Adinolfi, Magdalena: Absolventin der Pauline-Thoma-Mittelschule Kolbermoor
Interview am 13.03.2019 in Kolbermoor (Stefan Kaduk)

Cunow, Katrin: Lehrerin an der Evangelischen Schule Berlin Zentrum
Mehrere Interviews seit Dezember 2014 in Berlin (Dirk Osmetz und Stefan Kaduk)

Bleher, Markus: Geschäftsführer der Heermann Maschinenbau GmbH (HEMA)
Interviews und gemeinsame Formate am 02.07.2018 und am 15.10.2018 in Frickenhausen (Sara Ilić, Stefan Kaduk und Dirk Osmetz)

Bouvin, Anders: CEO, Svenska Handelsbanken AB (publ), Stockholm
Interview am 04.09.2018 in Stockholm (Franz Röösli, Stefan Kaduk und Dirk Osmetz)

Brucker, Karsten: Leiter des Bereichs Mitgliedschaft und Beiträge, Techniker Krankenkasse
Interview am 30.10.2019 in Hamburg (Stefan Kaduk)

Dewitz, Antje von: Geschäftsführerin der VAUDE Sport GmbH & Co. KG
Interview am 13.07.2018 in Tettnang (Sara Ilić, Stefan Kaduk und Dirk Osmetz)

Dietrich, Cornelia: Fachbereichsleiterin Personal, Stadtverwaltung Schorndorf
Interview am 10.12.2019 in Schorndorf (Dirk Osmetz und Stefan Kaduk)

Dohne, Dr. Klaus-Dieter: Inhaber des Psychologischen Unternehmensmanagements, Göttingen, und geschäftsführender Gesellschafter der Culture Work GmbH, Geretsried
Seit 2010 diverse Interviews und gemeinsame Formate (Dirk Osmetz, Stefan Kaduk und Hans A. Wüthrich)

Elofsson, Anna: Kundenbetreuerin, Svenska Handelsbanken AB (publ), Filiale Strandvägen, Stockholm
Interview am 04.09.2018 in Stockholm (Franz Röösli, Stefan Kaduk und Dirk Osmetz)

Engi, Heinz: Zollkreisdirektor Basel, Eidgenössische Zollverwaltung
Interview am 10.10.2014 in Basel (Hans A. Wüthrich, Dirk Osmetz und Stefan Kaduk)

Ernborg, Mats: Filialleiter, Svenska Handelsbanken AB (publ), Filiale Strandvägen, Stockholm
Interview am 04.09.2018 in Stockholm (Franz Röösli, Stefan Kaduk und Dirk Osmetz)

Funke, Dr. Torsten: Teilnetzmanager, DB Regio AG, Bremen
Workshop am 16.06.2011 und Telefoninterview am 21.06.2013 (Stefan Kaduk)

Geyer, Peter: Bergführer, Skilehrer und -trainer, öffentlich bestellter und beeidigter Sachverständiger für Ski-, Berg-, Kletter- und Lawinenunfälle
Interview am 11.04.2013 in Piding (Dominik Hammer und Dirk Osmetz)

Harmanda, Murat: Absolvent der Pauline-Thoma-Mittelschule Kolbermoor
Interview am 13.03.2019 in Kolbermoor (Stefan Kaduk)

Hansson, Josefine: Kundenbetreuerin, Svenska Handelsbanken AB (publ), Filiale Strandvägen, Stockholm
Interview am 04.09.2018 in Stockholm (Franz Röösli, Stefan Kaduk und Dirk Osmetz)

Heermann, Christoph: Geschäftsführer der Heermann Maschinenbau GmbH (HEMA)
Interview am 02.07.2018 in Frickenhausen (Sara Ilić, Stefan Kaduk und Dirk Osmetz)

Herzig, Roger: CEO, RWD Schlatter AG
Diverse Interviews und gemeinsame Formate seit 2013 (Dirk Osmetz, Stefan Kaduk und Hans A. Wüthrich)

Hübner, Christoph: Bratschist, Orpheus Chamber Orchestra, New York
Interview am 25.05.2019 in Mannheim (Stefan Kaduk und Dirk Osmetz)

Hüther, Prof. Dr. Gerald: Neurobiologe, Leiter der Zentralstelle für neurobiologische Präventionsforschung, Gründer der Sinn-Stiftung e. V., Göttingen
Seit 2010 diverse Interviews und gemeinsame Formate (Dirk Osmetz, Hans A. Wüthrich und Stefan Kaduk)

Humrich, Dietrich: Pfarrer und ehemaliger Vorstand der Stiftung kreuznacher diakonie, Bad Kreuznach
Interview am 18.04.2013 in Bad Kreuznach (Stefan Kaduk und Dirk Osmetz)

Jägerbauer, Susanne: Konrektorin der Pauline-Thoma-Mittelschule Kolbermoor
Interview am 15.05.2019 in Kolbermoor (Stefan Kaduk, Dirk Osmetz)

Katzmarczyk, Andrea: Kommunikationschefin, Die Deutsche Kammerphilharmonie Bremen
Interview am 30. Juli 2019 in Bremen (Stefan Kaduk und Dirk Osmetz)

Klarmann, Jutta: Geschäftsführerin der AZURIT-HANSA-Gruppe, Eisenberg
Workshop am 27.04.2017 in Leipzig (Dirk Osmetz und Stefan Kaduk) und Telefoninterview am 07.02.2020 (Stefan Kaduk)

Klein, Susanna: Lehrerin an der Pauline-Thoma-Mittelschule Kolbermoor, Regionalmanagerin Bayern NFTE e. V.
Interviews am 13.03.2019 (Stefan Kaduk) und am 15.05.2019 (Stefan Kaduk und Dirk Osmetz)

Klopfer, Matthias: Oberbürgermeister der Stadt Schorndorf
Interview am 10.12.2019 in Schorndorf (Dirk Osmetz und Stefan Kaduk)

Klumpp, Stefan: Inhaber und Co-Founder, Mobile Jazz
Interview am 16.05.2018 in München (Sara Ilić, Dirk Osmetz und Stefan Kaduk)

König, Ulrich: Oboist, Die Deutsche Kammerphilharmonie Bremen
Interview am 30. Juli 2019 in Bremen (Stefan Kaduk und Dirk Osmetz)

Koppermann, Heiner: Geschäftsführer der SwarmWorks Ltd., Troisdorf
Interview am 25.11.2011 in Zürich (Stefan Kaduk und Dirk Osmetz)

Kraller, Christoph: Geschäftsleiter und Sprecher der Südostbayernbahn, Mühldorf am Inn
Diverse Interviews und gemeinsame Formate seit 2012 (Dirk Osmetz, Stefan Kaduk und Dominik Hammer)

Krämer, Prof. Dr. Walter: Leiter des Instituts für Wirtschafts- und Sozialstatistik der TU Dortmund
Interview am 06.03.2013 in Dortmund (Dirk Osmetz und Dominik Hammer)

Lerner, Jaime: ehemaliger Bürgermeister von Curitiba
Interview am 20.06.2011 in Curitiba (Dirk Osmetz)

Lind, Helmut: Vorstandsvorsitzender der Sparda-Bank München
Diverse Interviews und Treffen seit 2013 (Dirk Osmetz und Stefan Kaduk)

Lohmann, Detlef: Mitglied der Geschäftsleitung und geschäftsführender Gesellschafter der allsafe GmbH & Co. KG, Engen
Seit 2013 diverse Interviews und gemeinsame Formate (Dirk Osmetz, Stefan Kaduk und Dominik Hammer)

Loth, Ulrich: Mitglied der Corporate Leadership Group Europe und Leader Legal Department der W. L. Gore & Associates GmbH, Putzbrunn
Seit 2004 diverse Interviews und gemeinsame Formate (Dirk Osmetz, Stefan Kaduk und Dominik Hammer)

Miedl, Christine: Leiterin Unternehmenskommunikation der Sparda-Bank München
Interview am 18.06.2013 in München (Dirk Osmetz und Stefan Kaduk)

Moormann, Nils Holger: Gründer und Geschäftsführer der Nils Holger Moormann GmbH, Aschau im Chiemgau
Interview am 28.05.2013 in Aschau (Stefan Kaduk und Dominik Hammer)

Mundel, Regina: HR-Managerin eines Schweizer Telekommunikationsunternehmens
Interview am 21.03.2013 in Bern (Stefan Kaduk und Dirk Osmetz)

Neumann, Guido: Geschäftsführer NFTE Deutschland e. V.
Interview am 13.03.2019 in Kolbermoor (Stefan Kaduk)

Niebling, Marco: Projektmanagement & HR, Heermann Maschinenbau GmbH (HEMA)
Interviews und gemeinsame Formate am 02.07.2018 und am 15.10.2018 in Frickenhausen (Sara Ilić, Stefan Kaduk und Dirk Osmetz)

Oesterle, Hanna: Stellvertretende Fachbereichsleiterin Personal, Stadtverwaltung Schorndorf
Interview am 10.12.2019 in Schorndorf (Dirk Osmetz und Stefan Kaduk)

Paschke, Carolin: Lehrerin, Evangelische Schule Berlin Zentrum
Mehrere Interviews seit Dezember 2014 in Berlin (Dirk Osmetz und Stefan Kaduk)

Pelli, Fiorenzo: Technische Beratung und Verkauf, RWD Schlatter AG
Diverse Interviews und gemeinsame Formate seit 2013 in Roggwil (Dirk Osmetz, Stefan Kaduk)

Pillkahn, Dr. Ulf: Key Expert für Strategy, Innovation und Foresight, Siemens AG, München
Interview am 06.02.3013 in Neubiberg (Dirk Osmetz, Stefan Kaduk und Dominik Hammer)

Rasfeld, Magret: Schulleiterin, Evangelische Schule Berlin Zentrum
Interviews und gemeinsame Formate seit Dezember 2014 (Dirk Osmetz und Stefan Kaduk)

Reinhard, Dr. Rebekka: Philosophin, *Spiegel*-Bestsellerautorin, Key Note Speaker, München
Interview am 19.04.2013 in Neubiberg (Stefan Kaduk und Dirk Osmetz)

Reinhard, Ulrike: Gründerin Janwaar Castle, Madhya Pradesh, Indien
Interview am 23.10.2019 in München (Anja Osmetz und Dirk Osmetz)

Renn, Prof. Dr. Jürgen: Direktor am Max-Planck-Institut für Wissenschaftsgeschichte, Berlin
Interview am 29.04.2013 in München (Dirk Osmetz, Stefan Kaduk und Dominik Hammer)

Rinner, Markus: Rektor der Pauline-Thoma-Mittelschule Kolbermoor
Interview am 15.05.2019 in Kolbermoor (Stefan Kaduk und Dirk Osmetz)

Roebers, Frank: Vorstandsvorsitzender der Synaxon AG, Schloß Holte-Stukenbrock
Interview am 07.02.2013 in München (Stefan Kaduk und Dirk Osmetz) und Telefoninterviews im Dezember 2019 (Dirk Osmetz)

Röösli, Prof. Dr. Franz: ZHAW School of Management and Law, Abteilung General Management, und Mitglied im Kernteam des Beyond Budgeting Round Table
Diverse Interviews seit 2014 und gemeinsame Exkursion im September 2019 zu Svenska Handelsbanken AB (publ), Stockholm (Dirk Osmetz und Stefan Kaduk)

Rüggeberg, Annette: ehemalige Schulleiterin, Gesamtschule im Bremer Stadtteil Osterholz-Tenever
Interview am 30.07.2019 in Bremen (Stefan Kaduk und Dirk Osmetz)

Scheirle, Alexander: Executive Director, Orpheus Chamber Orchestra, New York
Interview am 25.05.2019 in Mannheim (Stefan Kaduk und Dirk Osmetz) und am 30.10.2019 in Hamburg (Miriam Wolf, Stefan Kaduk und Dirk Osmetz)

Schmitt, Albert: Managing Director, Die Deutsche Kammerphilharmonie Bremen
Interview am 30.07.2019 in Bremen (Stefan Kaduk und Dirk Osmetz)

Schneider, Pauline: Mitglied im Transitionsteam, Bereich Mitgliedschaft und Beiträge, Techniker Krankenkasse
Interview am 30.10.2019 in Hamburg (Stefan Kaduk)

Spegel-Grünberger, Dr. Marko: Business Architect & Senior Program Manager, T-Mobile Austria, Wien
Interview am 01.02.2013 in Linz (Stefan Kaduk und Dirk Osmetz)

Vieweg, Prof. Dr. Wolfgang: Fakultät Wirtschaftsingenieurwesen, Hochschule für angewandte Wissenschaften Würzburg-Schweinfurt
Interview am 18.04.2013 in Bad Kreuznach (Dominik Hammer)

Weis, Beate: Violinistin, Die Deutsche Kammerphilharmonie Bremen
Interview am 30. Juli 2019 in Bremen (Stefan Kaduk und Dirk Osmetz)

Weissleder, Dr. Martin: Abteilungsleiter Personal und Ausbildung, Eidgenössische Zollverwaltung
Interview am 10.10.2014 in Bern (Hans A. Wüthrich, Dirk Osmetz und Stefan Kaduk)

Werner, Götz W.: Gründer und Aufsichtsratsmitglied der dm-drogerie markt GmbH & Co. KG, Karlsruhe
Interview am 27.05.2013 im Eurocity 115 von Stuttgart nach München (Dirk Osmetz und Stefan Kaduk)

Wilke, Stephan: Mitglied im Transitionsteam, Bereich Mitgliedschaft und Beiträge, Techniker Krankenkasse
Interview am 30.10.2019 in Hamburg (Stefan Kaduk)

Winder, Richard: Global Head of External Affairs, Svenska Handelsbanken AB (publ), Stockholm
Interview am 04.09.2018 in Stockholm (Franz Röösli, Stefan Kaduk und Dirk Osmetz)

Wohland, Gerhard: Leiter, Institut für dynamikrobuste Organisation (IdO)
Telefoninterview am 14.02.2020 (Dirk Osmetz)

Anmerkung: Die Angaben zur Tätigkeit beziehungsweise zur Funktion der Gesprächspartnerinnen und Gesprächspartner beziehen sich auf den Zeitpunkt des Interviews. Sofern die Tätigkeit bereits zum Zeitpunkt des Interviews nicht mehr ausgeübt wurde, wurde der Zusatz »ehemalige/r« hinzugefügt.

ÜBER DIE AUTOREN

Stefan Kaduk und Dirk Osmetz

Stefan Kaduk
Jahrgang 1970, Dr. rer. pol., Dipl.-Kfm., Gründer und Partner der Musterbrecher® Managementberater.

Dirk Osmetz
Jahrgang 1967, Dr. rer. pol., Dipl.-Ing. und Dipl.-Wirtsch.-Ing., Gründer und Partner der Musterbrecher® Managementberater.

Hans A. Wüthrich
Jahrgang 1956, Univ.-Prof. Dr. oec., Inhaber des Lehrstuhls für Internationales Management an der Universität der Bundeswehr München.

Dominik Hammer
Jahrgang 1974, Dr. rer. pol., Dipl.-Kfm., Professor für Internationales Management an der Hochschule München.

Für Anja, Christine, Charlotte, E146, Inspektorin Issel, Dr. JJ, JTLPO, Lilli, Pani Motylkowa, Pauline, PuM, Ursula

Klimaneutral
Druckprodukt
ClimatePartner.com/12752-1803-1001

Zum Ausgleich für die entstandene CO_2-Emission bei der Produktion dieses Buches unterstützen wir die Erhaltung und Wiederaufforstung des Kibale-Nationalparks in Uganda. Das Projekt trägt zum Klimaschutz bei, indem die Bäume bei der Fotosynthese Kohlenstoff aus der Luft binden, es schützt die Biodiversität des tropischen Waldes und sichert 260 Arbeitsplätze.

Bibliografische Information der Deutschen Nationalbibliothek
Die Deutsche Nationalbibliothek verzeichnet diese Publikation in der Deutschen Nationalbibliografie; detaillierte bibliografische Daten sind im Internet über http://dnb.d-nb.de abrufbar.

Lektorat: Evelin Schultheiß, Kirchwalsede und Rainer Kaduk, Euskirchen
Druck und Bindung: Steinmeier GmbH & Co. KG, Deiningen
Printed in Germany

ISBN 978-3-86774-267-2

Besuchen Sie unseren Webshop: www.murmann-verlag.de
Ihre Meinung zu diesem Buch interessiert uns!
Zuschriften bitte an info@murmann-publishers.de
Den Newsletter des Murmann Verlages können Sie anfordern unter
newsletter@murmann-publishers.de